椎名 洋／姫野哲人／保科架風 著
Yo Shiina　Tetsuto Himeno　Ibuki Hoshina

清水昌平 編
Shohei Shimizu

データサイエンスの ための数学

Mathematics for Data Science

講談社

「データサイエンス入門シリーズ」編集委員会

竹村彰通　（滋賀大学，編集委員長）
狩野　裕　（大阪大学）
駒木文保　（東京大学）
清水昌平　（滋賀大学）
下平英寿　（京都大学）
西井龍映　（長崎大学，九州大学名誉教授）
水田正弘　（北海道大学）

● 章末の練習問題の解答は，以下の講談社サイエンティフィクのウェブサイトでダウンロードできます：

　https://www.kspub.co.jp/book/detail/5169988.html

刊行によせて

　人類発展の歴史は一様ではない．長い人類の営みの中で，あるとき急激な変化が始まり，やがてそれまでは想像できなかったような新しい世界が拓ける．我々は今まさにそのような歴史の転換期に直面している．言うまでもなく，この転換の原動力は情報通信技術および計測技術の飛躍的発展と高機能センサーのコモディティ化によって出現したビッグデータである．自動運転，画像認識，医療診断，コンピュータゲームなどデータの活用が社会常識を大きく変えつつある例は枚挙に暇がない．

　データから知識を獲得する方法としての統計学，データサイエンスや AI は，生命が長い進化の過程で獲得した情報処理の方式をサイバー世界において実現しつつあるとも考えられる．AI がすぐに人間の知能を超えるとはいえないにしても，生命や人類が個々に学習した知識を他者に移転する方法が極めて限定されているのに対して，サイバー世界の知識や情報処理方式は容易く移転・共有できる点に大きな可能性が見いだされる．

　これからの新しい世界において経済発展を支えるのは，土地，資本，労働に替わってビッグデータからの知識創出と考えられている．そのため，理論科学，実験科学，計算科学に加えデータサイエンスが第 4 の科学的方法論として重要になっている．今後は文系の社会人にとってもデータサイエンスの素養は不可欠となる．また，今後すべての研究者はデータサイエンティストにならなければならないと言われるように，学術研究に携わるすべての研究者にとってもデータサイエンスは必要なツールになると思われる．

　このような変化を逸早く認識した欧米では 2005 年ごろから統計教育の強化が始まり，さらに 2013 年ごろからはデータサイエンスの教育プログラムが急速に立ち上がり，その動きは近年では近隣アジア諸国にまで及んでいる．このような世界的潮流の中で，遅ればせながら我が国においても，データ駆動型の社会実現の鍵として数理・データサイエンス教育強化の取り組みが急速に進められている．その一環として 2017 年度には国立大学 6 校が数理・データサイエンス教育強化拠点として採択され，各大学における全学データサイエンス教育の実施に向けた取組みを開始するとともに，コンソーシアムを形成して全国普及に向けた活動を行ってきた．コンソーシアムでは標準カリキュラム，教材，教育用データベースに関する 3 分科会を設置し全国普及に向けた活動を行ってきたが，2019 年度にはさらに 20 大学が協力校として採択され，全国全大学への普及の加速が図られている．

　本シリーズはこのコンソーシアム活動の成果の一つといえるもので，データサイエンスの基本的スキルを考慮しながら 6 拠点校の協力の下で企画・編集されたものである．

第1期として出版される3冊は，データサイエンスの基盤ともいえる数学，統計，最適化に関するものであるが，データサイエンスの基礎としての教科書は従来の各分野における教科書と同じでよいわけではない．このため，今回出版される3冊はデータサイエンスの教育の場や実践の場で利用されることを強く意識して，動機付け，題材選び，説明の仕方，例題選びが工夫されており，従来の教科書とは異なりデータサイエンス向けの入門書となっている．

　今後，来年春までに全10冊のシリーズが刊行される予定であるが，これらがよき入門書となって，我が国のデータサイエンス力が飛躍的に向上することを願っている．

2019年7月

北川源四郎

(東京大学特任教授，元統計数理研究所所長)

　昨今，人工知能 (AI) の技術がビジネスや科学研究など，社会のさまざまな場面で用いられるようになってきました．インターネット，センサーなどを通して収集されるデータ量は増加の一途をたどっており，データから有用な知見を引き出すデータサイエンスに関する知見は，今後，ますます重要になっていくと考えられます．本シリーズは，そのようなデータサイエンスの基礎を学べる教科書シリーズです．

　第1期には，3つの書籍が刊行されます．『データサイエンスのための数学』は，データサイエンスの理解・活用に必要となる線形代数・微分積分・確率の要点がコンパクトにまとめられています．『データサイエンスの基礎』は，「リテラシーとしてのデータサイエンス」と題した導入から始まり，確率の基礎と統計的な話題が紹介されています．『最適化手法入門』は，Python のコードが多く記載されるなど，使う側の立場を重視した最適化の教科書です．

　2019年3月に発表された経済産業省のIT人材需給に関する調査では，AIやビッグデータ，IoT等，第4次産業革命に対応した新しいビジネスの担い手として，付加価値の創出や革新的な効率化等などにより生産性向上等に寄与できる先端IT人材が，2030年には55万人不足すると報告されています．この不足を埋めるためには，国を挙げて先端IT人材の育成を迅速に進める必要があり，本シリーズはまさにこの目的に合致しています．

　本シリーズが，初学者にとって信頼できる案内人となることを期待します．

2019年7月

杉山　将

(理化学研究所革新知能統合研究センターセンター長，東京大学教授)

巻　頭　言

　情報通信技術や計測技術の急激な発展により，データが溢れるように遍在するビッグデータの時代となりました．人々はスマートフォンにより常時ネットワークに接続し，地図情報や交通機関の情報などの必要な情報を瞬時に受け取ることができるようになりました．同時に人々の行動の履歴がネットワーク上に記録されています．このように人々の行動のデータが直接得られるようになったことから，さまざまな新しいサービスが生まれています．携帯電話の通信方式も現状の 4G からその 100 倍以上高速とされる 5G へと数年内に進化することが確実視されており，データの時代は更に進んでいきます．このような中で，データを処理・分析し，データから有益な情報をとりだす方法論であるデータサイエンスの重要性が広く認識されるようになりました．

　しかしながら，アメリカや中国と比較して，日本ではデータサイエンスを担う人材であるデータサイエンティストの育成が非常に遅れています．アマゾンやグーグルなどのアメリカのインターネット企業の存在感は非常に大きく，またアリババやテンセントなどの中国の企業も急速に成長をとげています．これらの企業はデータ分析を事業の核としており，多くのデータサイエンティストを採用しています．これらの巨大企業に限らず，社会のあらゆる場面でデータが得られるようになったことから，データサイエンスの知識はほとんどの分野で必要とされています．データサイエンス分野の遅れを取り戻すべく，日本でも文系・理系を問わず多くの学生がデータサイエンスを学ぶことが望まれます．文部科学省も「数理及びデータサイエンスに係る教育強化拠点」6 大学（北海道大学，東京大学，滋賀大学，京都大学，大阪大学，九州大学）を選定し，拠点校は「数理・データサイエンス教育強化拠点コンソーシアム」を設立して，全国の大学に向けたデータサイエンス教育の指針や教育コンテンツの作成をおこなっています．本シリーズは，コンソーシアムのカリキュラム分科会が作成したデータサイエンスに関するスキルセットに準拠した標準的な教科書シリーズを目指して編集されました．またコンソーシアムの教材分科会委員の先生方には各巻の原稿を読んでいただき，貴重なコメントをいただきました．

　データサイエンスは，従来からの統計学とデータサイエンスに必要な情報学の二つの分野を基礎としますが，データサイエンスの教育のためには，データという共通点からこれらの二つの分野を融合的に扱うことが必要です．この点で本シリーズ

は，これまでの統計学やコンピュータ科学の個々の教科書とは性格を異にしており，ビッグデータの時代にふさわしい内容を提供します．本シリーズが全国の大学で活用されることを期待いたします．

2019 年 4 月

編集委員長　竹村彰通
（滋賀大学データサイエンス学部学部長，教授）

まえがき

　データサイエンスは現在あらゆる分野で活用される技術となっています．身近な例ではスーパーやコンビニエンスストア等での商品販売（どのような商品がよく売れるか），インターネットでの広告や DM（どのような人にどのような広告やメールを送るか），様々な製品の故障の予兆検知（様々なトラブル回避）などがあります．また，最先端の応用として，自動言語翻訳，リモートセンシング，自動運転，医療画像診断など幅広い分野へ活用されています．

　今やデータサイエンスが使われない分野はほとんどないと言っても過言ではありませんが，データサイエンスに関わる人はまだかなり不足しています．データサイエンスを学ぶ上での最初のハードルは数学を学ぶことではないでしょうか．データサイエンスと数学は切っても切り離せないものですが，数学に苦手意識を持っている人は多いでしょう．特に数学の書籍の多くは数式が多く羅列され，なぜそのような知識が必要かも示されず，難しい証明が記載され，せっかくこれらを学ぼうという意欲があっても挫折してしまい，ますます数学嫌いとなるケースも少なくありません．

　本書の特徴としては，様々な数学のテクニックがデータサイエンスとどのように関係しているかという点になるべく触れるようにし，各種テクニックの活用事例も多く紹介しています．一部，難しい数式や証明も含まれますが，それらを完全に理解することよりも，まずは各種数学テクニックがどのような特徴を持ち，何のため利用されるかということをイメージできることが重要です．

　本書の執筆は，線形代数に関する第 I 部を保科が，解析学に関する第 II 部を姫野が，確率に関する第 III 部を椎名が担当しました．紙面の都合上，各分野に関するいくつかのテーマや厳密な証明は省略しています．本書を読み数学に関心を持ち，これらをさらに深く学びたいという人は，別の適切な書籍でこれらを学び，よりデータサイエンスへの理解を深めてもらえればと思います．

2019 年 6 月

椎名　洋
姫野哲人
保科架風

目　次

刊行によせて ……………………………………………………………… iii
巻頭言 ……………………………………………………………………… v
まえがき …………………………………………………………………… vii

❖　第I部　　線形代数　　❖

第1章　ベクトルと行列　3

 1.1　データと集合 ………………………………………………………… 3
 1.2　データとベクトル・行列 …………………………………………… 5
 1.3　ベクトル・行列の演算 ……………………………………………… 12
  1.3.1　ベクトルと行列の等号と加法・減法・スカラー積 ………… 12
  1.3.2　ベクトルと行列の掛け算 ………………………………………… 14
  1.3.3　ベクトルと行列の演算の性質 …………………………………… 17
  1.3.4　行列の掛け算による平均値の計算 ……………………………… 19
 1.4　様々な行列 …………………………………………………………… 21
  1.4.1　単位行列・逆行列・正則行列 …………………………………… 21
  1.4.2　連立方程式と対角行列・三角行列 ……………………………… 23
  1.4.3　対称行列・置換行列 ……………………………………………… 26
  1.4.4　正定値行列，負定値行列，半正定値行列 ……………………… 27
 1.5　ベクトルと行列のノルム …………………………………………… 28
 1.6　行列の基本変形 ……………………………………………………… 34

第2章　ベクトル空間　41

 2.1　ベクトル空間と部分ベクトル空間 ………………………………… 41

2.2	ベクトルの一次独立性	44
2.3	ベクトル空間の基底と次元	45
2.4	正規直交基底	48
2.5	線形写像	50
2.5.1	写像	50
2.5.2	線形写像と行列	52
2.6	線形変換と直交行列	55
2.7	射影	57
2.7.1	ベクトル空間の直和・直交直和分解と直交補空間	57
2.7.2	射影と直交射影	59
2.7.3	射影行列	61
2.8	行列のランク	63
2.8.1	行列のランク	63
2.8.2	行列のランクの求め方	65

第 3 章 行列式 69

3.1	行列式の定義と基本的性質	69
3.1.1	行列式の定義	69
3.1.2	行列式の性質	70
3.2	行列式の余因子展開	72

第 4 章 固有値・固有ベクトル 77

4.1	固有値と固有ベクトル	77
4.1.1	固有値・固有ベクトルの定義	77
4.1.2	固有値・固有ベクトルの求め方	78
4.1.3	固有値・固有ベクトルの性質	80
4.2	行列の対角化	81
4.3	対称行列の固有値・固有ベクトル	83
4.3.1	対称行列の固有値・固有ベクトルと固有値分解	83

4.3.2　正定値・半正定値行列の固有値の性質 84

第5章　行列の分解　87

5.1　LU 分解と QR 分解 87
　5.1.1　LU 分解 87
　5.1.2　QR 分解 88
5.2　特異値分解 89

第6章　線形代数と関係の深い多変量解析手法　91

6.1　最小 2 乗推定による線形回帰モデリング 91
6.2　主成分分析 93

第 II 部　微分積分

第7章　関数　99

7.1　様々な関数 99
7.2　関数の極限 108

第8章　微分　117

8.1　微分とは 117
8.2　微分に関する基本的な定理 124
8.3　微分の応用 134
　8.3.1　増減表と高階微分 134
　8.3.2　テイラー展開 141

第9章　積分　145

- 9.1 原始関数とは 145
- 9.2 定積分と原始関数 147
- 9.3 部分積分と置換積分 153
- 9.4 広義積分 157

第10章　偏微分　161

- 10.1 偏微分と方向微分 161
- 10.2 偏微分の応用 166
  - 10.2.1 高階微分と極値 166
  - 10.2.2 数値最適化（ニュートン・ラフソン法） 170
  - 10.2.3 ラグランジュの未定乗数法 172
  - 10.2.4 ベクトル微分 175

第11章　重積分　181

- 11.1 逐次積分 181
- 11.2 広義重積分と変数変換 190
  - 11.2.1 広義重積分 190
  - 11.2.2 変数変換 191

第III部　確　率

第12章　確率の概念　199

- 12.1 順列と組合せ 199
- 12.2 集合と確率 205

12.3	一般的な事象に対する確率	212
12.4	条件付き確率	213
12.5	ベイズの定理	219

第13章 確率変数と確率分布　227

13.1	確率変数と確率分布	227
13.2	期待値，分散，積率	238
13.3	二つの確率変数の分布	248

第14章 基本的な確率分布　263

14.1	二項分布	264
14.2	ポアソン分布	269
14.3	超幾何分布	271
14.4	一様分布	276
14.5	正規分布	278
14.6	中心極限定理と分布の近似	282

付　録		286
	付表 1　標準正規分布表	286
	付表 2　ポアソン分布表	287
索　引		288

第 I 部

線形代数
Introduction to Data Science

第 1 章

ベクトルと行列

　私たちが扱うデータは主にリスト形式になっていることが多い．このようなデータを一括で扱い，かつ集団としての特徴を抽出するには，「ベクトル」と「行列」という数学の道具を使うことがとても有効である．ここでは，データとベクトル・行列の関係を踏まえつつ，ベクトルと行列の定義や演算，さらには数学的な特徴を扱う．

▶ 1.1 データと集合

　データサイエンスでは，データから価値を創造することが重要となる．そのデータは一体どのようなものだろうか．例えば，利き手のデータであれば右と左，年齢のデータであれば0歳から110歳程度，身長のデータであれば様々な実数を取るだろう．もちろん，データの中に重複するものもあるだろう．10人分の利き手のデータを収集すれば

　　　　右手，右手，左手，左手，右手，右手，右手，右手，左手，右手

のような形で得られる．このデータの場合，取りうる値を { 右手，左手 } のように列挙することができる．このようなデータをまとめたものを「**集合**」という．

　集合を表す際には，重複を許さずに表記することが基本である．また，集合を表す際には，一般に中括弧「{」，「}」を使用する．もし列挙するものが少なければ全て書き出すこともできるが，年齢の例のように0歳から110歳までを全て列挙する

ことは難しい．そのような場合には，$\{n\,歳\,|\,n\,$ は 0 から 100 の整数 $\}$ という表記が使われる．ここでは，$\{\,変数\,|\,変数に関する条件\,\}$ のように集合を表す．

このように，集合を表すときは列挙する表記法と条件に基づいて表記する方法がある．本書では，様々な集合を扱うこととなるが，これらの表記法を適宜使用する．また，自然数，整数，実数を表す際にしばしば

$$\mathbb{N} = \{1,\,2,\,3,\ldots\}$$
$$\mathbb{Z} = \{\ldots,\,-3,\,-2,\,-1,\,0,\,1,\,2,\,3,\ldots\}$$
$$\mathbb{R} = \{x\,|\,x\,は実数\,\}$$

のような記号を使うこともある．

次に，集合の要素と部分集合について説明する．集合の「**要素**」（または「**元**」）とは，そのまま「集合を構成する要素」のことであり，もし a が集合 A の要素であれば $a \in A$ と表し，a が集合 A の要素でなければ $a \notin A$ と表す．例えば，右手 $\in \{\,右手,\,左手\,\}$, $0.5 \notin \{1,2,3,\ldots\}$ である．なお，要素が一つもない集合を「**空集合**」といい，$\emptyset$ と表す．

また，集合 A の全ての要素が集合 B の要素でもあるとき，集合 A は集合 B の「**部分集合**」といい，$A \subset B$ と表す．例えば，$\{\,右手\,\} \subset \{\,右手,\,左手\,\}$, $\{2,4,6,8,\ldots\} \subset \{1,2,3,4,\ldots\}$ である．ここで，中括弧 $\{\ \}$ によって集合を表しているかそうでないかを使い分けることには注意が必要である．つまり，要素は集合ではないため 右手 $\in \{\,右手,\,左手\,\}$ ではあるが，右手 $\subset \{\,右手,\,左手\,\}$ は**誤りである**．「$\subset$」はあくまでも集合どうしの関係を表す際に使う記号である．集合 A が集合 B の部分集合であり，さらに B も A の部分集合であるとき，A と B の関係を $A = B$ と等号を用いて表す．

集合 A と集合 B の両方の要素になっているものの集合を A と B の「**積集合**」といい，

$$A \cap B = \{x\,|\,x \in A\,かつ\,x \in B\}$$

と表す．一方，A と B のどちらか一方の要素になっているものの集合を A と B の「**和集合**」といい，

$$A \cup B = \{x\,|\,x \in A\,または\,x \in B\}$$

と表す．さらに，A の要素全てから B の要素であるものを取り除いたものの集合

を A と B の「**差集合**」といい,

$$A \backslash B = \{x \mid x \in A \text{ かつ } x \notin B\}$$

と表す．例えば, 2 の倍数を要素に持つ集合 $A = \{2, 4, 6, 8, \ldots\}$ と 3 の倍数を要素に持つ集合 $B = \{3, 6, 9, 12, \ldots\}$ に対し，A と B の積集合 $A \cap B$ は 2 と 3 の公倍数であるものの集合なので

$$A \cap B = \{6, 12, 18, 24, 30, 36, \ldots\}$$

となり，A と B の和集合 $A \cup B$ は 2, もしくは 3 の倍数であるものの集合なので

$$A \cup B = \{2, 3, 4, 6, 8, 9, \ldots\}$$

となる．さらに A と B の差集合 $A \backslash B$ は 2 の倍数から 3 の倍数でもあるものを除いた集合なので

$$A \backslash B = \{2, 4, 8, 10, 14, 16, \ldots\}$$

となる．

このように，集合を扱うだけでも様々な関係を示すことができる．しかし，データを集合として扱っているだけでは，有用な情報を得ることは難しい．そこで，次に説明するベクトルや行列を扱うことで，データから有用な情報が得られるようになる．

➤ 1.2 データとベクトル・行列

私たちの身の回りにあるデータは，表 1.1 のようにリスト形式で記録されていることが多い．データサイエンスにおける分析では，このようなデータの「集団とし

表 1.1 データの例

ID	氏名	性別	年齢	年収
001	西野栄二	男性	42	170
002	片岡直美	女性	49	210
003	宮地春花	女性	31	820
004	秋本正明	男性	22	600

ての特徴」を捉えることが重要であり，たとえば変数（観測項目）ごとの平均値を求める場合，変数ごとに全てのセルの値を全て足し，さらにサンプルサイズで割るという操作を行う．しかし，多くの変数を含むようなデータには多数のセルが存在するため，各変数のセル単位で1つ1つ計算をすることは煩雑である．また，そのような作業をまとめる際も，多数の数式を記述することが必要となるなど不便である．可能であればデータ全体を効率的に一括で操作を施し，また，シンプルに全てを記述したい．このようなときに有効なのが**ベクトル**と**行列**である．

ベクトルは次のようなものである．

定義 1.1 ベクトル

任意の n 個の数 $x_1, x_2, \ldots, x_n$ に対し，

$$\boldsymbol{x} = \begin{pmatrix} x_1 \\ x_2 \\ \vdots \\ x_n \end{pmatrix}$$

のように縦に n 個の数 $x_1, x_2, \ldots, x_n$ が並んだ $\boldsymbol{x}$ をサイズ n，あるいは n 次元の**（縦）ベクトル**という．また，1つのベクトル $\boldsymbol{x}$ を構成する n 個の数 $x_1, x_2, \ldots, x_n$ を $\boldsymbol{x}$ の**成分**といい，1つの成分しか持たないようなものをベクトルに対して**スカラー**という．一方，

$$(x_1, x_2, \ldots, x_n)$$

と横に $x_1, x_2, \ldots, x_n$ が並んだものを横ベクトルという．

ここで，$x_1, x_2, \ldots, x_n$ は任意の数（「数であればなんでもよいという意味」）としたが，実際には文字列など，数以外のものもベクトルの成分にすることは可能である．しかし**第Ⅰ部では特に断りがない限り実数のみを扱う**こととする[*1]．

また，ベクトル $\boldsymbol{x}$ は太字で，$\boldsymbol{x}$ の成分 $x_1, x_2, \ldots, x_n$ などのスカラーは細字（普通の文字）で表記しているが，これはベクトルとスカラーを混同しないようにするためであり，他の専門書の多くでも同じように表記するのが一般的である．特に，

[*1] すなわち，本書に登場する全てのベクトルや後で定義する行列の成分は実数全体 $\mathbb{R}$ の元とする．

全ての成分が 0 のベクトル $\mathbf{0}$ を「ゼロベクトル」といい，

$$\mathbf{0} = \begin{pmatrix} 0 \\ 0 \\ \vdots \\ 0 \end{pmatrix}$$

である．

さて，ベクトルは 1 次元しかないスカラーを n 次元に拡張したものであると考えることができる．これにより，$\boldsymbol{x}$ という 1 つの文字で n 個の数を表すことができる．そして，さらにベクトルを拡張したものが行列である．

定義 1.2　行列

任意の $m \times n$ 個の数 $x_{11}, x_{12}, \ldots, x_{1n}, x_{21}, x_{22}, \ldots, x_{2n}, \ldots, x_{m1}, x_{m2}, \ldots, x_{mn}$ に対し，

$$X = \begin{pmatrix} x_{11} & x_{12} & \cdots & x_{1n} \\ x_{21} & x_{22} & \cdots & x_{2n} \\ \vdots & \vdots & & \vdots \\ x_{m1} & x_{m2} & \cdots & x_{mn} \end{pmatrix}$$

のように縦（m 行）と横（n 列）に $x_{11}, \ldots, x_{mn}$ を並べた X をサイズ $m \times n$ の**行列**という．また行列 X とその成分の関係性を示すために，

$$X = (x_{ij})_{1 \leq i \leq m,\ 1 \leq j \leq n}$$

あるいはサイズを省略して

$$X = (x_{ij})$$

によって「X は x_{ij} を縦に m 行，横に n 列並べた $m \times n$ の行列」，「X の (i, j) 成分は x_{ij}」ということを表現する．

特に，全ての成分が 0 の行列を「ゼロ行列」と呼び

$$O = \begin{pmatrix} 0 & 0 & \cdots & 0 \\ 0 & 0 & \cdots & 0 \\ \vdots & \vdots & & \vdots \\ 0 & 0 & \cdots & 0 \end{pmatrix}$$

と大文字の O（オー）で表す．

行列を扱いはじめたとき，「縦と横のどちらが行でどちらが列なのか」ということや，「$m \times n$ 行列」では「行と列のどちらが m 個なのか」などが分からなくなってしまうことがある．そのような場合には「行列は縦 → 横」ということを覚えておくとよい．すなわち，「$m \times n$ 行列」は「縦 = 行の数が m，横 = 列の数が n」である．これは後ほど説明する行列同士の掛け算でも共通する性質であり，行列に慣れるまでは意識しておいた方がよい．

図 1.1　行列の行と列

行列はベクトルの拡張であるが，行列の中身を細かく見るために行列を複数のベクトルで表現することがある．

定義 1.3　列ベクトル・行ベクトル

$m \times n$ 行列 A を

$$A = \begin{pmatrix} a_{11} & a_{12} & \cdots & a_{1n} \\ a_{21} & a_{22} & \cdots & a_{2n} \\ \vdots & \vdots & & \vdots \\ a_{m1} & a_{m2} & \cdots & a_{mn} \end{pmatrix}$$

とする．このとき，行列 A の各列を

$$A = (\boldsymbol{a}_1, \boldsymbol{a}_2, \ldots, \boldsymbol{a}_n),$$

$$\boldsymbol{a}_1 = \begin{pmatrix} a_{11} \\ a_{21} \\ \vdots \\ a_{m1} \end{pmatrix}, \ \boldsymbol{a}_2 = \begin{pmatrix} a_{12} \\ a_{22} \\ \vdots \\ a_{m2} \end{pmatrix}, \ \ldots, \boldsymbol{a}_n = \begin{pmatrix} a_{1n} \\ a_{2n} \\ \vdots \\ a_{mn} \end{pmatrix}$$

とまとめた n 個の m 次元縦ベクトル $\boldsymbol{a}_1, \boldsymbol{a}_2, \ldots, \boldsymbol{a}_n$ を行列 A の**列ベクトル**という．

また，行列 A の各行を

$$A = \begin{pmatrix} \boldsymbol{a}^{(1)} \\ \boldsymbol{a}^{(2)} \\ \vdots \\ \boldsymbol{a}^{(m)} \end{pmatrix},$$

$$\boldsymbol{a}^{(1)} = (a_{11}, a_{12}, \ldots, a_{1n}), \ \boldsymbol{a}^{(2)} = (a_{21}, a_{22}, \ldots, a_{2n}), \ldots$$

$$\boldsymbol{a}^{(m)} = (a_{m1}, a_{m2}, \ldots, a_{mn})$$

とまとめた m 個の n 次元横ベクトル $\boldsymbol{a}^{(1)}, \boldsymbol{a}^{(2)}, \ldots, \boldsymbol{a}^{(m)}$ を行列 A の**行ベクトル**という．

　ここまでに縦ベクトルと横ベクトルの 2 種類のベクトルが出てきたが，しばしば縦ベクトルを横ベクトルに変換することが求められる．また，行列においても縦と横をひっくり返す必要があることがある．そのようなときに使用するのが「**転置**」である．

定義 1.4　ベクトルと行列の転置

n 次元縦ベクトル $\boldsymbol{x}$ を

$$\boldsymbol{x} = \begin{pmatrix} x_1 \\ x_2 \\ \vdots \\ x_n \end{pmatrix}$$

とする．このとき $\boldsymbol{x}$ を横ベクトルに変換したもの
$$\boldsymbol{x}^T = (x_1, x_2, \ldots, x_n)$$
を $\boldsymbol{x}$ の**転置**とよび，$\boldsymbol{x}^T$ と表す．また，n 次元横ベクトル $\boldsymbol{y}$ を
$$\boldsymbol{y} = (y_1, y_2, \ldots, y_n)$$
とする．このとき $\boldsymbol{y}$ の転置は
$$\boldsymbol{y}^T = \begin{pmatrix} y_1 \\ y_2 \\ \vdots \\ y_n \end{pmatrix}$$
という縦ベクトルである．

$m \times n$ 行列 A を
$$A = \begin{pmatrix} a_{11} & a_{12} & \cdots & a_{1n} \\ a_{21} & a_{22} & \cdots & a_{2n} \\ \vdots & \vdots & & \vdots \\ a_{m1} & a_{m2} & \cdots & a_{mn} \end{pmatrix}$$
とする．このとき，$n \times m$ 行列
$$A^T = \begin{pmatrix} a_{11} & a_{21} & \cdots & a_{m1} \\ a_{12} & a_{22} & \cdots & a_{m2} \\ \vdots & \vdots & & \vdots \\ a_{1n} & a_{2n} & \cdots & a_{mn} \end{pmatrix}$$
を行列 A の**転置**（行列）という．

$m \times n$ 行列 A の転置行列 A^T のサイズは $n \times m$ になっている．また，A の列ベクトル $\boldsymbol{a}_1, \boldsymbol{a}_2, \ldots, \boldsymbol{a}_n$ に対し，A^T の行ベクトルはこれらの転置 $\boldsymbol{a}_1^T, \boldsymbol{a}_2^T, \ldots, \boldsymbol{a}_n^T$ である．同様に，A^T の列ベクトルは A の行ベクトルの転置である．

列ベクトルや行ベクトルの記法はデータと行列の関係を理解するためにも便利で

表 1.2 数値データの例

ID	年齢	年収
001	42	170
002	49	210
003	31	820
004	22	600

あることが分かる．冒頭でベクトルと行列はデータを扱う際に有効であると述べたが，ここで改めてデータと行列の関係について確認しよう．表 1.2 のような数値のみが記録されたデータがあったとする．このとき，各観測対象のラベルに対応する「ID」以外の「年齢」と「年収」だけを切り取ると

$$A = \begin{pmatrix} 42 & 170 \\ 49 & 210 \\ 31 & 820 \\ 22 & 600 \end{pmatrix}$$

という 4×2 の行列 A になる．これにより，行列を使うことでリスト形式だったデータを 1 つの行列で表現することができ，さらに次の節で説明するベクトルと行列の演算を使うことでデータの加工や分析についてもシンプルに表すことが可能である．

データは各列に変数がまとめられ，各行に観測対象（たとえば人や場所，時刻など）がまとめられる．このデータを行列に置き換えると，各変数は列ベクトルに対応し，各観測対象は行ベクトルに対応する．つまり，ある特定の変数について分析をしたい場合は対応する列ベクトルだけを取り出せばよく，また，ある観測対象についてのみデータを知りたい場合は対応する行ベクトルを抽出すればよいのである．

さて，本書で扱う「**線形代数学**」は，データをまとめて処理する際に非常に有益なベクトルや行列を扱う数学であり，「**代数学**」という分野の 1 部分である．代数学は方程式の解に関する研究から始まったが，現在では「数」やその演算を一般的に扱う分野となった．線形代数学は，代数学の中で特にベクトルや行列を扱う分野である．

この線形代数学で蓄積された知見は，データをベクトルや行列として扱う際の要であるが，ベクトルや行列の計算ができるだけでは線形代数学を使いこなすことは

難しい．そこで第 I 部では，データから情報を抽出する際に重要となる線形代数学の理論を説明することに主眼を置くことにする．

1.3 ベクトル・行列の演算

ベクトルや行列を使うことのメリットは，$x_1, x_2, \ldots$ という多くの数を 1 組のものとして扱えるようになることである．1 つ 1 つの数（スカラー）だけが計算の対象ならば四則演算を自由に行うことができた．しかし，複数のものを 1 つにまとめて計算しようとすると，計算が成立するような演算方法をきちんと定める必要がある（このようにある概念に関するルールなどを定めることを数学では「定義する」という）．そこで，ここではベクトルや行列の演算を定義する．

1.3.1 ベクトルと行列の等号と加法・減法・スカラー積

足し算や掛け算の前に，まずは「等号（=）」について定義する．1 つの数しか成分に持たないスカラー x と y の等号は当然 x と y の値がピタリと同じときに $x = y$ と表すことができる．一方，複数の成分を持つベクトルや行列の等号は**ベクトルや行列の全ての成分の値がピタリと同じとき**に成立する．これを数式で表すと以下のようになる．

> **定義 1.5　ベクトルの等号**
>
> n 次元ベクトル $\boldsymbol{x}, \boldsymbol{y}$ の成分を
>
> $$\boldsymbol{x} = \begin{pmatrix} x_1 \\ x_2 \\ \vdots \\ x_n \end{pmatrix}, \boldsymbol{y} = \begin{pmatrix} y_1 \\ y_2 \\ \vdots \\ y_n \end{pmatrix}$$
>
> とする．このとき全ての $i = 1, 2, \ldots, n$ に対し，
>
> $$x_i = y_i$$
>
> が成り立つとき，ベクトル $\boldsymbol{x}$ と $\boldsymbol{y}$ は等しいといい，$\boldsymbol{x} = \boldsymbol{y}$ と表す．

ベクトルの拡張である行列の等号の定義も同様に行う．

定義 1.6　行列の等号

$m \times n$ 行列 A, B の成分を

$$A = \begin{pmatrix} a_{11} & a_{12} & \cdots & a_{1n} \\ a_{21} & a_{22} & \cdots & a_{2n} \\ \vdots & \vdots & & \vdots \\ a_{m1} & a_{m2} & \cdots & a_{mn} \end{pmatrix}, \quad B = \begin{pmatrix} b_{11} & b_{12} & \cdots & b_{1n} \\ b_{21} & b_{22} & \cdots & b_{2n} \\ \vdots & \vdots & & \vdots \\ b_{m1} & b_{m2} & \cdots & b_{mn} \end{pmatrix}$$

とする．このとき全ての $i = 1, 2, \ldots, m, j = 1, 2, \ldots, n$ に対し，

$$a_{ij} = b_{ij}$$

が成り立つとき，行列 A と B は等しいといい，$A = B$ と表す．

なお，ベクトルと行列で「全ての成分がピタリと同じ値である」には，そもそも成分の数が同じでなければならない．すなわち，ベクトルや行列の等号は 2 つのもののサイズは同じでなければ定義できない．

ベクトル・行列の等号が定義できたので，次にベクトル・行列同士の足し算（「加法」），引き算（「減法」），ベクトル・行列のスカラー倍（「スカラー積」）を定義する．

定義 1.7　ベクトル・行列の加法・減法，スカラー積

$m \times n$ 行列 A, B（$n = 1$ ならば A と B はベクトル）の成分を

$$A = \begin{pmatrix} a_{11} & a_{12} & \cdots & a_{1n} \\ a_{21} & a_{22} & \cdots & a_{2n} \\ \vdots & \vdots & & \vdots \\ a_{m1} & a_{m2} & \cdots & a_{mn} \end{pmatrix}, \quad B = \begin{pmatrix} b_{11} & b_{12} & \cdots & b_{1n} \\ b_{21} & b_{22} & \cdots & b_{2n} \\ \vdots & \vdots & & \vdots \\ b_{m1} & b_{m2} & \cdots & b_{mn} \end{pmatrix}$$

とする．このとき，行列 A と B の加法 $A + B$ と減法 $A - B$ を

$$A \pm B = \begin{pmatrix} a_{11} \pm b_{11} & a_{12} \pm b_{12} & \cdots & a_{1n} \pm b_{1n} \\ a_{21} \pm b_{21} & a_{22} \pm b_{22} & \cdots & a_{2n} \pm b_{2n} \\ \vdots & \vdots & & \vdots \\ a_{m1} \pm b_{m1} & a_{m2} \pm b_{m2} & \cdots & a_{mn} \pm b_{mn} \end{pmatrix}$$

によって定義する[*2]．また，任意のスカラー c（c はスカラーであればなんでも良い）に対し，行列 A の c 倍である cA を

$$cA = \begin{pmatrix} ca_{11} & ca_{12} & \cdots & ca_{1n} \\ ca_{21} & ca_{22} & \cdots & ca_{2n} \\ \vdots & \vdots & & \vdots \\ ca_{m1} & ca_{m2} & \cdots & ca_{mn} \end{pmatrix}$$

によって定義する．

これらの行列の足し算と引き算，スカラー積は行列の成分の足し算，引き算，スカラー積になっており，行列 A と B をそれぞれ $A = (a_{ij})$, $B = (b_{ij})$ とすると，

$$A \pm B = (a_{ij} \pm b_{ij}),$$
$$cA = (ca_{ij})$$

と表される．

▶ 1.3.2 ベクトルと行列の掛け算

ここからはベクトルとベクトル，ベクトルと行列，行列と行列の掛け算について扱っていく．線形代数学ではこの掛け算を使いこなすことがとても重要なポイントとなる．

まずはベクトル同士の掛け算の1つである「内積」を定義する．

> **定義1.8　ベクトルの内積**
>
> n 次元ベクトル $\boldsymbol{x}, \boldsymbol{y}$ に対し，$\boldsymbol{x} \circ \boldsymbol{y}$ を $\boldsymbol{x}$ と $\boldsymbol{y}$ **の内積**といい，
> $$\boldsymbol{x} \circ \boldsymbol{y} = x_1 y_1 + x_2 y_2 + \cdots + x_n y_n = \sum_{i=1}^{n} x_i y_i$$

[*2] 本書では $A \pm B$ のような表記を複号同順として扱う．

によって定義する．なお，**内積は次元の等しいベクトル同士でしか求めることはできない**．$x \cdot y$ や $\langle x, y \rangle$ の記法もよく用いられる．

ここで $\sum_{i=1}^{n}$ は総和記号 "summation" であり，「i を 1 から n まで値を求めて全て足しあげる」という意味の数学記号である（シグマ Σ は summation の頭文字の s に対応するギリシア文字の大文字である）．線形代数学では内積のような「法則性のある多数の足し算」を扱うことが多く，総和記号はそれらの計算を省略して表記するのに便利である．

この内積は 2 つのベクトルの「直交」と関係する．ベクトル x, y に対し「**直交**」関係を以下で定義する．

定義 1.9 ベクトルの直交

ベクトル x, y について，

$$x \circ y = 0$$

が成り立つとき，x と y は**直交する**という．

なお，x と y のどちらか一方でも $\mathbf{0}$ ならば常に $x \circ y = 0$ となるが，通常，ベクトルが直交するというときは x も y も $\mathbf{0}$ ではない場合を考えることが多い．

次に行列同士の掛け算を定義する．

定義 1.10 行列の積

$m \times n$ 行列 A と $n \times p$ 行列 B をそれぞれ

$$A = \begin{pmatrix} a_{11} & a_{12} & \cdots & a_{1n} \\ a_{21} & a_{22} & \cdots & a_{2n} \\ \vdots & \vdots & & \vdots \\ a_{m1} & a_{m2} & \cdots & a_{mn} \end{pmatrix}, B = \begin{pmatrix} b_{11} & b_{12} & \cdots & b_{1p} \\ b_{21} & b_{22} & \cdots & b_{2p} \\ \vdots & \vdots & & \vdots \\ b_{n1} & b_{n2} & \cdots & b_{np} \end{pmatrix}$$

とする．このとき A と B の積 $AB = A \times B$ を

$$AB = \begin{pmatrix} \sum_{i=1}^{n} a_{1i}b_{i1} & \sum_{i=1}^{n} a_{1i}b_{i2} & \cdots & \sum_{i=1}^{n} a_{1i}b_{ip} \\ \sum_{i=1}^{n} a_{2i}b_{i1} & \sum_{i=1}^{n} a_{2i}b_{i2} & \cdots & \sum_{i=1}^{n} a_{2i}b_{ip} \\ \vdots & \vdots & & \vdots \\ \sum_{i=1}^{n} a_{mi}b_{i1} & \sum_{i=1}^{n} a_{mi}b_{i2} & \cdots & \sum_{i=1}^{n} a_{mi}b_{ip} \end{pmatrix}$$

と定義する．なお，AB を「A を左から B に掛ける」，あるいは「A に右から B を掛ける」という．

行列 A と B の掛け算には総和記号が大量に出てきて少々複雑に見えるが，列ベクトルと行ベクトルを用いれば少しすっきりする．A と B を行ベクトルと列ベクトルを用いて

$$A = \begin{pmatrix} \boldsymbol{a}^{(1)T} \\ \boldsymbol{a}^{(2)T} \\ \vdots \\ \boldsymbol{a}^{(m)T} \end{pmatrix}, \ B = (\boldsymbol{b}_1, \boldsymbol{b}_2, \ldots, \boldsymbol{b}_p)$$

とする．なお，$\boldsymbol{a}^{(1)}, \boldsymbol{a}^{(2)}, \ldots, \boldsymbol{a}^{(m)}$ と $\boldsymbol{b}_1, \boldsymbol{b}_2, \ldots, \boldsymbol{b}_p$ は全て n 次元縦ベクトルである（これまで行ベクトルには横ベクトルを用いてきたが，ここからは縦ベクトルの転置によって表す）．このとき，実は AB は

$$AB = \begin{pmatrix} \boldsymbol{a}^{(1)} \circ \boldsymbol{b}_1 & \boldsymbol{a}^{(1)} \circ \boldsymbol{b}_2 & \cdots & \boldsymbol{a}^{(1)} \circ \boldsymbol{b}_p \\ \boldsymbol{a}^{(2)} \circ \boldsymbol{b}_1 & \boldsymbol{a}^{(2)} \circ \boldsymbol{b}_2 & \cdots & \boldsymbol{a}^{(2)} \circ \boldsymbol{b}_p \\ \vdots & \vdots & & \vdots \\ \boldsymbol{a}^{(m)} \circ \boldsymbol{b}_1 & \boldsymbol{a}^{(m)} \circ \boldsymbol{b}_2 & \cdots & \boldsymbol{a}^{(m)} \circ \boldsymbol{b}_p \end{pmatrix}$$

と (i, j) **成分に** A の i **番目の行ベクトルと** B の j **番目の列ベクトルの内積を持つ** $m \times p$ **行列**になっている．

さて，少し特殊なケースだが A が $1 \times n$ の行列で B が $n \times 1$ の行列の場合を考えよう．このとき，行列 A は 1 番目の行ベクトル $\boldsymbol{a}^{(1)T}$ そのものであり，行列 B は 1 番目の列ベクトル $\boldsymbol{b}_1$ そのものである．また，AB は 1×1 の行列（スカラー）である．したがって

$$\boldsymbol{a}^{(1)} \circ \boldsymbol{b}_1 = AB = \boldsymbol{a}^{(1)T} \boldsymbol{b}_1$$

となる．これより，ベクトルの内積について以下のことが分かる．

> **定理 1.1　内積と行列の掛け算の関係**
>
> n 次元ベクトル $\boldsymbol{a} = (a_1, \ldots, a_n)^T$, $\boldsymbol{b} = (b_1, \ldots, b_n)^T$ に対し，$\boldsymbol{a}$ と $\boldsymbol{b}$ の内積 $\boldsymbol{a} \circ \boldsymbol{b}$ は
> $$\boldsymbol{a} \circ \boldsymbol{b} = \boldsymbol{a}^T \boldsymbol{b}$$
> となる．

「定理」とは「定義などから論理的に導き出せる性質」のことをいう．この定理より，ベクトル $\boldsymbol{a}$ と $\boldsymbol{b}$ の内積は「$\boldsymbol{a}$ の転置に $\boldsymbol{b}$ を掛けたもの」であることが分かる．

さて，話を行列の掛け算に戻そう．内積は次元の同じベクトル同士でしか求めることができないことはすでに述べた．また，行列 A と B の積の各成分はそれぞれの行ベクトルと列ベクトルの内積である．これより AB と積を計算するには「A の行ベクトルの次元」と「B の列ベクトルの次元」が等しくなければならないことが分かる．すなわち，

$$\underset{m \times n}{A} \times \underset{n \times p}{B}$$

のように**掛け算の左側の行列 A の列の数と掛け算の右側の行列 B の行の数が同じでなければ，AB を求めることはできない**ことに注意が必要である．

1.3.3　ベクトルと行列の演算の性質

ベクトルや行列を使った計算では，スカラーでは当たり前にできた演算ができない場合がある．まずは，ベクトルや行列を使った演算でできることとできないことを説明する．

a. ベクトルと行列の和と積の結合則

スカラーの計算で $(a + b) + c = a + (b + c)$ のように複数の演算が存在する（ここでは足し算が 2 回行われている）とき，どこから演算をしても結果が変わらない法則を「結合則」という．ベクトルや行列の和や積においても，この結合則は成立し，

$$(a \pm b) \pm c = a \pm (b \pm c),$$
$$(A \pm B) \pm C = A \pm (B \pm C),$$
$$(XY)Z = X(YZ)$$

である．ただし，a, b, c と A, B, C はそれぞれサイズの等しいベクトルと行列であり，X, Y, Z はそれぞれ $n \times m, m \times p, p \times q$ の行列である．

b. ベクトルと行列の和と積の交換則

スカラーの足し算や掛け算では $a + b = b + a, a \times b = b \times a$ のように演算の右と左を交換することができた．これを「交換則」という．ベクトルと行列の足し算でもこれは成立し，

$$a + b = b + a,$$
$$A + B = B + A$$

である．ベクトルの内積についても交換則は成立する．すなわち，

$$a \circ b = b \circ a$$
$$= a^T b = b^T a$$

である．

しかし，**行列同士の掛け算で一般に交換則は成立しない**．たとえば X を $n \times m$ 行列，Y を $m \times p$ 行列とすると，XY は X の列数 m と Y の行数 m が同じなので計算ができるが，YX は Y の列数 p と X の行数 n が異なれば計算することすらできない．

c. ベクトルと行列の和と積の分配則

$a(b+c) = ab + ac$ のように計算を分けることができる法則を「分配則」という．これはベクトルと行列のスカラー積で成立し，

$$c(a \pm b) = ca \pm cb,$$
$$c(A \pm B) = cA \pm cB$$

である．さらに，行列の演算でも成立し，

$$A(B \pm C) = AB \pm AC,$$
$$(A \pm B)C = AC \pm BC$$

である．

d. 行列の転置の性質

すでに導入した行列の転置も実は 1 つの演算と言え，以下の性質が容易に確かめられる．

> **定理 1.2　行列の転置の性質**
>
> 1. $n \times m$ 行列 A, B に対し，
>
> $$(A + B)^T = A^T + B^T$$
>
> が成立する．
> 2. $n \times m$ 行列 X, $m \times p$ 行列 Y に対し，
>
> $$(XY)^T = Y^T X^T$$
>
> が成立する．

特に，定理 1.2 の 2 は式の展開で数多く使う性質である．

1.3.4　行列の掛け算による平均値の計算

行列はベクトルの集まりとしてみることができ，それらのベクトルに一括で何らかの加工を行いたいとき，行列同士の演算は便利である．たとえば $n \times m$ 行列 $A = (\boldsymbol{a}_1, \ldots, \boldsymbol{a}_m)$ を各列に観測項目，各行に観測対象が対応しているデータで構成された行列とするとき，左から $(1/n)\boldsymbol{1}_n$（$\boldsymbol{1}_n$ は全ての成分が 1 の n 次元ベクトル）の転置を掛ければ

$$\frac{1}{n}\mathbf{1}_n^T A = \frac{1}{n}(1,\ldots,1)\begin{pmatrix} a_{11} & \cdots & a_{1m} \\ \vdots & & \vdots \\ a_{n1} & \cdots & a_{nm} \end{pmatrix}$$

$$= \left(\frac{1}{n}\mathbf{1}_n^T \boldsymbol{a}_1,\ldots,\frac{1}{n}\mathbf{1}_n^T \boldsymbol{a}_m\right) = \left(\frac{1}{n}\sum_{i=1}^n a_{i1},\ldots,\frac{1}{n}\sum_{i=1}^n a_{im}\right)$$

と，各観測項目の平均値を求めることができる．さらに

$$H = \begin{pmatrix} 1 & 0 & \cdots & 0 \\ 0 & 1 & \cdots & 0 \\ \vdots & \vdots & \ddots & \vdots \\ 0 & 0 & \cdots & 1 \end{pmatrix} - \frac{1}{n}\begin{pmatrix} 1 & 1 & \cdots & 1 \\ 1 & 1 & \cdots & 1 \\ \vdots & \vdots & \ddots & \vdots \\ 1 & 1 & \cdots & 1 \end{pmatrix}$$

で定義される行列 H を A の左から掛けると，

$$HA = A - \frac{1}{n}\begin{pmatrix} 1 & \cdots & 1 \\ \vdots & \ddots & \vdots \\ 1 & \cdots & 1 \end{pmatrix}A$$

$$= (\boldsymbol{a}_1,\ldots,\boldsymbol{a}_m) - \begin{pmatrix} \frac{1}{n}\mathbf{1}_n^T\boldsymbol{a}_1 & \cdots & \frac{1}{n}\mathbf{1}_n^T\boldsymbol{a}_m \\ \vdots & & \vdots \\ \frac{1}{n}\mathbf{1}_n^T\boldsymbol{a}_1 & \cdots & \frac{1}{n}\mathbf{1}_n^T\boldsymbol{a}_m \end{pmatrix}$$

と，全ての成分から列ベクトルの平均値が引かれ，全ての観測項目の平均値が 0 に中心化された行列を得ることができる（この H を「**中心化作用素行列**」と呼ぶことがある）．そして

$$C = \frac{1}{n-1}(HA)^T(HA) = \frac{1}{n-1}A^T HA$$

と，H を使うことによって A の分散共分散行列を得ることができる．なお，中心化作用素行列 H には $H^T = H, HH = H$ という性質がある．

1.4 様々な行列

1.4.1 単位行列・逆行列・正則行列

A を $n \times n$ 行列とする．このように行数と列数が同じ行列のことを「正方行列」といい，$n \times n$ の正方行列を「n 次正方行列」という．

さて，ここで次の「**単位行列**」という特別な正方行列を定義する．

> **定義 1.11　単位行列**
>
> n 次正方行列 I_n を
> $$I_n = \begin{pmatrix} 1 & 0 & \cdots & 0 \\ 0 & 1 & \cdots & 0 \\ \vdots & \vdots & \ddots & \vdots \\ 0 & 0 & \cdots & 1 \end{pmatrix} = (\bm{e}_1, \bm{e}_2, \ldots, \bm{e}_n)$$
> のように対角部分 $(1,1)$ 成分，$(2,2)$ 成分，…，(n,n) 成分（これらを「行列の対角成分」という）の全てが 1 である $n \times n$ の行列を n **次単位行列**という．なお，単位行列の列ベクトル $\bm{e}_i$ $(i = 1, 2, \ldots, n)$ は第 i 成分が 1 でそれ以外の成分が 0 のベクトルであり「**基本ベクトル**」という．

単位行列には「どんな行列の左右から単位行列を掛けても値が変わらない」という性質があり，$m \times n$ 行列 A と $n \times m$ 行列 B に対し，

$$AI_n = A, \quad I_n B = B$$

が成立する．実際に $A = (a_{ij})$ とするとき，AI_n の (i,j) 成分は

$$(AI_n)_{ij} = a_{i1} \times 0 + a_{i2} \times 0 + \cdots + a_{ij} \times 1 + \cdots + a_{in} \times 0$$
$$= a_{ij}$$

である．

スカラーの掛け算ではどんな数に 1 を掛けても値が変わらないが，行列の掛け算におけるこの 1 のような役割を果たすのが単位行列である．一方，スカラーの掛け

算ではある数に掛けると 1 になるような数のことをその数の逆数といったが，行列の掛け算で逆数に対応するのが「**逆行列**」である．

> **定義 1.12 逆行列・正則行列**
>
> ある n 次正方行列 A に対し，
>
> $$AX = I_n, \quad YA = I_n$$
>
> のように A の左や右から掛けると単位行列になるような行列 X, Y を A の「**逆行列**」といい，A^{-1}（「A インバース」）と表す．
>
> また，逆行列を持つ性質を「**正則である**」といい，そのような行列を「**正則行列**」という．逆行列を持たない行列を**特異**あるいは**非正則**という．

「正則」とは「ある規則・法則が成立している」という意味であるが，線形代数学は主に行列の掛け算を扱う学問のため，「行列における逆数のようなもの＝逆行列が存在する」ことが線形代数学における「規則・法則」に対応する．統計学や数学の他の分野では，「正則条件」や「正則関数」などの言葉も出てくるが，それらにおける「規則・法則」は必ずしも逆行列が存在することではないので注意が必要である．

さて，逆行列には次のような性質がある．

> **定理 1.3 逆行列の性質**
>
> 1. 任意の n 次正方行列 A に対し，$AX = XA = I_n$ が成り立つ n 次正方行列 X が存在するとき，A は逆行列を持ち，$X = A^{-1}$ が成り立つ．
>
> 2. 任意の n 次正方行列 A に対し，$X_1 A = A X_1 = X_2 A = A X_2 = I_n$ が成り立つような n 次正方行列 X_1, X_2 が存在するとき，$X_1 = X_2$ である．（これを「逆行列の一意性」という．）
>
> 3. 任意の正方行列 A に対し，A が正則ならば A^{-1} も正則であり，A の逆行列の逆行列 $(A^{-1})^{-1}$ は A である．
>
> 4. 任意の正則行列 A, B に対し，$(AB)^{-1} = B^{-1} A^{-1}$ である．

一意とは，"ただ 1 つ定まる"という意味であり，数学ではよく使う表現である．

n 次正則行列 A の逆行列 A^{-1} は「行列 A の -1 乗」と見ることができる．このような行列の累乗のことを「冪行列」といい，たとえばスカラーの累乗と同じく，$A^4 = AAAA$ である．この n 次正則行列 A の冪行列には

$$A^0 = I_n, \quad A^{-c} = (A^{-1})^c = (A^c)^{-1} \ (c = 1, 2, \ldots)$$

という指数法則が成立する．また，スカラーでは $c^{-1} = 1/c$ であるが，正方行列 A に対し，$A^{-1} = 1/A$ とは**決して表さない**ことは注意すべきである．

1.4.2 連立方程式と対角行列・三角行列

n 次単位行列 I_n は n 個の 1 が対角成分に並んでいる正方行列であった．一方で単位行列は対角成分以外は 0 という性質も持っている．このような正方行列を「**対角行列**」といい，次で定義される．

定義 1.13　対角行列

ある n 次正方行列 A で，

$$A = \begin{pmatrix} a_1 & 0 & \cdots & 0 \\ 0 & a_2 & \cdots & 0 \\ \vdots & \vdots & \ddots & \vdots \\ 0 & 0 & \cdots & a_n \end{pmatrix}$$

のように対角成分 $a_1, a_2, \ldots, a_n$ 以外の成分（これを「非対角成分」という）が全て 0 の行列を「**対角行列**」（diagonal matrix）という．なお，対角行列を表記する際，非対角成分を省略し，

$$A = \begin{pmatrix} a_1 & & & \\ & a_2 & & \\ & & \ddots & \\ & & & a_n \end{pmatrix}$$

とすることがあり，また，$A = \mathrm{diag}(a_1, a_2, \ldots, a_n)$ とも表記する．

対角成分に0の値がある正方行列であっても，非対角成分が全て0であれば対角行列である．また，2つのn次対角行列A, Bに対し，和$A + B$と積ABも対角行列となる．さらに，対角行列の逆行列も対角行列である．

ただし，対角行列$A = \mathrm{diag}(a_1, \ldots, a_n)$が正則であるためには，全ての$a_i$ $(i = 1, \ldots, n)$に対し$a_i \neq 0$でなければならず，また，その場合であればAは正則であり，
$$A^{-1} = \mathrm{diag}\left(\frac{1}{a_1}, \ldots, \frac{1}{a_n}\right)$$
である．

なお，このような「対角行列Aが正則」という性質に対する「Aの対角成分が非ゼロ」という条件のように「〜でなければならない」と「〜という場合ならば」という2つの条件が合わさったものを「必要十分条件」という．

対角行列と正方行列との積について考えよう．3次対角行列$A = \mathrm{diag}(a_1, a_2, a_3)$を3次正方行列$B = (b_{ij})$の左から掛けると
$$\begin{aligned} AB &= \begin{pmatrix} a_1 & 0 & 0 \\ 0 & a_2 & 0 \\ 0 & 0 & a_3 \end{pmatrix} \begin{pmatrix} b_{11} & b_{12} & b_{13} \\ b_{21} & b_{22} & b_{23} \\ b_{31} & b_{32} & b_{33} \end{pmatrix} \\ &= \begin{pmatrix} a_1 b_{11} & a_1 b_{12} & a_1 b_{13} \\ a_2 b_{21} & a_2 b_{22} & a_2 b_{23} \\ a_3 b_{31} & a_3 b_{32} & a_3 b_{33} \end{pmatrix} \end{aligned}$$
とBの各行がそれぞれa_1倍，a_2倍，a_3倍される．一方Bの右から対角行列Aを掛けると
$$\begin{aligned} BA &= \begin{pmatrix} b_{11} & b_{12} & b_{13} \\ b_{21} & b_{22} & b_{23} \\ b_{31} & b_{32} & b_{33} \end{pmatrix} \begin{pmatrix} a_1 & 0 & 0 \\ 0 & a_2 & 0 \\ 0 & 0 & a_3 \end{pmatrix} \\ &= \begin{pmatrix} a_1 b_{11} & a_2 b_{12} & a_3 b_{13} \\ a_1 b_{21} & a_2 b_{22} & a_3 b_{23} \\ a_1 b_{31} & a_2 b_{32} & a_3 b_{33} \end{pmatrix} \end{aligned}$$
とBの各列がそれぞれa_1倍，a_2倍，a_3倍される．このように対角行列は行列の

掛け算において，行や列ごとに定数倍させる効果がある．

さて，ここで中学・高校の数学で学ぶ以下のような連立方程式を考えよう．

$$y_1 = a_{11}x_1 + a_{12}x_2,$$
$$y_2 = a_{21}x_1 + a_{22}x_2.$$

この方程式では，$a_{11}, a_{12}, a_{21}, a_{22}$ と y_1, y_2 の値が分かっているときに x_1, x_2 の値を求めたいとする．このとき，中学・高校ではたとえば上の方の式を $x_1 = (y_1/a_{11}) - (a_{12}/a_{11})x_2$ のように変形し，下の方の式に代入するなどする．この方程式は，実はベクトルと行列を用いて

$$\begin{pmatrix} y_1 \\ y_2 \end{pmatrix} = \begin{pmatrix} a_{11} & a_{12} \\ a_{21} & a_{22} \end{pmatrix} \begin{pmatrix} x_1 \\ x_2 \end{pmatrix} \qquad (*)$$

というように表現できる．ここで

$$\boldsymbol{y} = \begin{pmatrix} y_1 \\ y_2 \end{pmatrix}, \; A = \begin{pmatrix} a_{11} & a_{12} \\ a_{21} & a_{22} \end{pmatrix}, \; \boldsymbol{x} = \begin{pmatrix} x_1 \\ x_2 \end{pmatrix}$$

とすると，もし A が正則行列ならば，両辺に左から A^{-1} を掛ければ

$$A^{-1}\boldsymbol{y} = A^{-1}A\boldsymbol{x} = I_2\boldsymbol{x} = \begin{pmatrix} x_1 \\ x_2 \end{pmatrix}$$

のように x_1 と x_2 を求めることが可能である[*3]．もし計算機で逆行列を簡単に計算できるのであれば，式変形をする手間がいらないこの方法の方がとても楽に x_1, x_2 の値を求めることができる．実はベクトルや行列を扱う線形代数学はこのような行列とベクトルで表現できる方程式（これを「線形方程式」という）を解くことをきっかけに作られた学問である．

次に変数が 3 つの場合を考える．A が対角行列の場合，この線形方程式は

$$\begin{pmatrix} y_1 \\ y_2 \\ y_3 \end{pmatrix} = \begin{pmatrix} a_{11} & 0 & 0 \\ 0 & a_{22} & 0 \\ 0 & 0 & a_{33} \end{pmatrix} \begin{pmatrix} x_1 \\ x_2 \\ x_3 \end{pmatrix} = \begin{pmatrix} a_{11}x_1 \\ a_{22}x_2 \\ a_{33}x_3 \end{pmatrix}$$

[*3] なお，A が正則でなければ A^{-1} は存在せず，この形で x_1, x_2 を求めることはできない．この場合，$(*)$ 式をみたす x は存在しない（不能解），あるいは，無限に存在する（不定解）．

となり，x_1, x_2, x_3 の値を簡単に求めることができる．ここで，A が対角行列ではなく

$$\begin{pmatrix} y_1 \\ y_2 \\ y_3 \end{pmatrix} = \begin{pmatrix} a_{11} & a_{12} & a_{13} \\ 0 & a_{22} & a_{23} \\ 0 & 0 & a_{33} \end{pmatrix} \begin{pmatrix} x_1 \\ x_2 \\ x_3 \end{pmatrix} = \begin{pmatrix} a_{11}x_1 + a_{12}x_2 + a_{13}x_3 \\ a_{22}x_2 + a_{23}x_3 \\ a_{33}x_3 \end{pmatrix}$$

のような左下の方に成分が 0 の部分が三角形に並んでいるような行列だとする．このとき，A が対角行列の場合と比較してこの方程式を解くのにより多くの計算が必要となるが，それでも x_3, x_2, x_1 の順に解いていけば簡単に値を求めることができる．この A のような行列を「**上三角行列**」という．

一方，

$$A = \begin{pmatrix} a_{11} & 0 & 0 \\ a_{21} & a_{22} & 0 \\ a_{31} & a_{32} & a_{33} \end{pmatrix}$$

のように右上の方に成分が 0 の部分が並んでいる行列を「**下三角行列**」という．なお，上三角行列同士を掛けると上三角行列になり，下三角行列同士を掛けると下三角行列になる．和についても同様である．

1.4.3 対称行列・置換行列

n 次正方行列を転置しても同じ行列となるものがある．このような行列を「**対称行列**」といい，次で定義される．

> **定義 1.14 対称行列**
>
> ある n 次正方行列 A に対し，
>
> $$A = A^T$$
>
> と転置しても同じ行列となる行列を「**対称行列**」という．また，対称行列 $A = (a_{ij})$ に対し，
>
> $$a_{ij} = a_{ji} \quad (i, j = 1, \ldots, n)$$
>
> である．

任意の $m \times n$ 行列 X に対し，$X^T X$ や XX^T はそれぞれ n 次と m 次の対称行列であることが定理 1.2 から分かる．また，対称行列 A が正則であるとき，A^{-1} も対称行列となる．なお，統計学で対称行列はとてもよく出現し，たとえば，前述の多変量データの分散共分散行列は対称行列である．

さて，n 次単位行列 I_n は任意の n 次正方行列の左から掛けても右から掛けても値を変えない行列である．これに対し，I_n の行を入れ替えることを考える．次の式は 3 次単位行列の 2 行目と 3 行目を入れ替えた行列を 3 次正方行列 A の左から掛けたものであるが，

$$\begin{pmatrix} 1 & 0 & 0 \\ 0 & 0 & 1 \\ 0 & 1 & 0 \end{pmatrix} \begin{pmatrix} a_{11} & a_{12} & a_{13} \\ a_{21} & a_{22} & a_{23} \\ a_{31} & a_{32} & a_{33} \end{pmatrix} = \begin{pmatrix} a_{11} & a_{12} & a_{13} \\ a_{31} & a_{32} & a_{33} \\ a_{21} & a_{22} & a_{23} \end{pmatrix}$$

と A の 2 行目と 3 行目を入れ替えた行列が得られる．一方，A の右からこの行列を掛けると，

$$\begin{pmatrix} a_{11} & a_{12} & a_{13} \\ a_{21} & a_{22} & a_{23} \\ a_{31} & a_{32} & a_{33} \end{pmatrix} \begin{pmatrix} 1 & 0 & 0 \\ 0 & 0 & 1 \\ 0 & 1 & 0 \end{pmatrix} = \begin{pmatrix} a_{11} & a_{13} & a_{12} \\ a_{21} & a_{23} & a_{22} \\ a_{31} & a_{33} & a_{32} \end{pmatrix}$$

のように A の 2 列目と 3 列目を入れ替えた行列が得られる．このようにある行列の左や右から掛けることでその行列の行や列を入れ替える（置換する）行列を「**置換行列**」という．

定義 1.15 置換行列

ある n 次正方行列 A に対し，左から掛けることで A の行を入れ替え，右から掛けることで A の列を入れ替える行列を置換行列という．また，左から掛けることで i 行と j 列を入れ替える置換行列を $Q_{(i,j)}$ で表す．なお，$Q_{(i,j)}$ は n 次単位行列の i 行と j 行（i 列と j 列でも同じ）を入れ替えたもので与えられる．

1.4.4 正定値行列，負定値行列，半正定値行列

n 次対称行列 $A = (a_{ij})$ に対し，任意の n 次元ベクトル $\boldsymbol{x} = (x_1, \ldots, x_n)^T$ を

$$\boldsymbol{x}^T A \boldsymbol{x} = \sum_{i=1}^{n} \sum_{j=1}^{n} a_{ij} x_i x_j$$

と左右から掛けることを考える．これを行列の「**二次形式**」という．

この二次形式に対し，A の中にはどんな $\boldsymbol{x} \neq \boldsymbol{0}$ を両辺から掛けても必ず正の値になるものや，かならず負の値になるものが存在する．このような行列を「**正定値行列**」，「**負定値行列**」という．正（負）値定符号ということもある．

> **定義 1.16　正定値行列，負定値行列，半正定値行列**
>
> n 次対称行列 A に対し，二次形式を
>
> $$Q_A(\boldsymbol{x}) = \boldsymbol{x}^T A \boldsymbol{x}$$
>
> で与える．このとき，任意の $\boldsymbol{0} = (0, \ldots, 0)^T$ でない n 次元ベクトル $\boldsymbol{x}$ に対し，常に $Q_A(\boldsymbol{x}) > 0$ が成り立つ A を「**正定値行列**」という．
> また，常に $Q_A(\boldsymbol{x}) < 0$ が成り立つ A を「**負定値行列**」といい，$Q_A(\boldsymbol{x}) \geq 0$ が成り立つ A を「**半正定値行列**」という．

正定値行列には以下の性質が知られている．

> **定理 1.4　正定値行列の正則性**
>
> A を n 次正定値行列とする．このとき，A は正則行列である．

この性質の証明には，この後の第 4 章で登場する内容を使用する必要がある [*4]．

▶ 1.5　ベクトルと行列のノルム

ここまで出てきたベクトルと行列は複数の数をまとめて扱うものであり，大小様々な値の成分をまとめることができる．一方，ベクトルや行列そのものの大きさを評価する必要がある場合もある．

そのようなときに使うのが「**ノルム**」である．ここでは，一般的に多く用いられる

[*4] 詳細は線形代数学の詳しい教科書（たとえば，新井仁之 (2006)，『線形代数　基礎と応用』，日本評論社など）を参照．

「L_2 ノルム」を扱う（多くの場合，「L_2 ノルム」のことを単に「ノルム」という）．

定義 1.17　ベクトルの L_2 ノルム

n 次元ベクトル $\boldsymbol{a} = (a_1, \ldots, a_n)^T$ に対し，$\boldsymbol{a}$ 同士の内積の平方根

$$\|\boldsymbol{a}\| = \sqrt{\boldsymbol{a} \circ \boldsymbol{a}} = \sqrt{a_1^2 + \cdots + a_n^2}$$

を「$\boldsymbol{a}$ のノルム」という．$\|\boldsymbol{a}\| \geq 0$ である．なお，スカラー c に対し，$\|c\| = |c|$ である．

この定義より，ベクトルのノルムには以下の性質が成り立つことが分かる．

定理 1.5　ベクトルのノルムの性質

任意の n 次元ベクトル $\boldsymbol{a}, \boldsymbol{b}$ に対し，

1. $\|\boldsymbol{a}\| = 0$ ならば $\boldsymbol{a} = \boldsymbol{0}$ であり，$\boldsymbol{a} = \boldsymbol{0}$ ならば $\|\boldsymbol{a}\| = 0$ である．
2. 任意の実数 c に対し，$\|c\boldsymbol{a}\| = |c|\|\boldsymbol{a}\|$
3. $|\boldsymbol{a} \circ \boldsymbol{b}| \leq \|\boldsymbol{a}\| \cdot \|\boldsymbol{b}\|$
4. $\|\boldsymbol{a} + \boldsymbol{b}\| \leq \|\boldsymbol{a}\| + \|\boldsymbol{b}\|$

さて，2 つの n 次元ベクトル $\boldsymbol{x}$ と $\boldsymbol{y}$ について，これらが直交であるとは内積が 0 であることであると定義した．これは，内積が 2 つのベクトルの成す角度と関係が深いことに由来する．

$\boldsymbol{x}$ と $\boldsymbol{y}$ が成す角度を θ とし，図 1.2 のように $\boldsymbol{x}, \boldsymbol{y}, \boldsymbol{x} - \boldsymbol{y}$ による三角形を考える．

このとき，三角形の余弦定理より，

$$\|\boldsymbol{x} - \boldsymbol{y}\|^2 = \|\boldsymbol{x}\|^2 + \|\boldsymbol{y}\|^2 - 2\|\boldsymbol{x}\|\|\boldsymbol{y}\|\cos\theta \tag{1.1}$$

が成り立つ．一方，ノルムの定義より

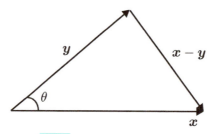

図 1.2　ベクトルの成す三角形

$$
\begin{aligned}
\|\boldsymbol{x}-\boldsymbol{y}\|^2 &= (x_1-y_1)^2 + \cdots + (x_n-y_n)^2 \\
&= (x_1^2+y_1^2-2x_1y_1) + \cdots + (x_n^2+y_n^2-2x_ny_n) \\
&= (x_1^2+\cdots+x_n^2) + (y_1^2+\cdots+y_n^2) \\
&\quad - 2(x_1y_1+\cdots+x_ny_n) \\
&= \|\boldsymbol{x}\|^2 + \|\boldsymbol{y}\|^2 - 2\,\boldsymbol{x}\circ\boldsymbol{y}
\end{aligned}
\quad (1.2)
$$

である．よってこれらの式より，$\boldsymbol{x}$ と $\boldsymbol{y}$ の内積は

$$\boldsymbol{x}\circ\boldsymbol{y} = \|\boldsymbol{x}\|\|\boldsymbol{y}\|\cos\theta$$

となることが分かる．

ここで $\cos\theta$ は定義より，図 1.3 のような直角三角形に対し，

$$\cos\theta = \frac{b}{a}$$

で与えられる．

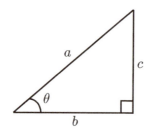

図 1.3　直角三角形の辺と $\cos\theta$ の関係

よって，$\|y\|\cos\theta$ は図 1.4 のように y を x に垂直に下ろした長さになる．

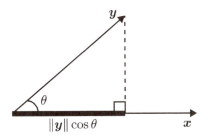

図 1.4 片方のベクトルに垂直に下ろしたベクトルの長さ

さて，x と y の直交を $x \circ y = 0$ となることで定義したが，これは x と y の成す角度 θ が直角ならば $\cos\theta$ は 0 であり，y を x に垂直に下ろした長さが 0 になることに対応している．すなわち，2 つのベクトルが直交であるとは，「2 つのベクトルが直角に交わっている」ということである．

さて，y を図 1.5 のように x と同じ向きの y_1 とそれと直交する y_2 に $y = y_1 + y_2$ に分解してみよう．このとき，y_1 は x の向きの長さ $\|y\|\cos\theta$ のベクトルであり，

$$y_1 = (\|y\|\cos\theta)\frac{x}{\|x\|}$$

で与えられる．これに対し $x \circ y = \|x\|\|y\|\cos\theta$ より y_1 は

$$y_1 = \frac{x \circ y}{\|x\|}\frac{x}{\|x\|}$$

であることが分かり，$\|x\| = 1$ という特殊な場合には分母が 1 となる．よって，長

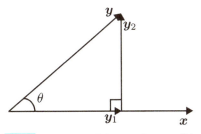

図 1.5 ベクトルの直交なベクトルへの分解

さ 1 の x と同じ向きと直交する向きに y を分解する y_1 と y_2 は

$$y_1 = (x \circ y)x, \quad y_2 = y - (x \circ y)x$$

と x と y の内積を用いることによって求めることができるのである．これは，第 2 章で扱う「**正規直交基底**」や「**直交射影**」と深く関係する性質である．なお，もし x と直交する長さ 1 のベクトルを x^* とすれば y_2 は

$$y_2 = (x^* \circ y_2)x^*$$

で与えられる．

例 1.1 2 つの変数 x, y について取得されたデータ $\{(x_1, y_1), \ldots, (x_n, y_n)\}$ に対し，x と y の相関係数 r_{xy} は定義より

$$r_{xy} = \frac{\sum_{i=1}^n (x_i - \bar{x})(y_i - \bar{y})}{\sqrt{\sum_{i=1}^n (x_i - \bar{x})^2 \sum_{i=1}^n (y_i - \bar{y})^2}} \tag{1.3}$$

で与えられる．これに対し $x = (x_1 - \bar{x}, \ldots, x_n - \bar{x})^T$, $y = (y_1 - \bar{y}, \ldots, y_n - \bar{y})^T$ とすると，実は

$$r_{xy} = \frac{x \circ y}{\|x\| \cdot \|y\|} \tag{1.4}$$

であり，相関係数は内積とノルムで求めることができる．なお，0 でない x と y が直交するとき，相関係数は 0 である．x あるいは y が 0 のときは，相関係数は定義されない．

ベクトルにノルムを定義したように，行列にもいくつかの種類のノルムが存在する．ここでは，その中から「**フロベニウスノルム**」を扱う．

定義 1.18　行列のフロベニウスノルム

$n \times m$ 行列 $A = (a_{ij})$ に対し，

$$\|A\| = \sqrt{\sum_{i=1}^n \sum_{j=1}^m a_{ij}^2}$$

を行列 A の「**フロベニウスノルム**」，あるいは「**ノルム**」という．

フロベニウスノルムは行列の全成分の 2 乗和の平方根になっており，ベクトルのノルムの自然な拡張になっている．

さて，n 次正方行列 $B = (b_{ij})$ に対し，その対角成分の和

$$\mathrm{tr} B = \sum_{i=1}^{n} b_{ii}$$

を行列の「**トレース**」（trace）という．このトレースに対し，フロベニウスノルムには以下のような関係がある．

定理 1.6　フロベニウスノルムとトレースの関係

$n \times m$ 行列 A に対し，

$$\|A\|^2 = \mathrm{tr} A^T A$$

が成り立つ．

これは，$A = (a_{ij})$ とすると $A^T A$ の (j,j) 成分が

$$\sum_{i=1}^{n} a_{ij}^2 = a_{1j}^2 + \cdots + a_{nj}^2$$

となることから明らかである．

また，フロベニウスノルムにはベクトルのノルムと同じく以下の性質が存在する．

定理 1.7　フロベニウスノルムの性質

ベクトルのノルムと同じく，

1. $n \times m$ 行列 $A = (a_{ij})$ に対し，$\|A\| = 0$ ならば $a_{ij} = 0$ $(i = 1, \ldots, n,\ j = 1, \ldots, m)$
2. $n \times m$ 行列 A，任意の実数 c に対し，$\|cA\| = |c|\|A\|$

が成り立つ．また，

3. $n \times m$ 行列 A，m 次元ベクトル $\boldsymbol{x}$ に対し，

$$\|A\boldsymbol{x}\| \leq \|A\|\|\boldsymbol{x}\|$$

4. n 次正方行列 A, B に対し，

$$\|AB\| \leq \|A\|\|B\|$$

である．

1.6 行列の基本変形

　ここまで，行列や行列の演算について扱ってきたが，改めて行列について振り返ってみよう．

　行列はリスト形式のデータに対応するものであり，その行列を扱う数学である線形代数学の理論はデータを効率的に加工・分析するのに有益なものである．しかし，そもそも線形代数学は「線形方程式（連立方程式）を解く」ために開発された学問であり，行列もまた連立方程式の 1 つの構成要素である．

　そこで，改めて 3 次の連立方程式について考えてみよう．

$$\begin{cases} y_1 = a_{11}x_1 + a_{12}x_2 + a_{13}x_3 \\ y_2 = a_{21}x_1 + a_{22}x_2 + a_{23}x_3 \\ y_3 = a_{31}x_1 + a_{32}x_2 + a_{33}x_3. \end{cases}$$

この方程式は当たり前のことではあるが，x_1, x_2, x_3 と y_1, y_2, y_3 の関係を表した数式であり，たとえば 1 つ目の式を 2 倍して

$$\begin{cases} 2y_1 = 2a_{11}x_1 + 2a_{12}x_2 + 2a_{13}x_3 \\ y_2 = a_{21}x_1 + a_{22}x_2 + a_{23}x_3 \\ y_3 = a_{31}x_1 + a_{32}x_2 + a_{33}x_3 \end{cases}$$

としても方程式としては同じものである．また，

$$\begin{cases} y_1 = a_{11}x_1 + a_{12}x_2 + a_{13}x_3 \\ y_3 = a_{31}x_1 + a_{32}x_2 + a_{33}x_3 \\ y_2 = a_{21}x_1 + a_{22}x_2 + a_{23}x_3, \end{cases} \quad \begin{cases} y_1 = a_{11}x_1 + a_{13}x_3 + a_{12}x_2 \\ y_2 = a_{21}x_1 + a_{23}x_3 + a_{22}x_2 \\ y_3 = a_{31}x_1 + a_{33}x_3 + a_{32}x_2 \end{cases}$$

と 2 つ目と 3 つ目の式の順番を入れ替えたり，x_2 と x_3 の項を入れ替えても，やは

り方程式としては同じものである．

さらに，中学・高校数学で学んだように，たとえば

$$\begin{cases} y_1 - 2y_2 = (a_{11} - 2a_{21})x_1 + (a_{12} - 2a_{22})x_2 + (a_{13} - 2a_{23})x_3 \\ y_2 = a_{21}x_1 + a_{22}x_2 + a_{23}x_3 \\ y_3 = a_{31}x_1 + a_{32}x_2 + a_{33}x_3 \end{cases}$$

と1つ目の式に2つ目の式の -2 倍を足しても，x_1, x_2, x_3 と y_1, y_2, y_3 **の関係を表す方程式としては同じものである**．

ただし，どんな変換もこの方程式の中身に影響を与えないかというとそうではなく，**可逆性のある変換**しかこれは成立しない．上記の変換はすべて変換後の方程式を再度変換することによって変換前の方程式に戻せるが，たとえば「1つ目の式を0倍する」というような変換

$$\begin{cases} y_1 = a_{11}x_1 + a_{12}x_2 + a_{13}x_3 \\ y_2 = a_{21}x_1 + a_{22}x_2 + a_{23}x_3 \\ y_3 = a_{31}x_1 + a_{32}x_2 + a_{33}x_3, \end{cases} \rightarrow \begin{cases} 0 = 0 \\ y_2 = a_{21}x_1 + a_{22}x_2 + a_{23}x_3 \\ y_3 = a_{31}x_1 + a_{32}x_2 + a_{33}x_3 \end{cases}$$

は変換後の方程式から変換前の方程式を導き出すことが不可能である．

さて，これらの方程式をベクトルと行列を用いて表すと，たとえば1つ目の式を2倍したものは

$$\begin{pmatrix} 2 & 0 & 0 \\ 0 & 1 & 0 \\ 0 & 0 & 1 \end{pmatrix} \begin{pmatrix} y_1 \\ y_2 \\ y_3 \end{pmatrix} = \begin{pmatrix} 2 & 0 & 0 \\ 0 & 1 & 0 \\ 0 & 0 & 1 \end{pmatrix} \begin{pmatrix} a_{11} & a_{12} & a_{13} \\ a_{21} & a_{22} & a_{23} \\ a_{31} & a_{32} & a_{33} \end{pmatrix} \begin{pmatrix} x_1 \\ x_2 \\ x_3 \end{pmatrix}$$

と同じ対角行列 $\mathrm{diag}(2,1,1)$ を両辺にかけるという変形に対応している．実は，他の方程式の中身には影響を与えない変形もこのようにある行列を両辺に掛けるという変形に対応し，そのような行列を「**基本行列**」という．

定義 1.19 基本行列

n 次連立方程式 $\boldsymbol{y} = A\boldsymbol{x}$, $\boldsymbol{y} = (y_1, \ldots, y_n)^T$, $A = (a_{ij})$, $\boldsymbol{x} = (x_1, \ldots, x_n)^T$ に対し，次のような行列を n 次の**基本行列**という：

$P_{(i;c)} = A$ と $\boldsymbol{y}$ の左から掛けたとき i 行目を c 倍する行列
: n 次単位行列 I_n の (i,i) 成分が c になった行列

$Q_{(i,j)} = A$ と $\boldsymbol{y}$ の左から掛けたとき i 行目と j 行目を交換する置換行列
: n 次単位行列 I_n の i 行目と j 行目が交換された行列

$R_{(i,j;c)} = A$ と $\boldsymbol{y}$ の左から掛けたとき i 行目に j 行目の c 倍を加える行列
: n 次単位行列 I_n の (i,j) 成分が c になった行列

3次の基本行列の具体的な例として以下のものが挙げられる.

$$P_{(2;3)} = \begin{pmatrix} 1 & 0 & 0 \\ 0 & 3 & 0 \\ 0 & 0 & 1 \end{pmatrix}, Q_{(1,3)} = \begin{pmatrix} 0 & 0 & 1 \\ 0 & 1 & 0 \\ 1 & 0 & 0 \end{pmatrix},$$

$$R_{(1,2;3)} = \begin{pmatrix} 1 & 3 & 0 \\ 0 & 1 & 0 \\ 0 & 0 & 1 \end{pmatrix}$$

さて,この基本行列は連立方程式の両辺を変形させることができるものだが,1つの行列だけを変形させることも当然可能である.このとき,n 次正方行列 A の右から基本行列を掛けると,実は A の列に対する変形になる.このように,ある行列の左や右から基本行列を掛けて変形させることを**「行列の基本変形」**という.

定義 1.20 行列の基本変形

$n \times m$ 行列に対し,左から n 次の基本行列を,右から m 次の基本行列を掛けて変形することを,行列の基本変形という.

基本行列はある行列に可逆性のある変形を行う行列であるが,行列の基本変形の逆変形(変形された行列を元の行列に戻す変形)も基本行列によって表現することができる.これより,基本行列には以下の性質があることが分かる.

定理 1.8 基本行列の性質

n 次正方行列 A,および n 次の基本行列 $P_{(i;c)}, Q_{(i,j)}, R_{(i,j;c)}$ に対し,

1. $P_{(i;c)}$, $Q_{(i,j)}$, $R_{(i,j;c)}$ は正則である.
2. 基本行列の積で与えられる行列は正則である.
3. $P_{(i;c)}$, $Q_{(i,j)}$, $R_{(i,j;c)}$ による A の基本変形は $P_{(i;c)}^{-1}$, $Q_{(i,j)}^{-1}$, $R_{(i,j;c)}^{-1}$ によって逆変形することが可能である. $(P_{(i;c)}^{-1}P_{(i;c)}A = A)$
4. $P_{(i;c)}^{-1}$, $Q_{(i,j)}^{-1}$, $R_{(i,j;c)}^{-1}$ はそれぞれ $P_{(i;1/c)}$, $Q_{(i,j)}$, $R_{(i,j;-c)}$ である.

実は,任意の正則行列 A は基本変形によって単位行列に変形されることを示すことができる.この性質を使うと,基本変形によって任意の n 次正則行列 A の逆行列 A^{-1} を求めることができることが分かる.というのも,A^{-1} は $BA = I_n$ となる行列 B であるため,たとえば A に基本行列 P, Q, R による基本変形をほどこして,$PAQR = I_n$ となった場合,

$$PAQR = I_n$$
$$\Rightarrow A = P^{-1}R^{-1}Q^{-1} \Rightarrow A^{-1} = QRP$$

である.ここで,矢印「⇒」は左の式より右の式が従うことを表す.また,最後の変形は定理 1.3 を用いた.行列の基本変形はこのように逆行列を求める際にとても便利な手法である.

▶ 第 1 章 練習問題

1.1 次のベクトルと行列の演算を計算せよ.

(1) $\begin{pmatrix} 1 & 2 \\ 2 & -1 \end{pmatrix} \begin{pmatrix} 1 \\ 3 \end{pmatrix}$
(2) $\begin{pmatrix} 2 & -1 \\ 2 & 3 \end{pmatrix} \begin{pmatrix} 1 & 0 \\ 4 & 2 \end{pmatrix}$
(3) $\begin{pmatrix} 3 & 0 \\ 0 & -1 \end{pmatrix} \begin{pmatrix} 2 \\ 1 \end{pmatrix}$
(4) $\begin{pmatrix} 2 & 0 \\ 0 & 3 \end{pmatrix} \begin{pmatrix} 1 & 2 \\ -1 & 3 \end{pmatrix}$

1.2 行列の基本変形によって以下の行列の逆行列を求めよ.

(1) $\begin{pmatrix} 1 & 2 \\ 2 & -1 \end{pmatrix}$
(2) $\begin{pmatrix} 4 & 3 \\ -1 & 2 \end{pmatrix}$
(3) $\begin{pmatrix} 1 & 0 \\ 1 & 1 \end{pmatrix}$

1.3 逆行列を求めることで以下の連立方程式を解け.

(1) $\begin{cases} 2x + 3y = 350 \\ 5x + 6y = 800 \end{cases}$ (2) $\begin{cases} x + 2y - z = 20 \\ 2x - y + 2z = 110 \\ -x - y + z = -10 \end{cases}$

1.4 次の 2 つのベクトルの内積を求めよ.

(1) $\begin{pmatrix} 2 \\ -1 \end{pmatrix}, \begin{pmatrix} -1 \\ 3 \end{pmatrix}$ (2) $\begin{pmatrix} 1 \\ 0 \end{pmatrix}, \begin{pmatrix} 0 \\ 4 \end{pmatrix}$

1.5 次のベクトルと行列のノルムを求めよ.

(1) $\begin{pmatrix} 3 \\ -1 \end{pmatrix}$ (2) $\begin{pmatrix} 3 & 2 \\ 2 & -4 \end{pmatrix}$ (3) $\begin{pmatrix} 1 & 0 \\ 0 & 1 \end{pmatrix}$

1.6 次の行列 A, B に対し, $A^T A, AA^T, A^T B, B^T A$ を求めよ.

(1) $A = \begin{pmatrix} 1 & 4 \\ 3 & 2 \end{pmatrix}, \quad B = \begin{pmatrix} 1 & 0 \\ 2 & -1 \end{pmatrix},$

(2) $A = \begin{pmatrix} 2 & -1 \\ -2 & 3 \end{pmatrix}, \quad B = \begin{pmatrix} -2 & -3 \\ 1 & -4 \end{pmatrix}$

1.7 任意の行列 A に対し, $A^T A$ が対称行列となることを示せ.

1.8 ベクトルおよび行列の和・積の結合法則, ベクトルおよび行列の和の交換法則, 行列の積の分配法則が成り立つことをそれぞれ示せ.

1.9 上三角行列同士の積が上三角行列となることを示せ.

1.10 A さんから J さんの 10 人から身長 (m) と体重 (g) に関してデータを取り, 行列 X に

$$X = \begin{pmatrix} A \text{さんの身長 (m)} & A \text{さんの体重 (g)} \\ \vdots & \vdots \\ J \text{さんの身長 (m)} & J \text{さんの体重 (g)} \end{pmatrix}$$

と記録した. このとき, 身長のデータを cm 単位に, 体重のデータを kg 単位に変えるための行列を求めよ.

1.11 n 人から p 個の観測項目についてデータを計測したところ,各観測項目の平均や分散が大きく異なるため,データを標準化(全ての観測項目について平均値を 0,分散を 1 にする)することにした.

このとき,データが記録された $n \times p$ 行列 X に対し,AXB と X に左右から掛けることで X を標準化する行列 A, B を求めよ.ただし,各観測項目の平均値と分散はそれぞれ $(\bar{x}_1, \sigma_1^2), \ldots, (\bar{x}_p, \sigma_p^2)$ とする.

{ 第 2 章 }

ベクトル空間

第 1 章ではデータを一括で扱う上で有用なベクトルと行列を説明した．実はベクトルや行列は「空間の概念」と非常に密接に関連している．ここでは，ベクトル・行列の特性を理解するためにベクトル空間について扱う．

▶ 2.1 ベクトル空間と部分ベクトル空間

ベクトルや行列は複数のデータ・変数を一括で扱う上で便利な数学の道具であるが，一方で数学的にはベクトルや行列は「空間」と密接に関連する．

一般に，空間とは我々がいる世界を考えるが，数学的には「何らかの公理あるいはルールが定義された集合」のことを空間と呼ぶ．たとえば今，目の前にりんごとみかんがあるとき，だたそれを「りんご」と「みかん」とだけ扱えばそれは「集合」だが，りんごとみかんの間に重さや糖度などによって何らかの順序などを与えるとそれは「空間」となる．

特に，全ての n 次元ベクトルを集めた集合に和やスカラー積などの演算を定義したものはベクトル空間であり，「n 次元ベクトル空間」と呼ぶ．厳密には，ベクトル空間の定義は以下で与えられる．

定義 2.1 ベクトル空間

空でない集合 V 上に加法とスカラー倍が定義され，任意の V の要素 $v_1, v_2, v_3 \in V$，任意のスカラー $c_1, c_2 \in \mathbb{R}$ に対して次の法則が成り立つ

とき，V を $\mathbb{R}$ 上の**ベクトル空間**という（この第 I 部では全て $\mathbb{R}$ 上のベクトル空間を扱う）．

1. V の任意の元 v_1, v_2 に対し，$v_3 = v_1 + v_2$ で与えられる v_3 も V の元である（ベクトル空間への加法の定義）
2. $v_1 + v_2 = v_2 + v_1$（交換法則）
3. $(v_1 + v_2) + v_3 = v_1 + (v_2 + v_3)$（結合法則）
4. $v_1 + 0 = v_1$ となるような 0 が V の中に 1 つ存在し，これを「**零元**」という（零元の存在）
5. V の任意の元 v_1，零元 0 に対し $v_1 + v' = 0$ となるような v' が V の中に存在し，これを「**逆元**」という（逆元の存在）
6. V の任意の元 v_1，任意のスカラー $c_1 \in \mathbb{R}$ に対し，$v_2 = c_1 v_1$ で与えられる v_2 も V の元である（ベクトル空間へのスカラー倍の定義）
7. $c_2(v_1 + v_2) = c_2 v_1 + c_1 v_2$
8. $(c_1 + c_2)v_1 = c_1 v_1 + c_2 v_1$
9. $(c_1 c_2)v_1 = c_1(c_2 v_1)$
10. $1 v_1 = v_1$

特に，全ての n 次元ベクトルを集めた集合 V^n を「**n 次元ベクトル空間**」という．

ここで，$\mathbb{R}$ は実数の全体であり，たとえば $\mathbb{R}^n$ は n 次元実数ベクトル（実数を成分に持つ n 次元ベクトル）の全体である．さらに，$V = \mathbb{R}^n$ のとき，零元 0 は明らかにゼロベクトル $0 = (0, \ldots, 0)^T$ である．

ベクトル空間については以下の性質がよく知られている．

定理 2.1 ベクトル空間の性質

1. ベクトル空間 V に対し，零元 0 はただ 1 つだけ存在する
2. ベクトル空間 V とその任意の元 v_1, v_2 に対し，$v_1 + x = v_2$ をみたす V の元 x はただ 1 つ存在し，$-v_1 + v_2$ に等しい

全ての n 次元ベクトルを集めて作った集合である n 次元ベクトル空間 $\mathbb{R}^n$ は

$$\mathbb{R}^n = \left\{ \begin{pmatrix} a_1 \\ \vdots \\ a_n \end{pmatrix} \middle| a_1, \ldots, a_n \in \mathbb{R} \right\} \tag{2.1}$$

と集合の形で表現することができる．

さて，集合に部分集合があるように，ベクトル空間には部分ベクトル空間というものが存在する．

定義 2.2 部分ベクトル空間

ベクトル空間 V の部分集合 W に対して次の法則が成り立つとき，W を V の**部分ベクトル空間**という．

1. V の零元 $\mathbf{0}$ に対し，$\mathbf{0} \in W$
2. 任意の W の元 $\boldsymbol{w}_1, \boldsymbol{w}_2 \in W$ に対し，$\boldsymbol{w}_3 = \boldsymbol{w}_1 + \boldsymbol{w}_2$ も W の元
3. 任意の W の元 $\boldsymbol{w} \in W$，任意のスカラー $c \in \mathbb{R}$ に対し，$c\boldsymbol{w} \in W$

すなわち，V の部分集合であり，かつベクトル空間を構成するものが「V の部分ベクトル空間」である．ゆえに，V 自身も V の部分ベクトル空間である．

例 2.1 n 次元ベクトル空間 $\mathbb{R}^n$ の部分ベクトル空間 W の例としては以下のようなものが挙げられる．

$$W_1 = \{\boldsymbol{x} = (x_1, \ldots, x_n)^T \in \mathbb{R}^n \mid x_n = 0\}$$
：n 個目の成分だけが 0 に固定された全ての n 次元ベクトルを集めたもの

$$W_2 = \{\boldsymbol{x} = (x_1, \ldots, x_n)^T \mid x_1 = \cdots = x_n = x, \, x \in \mathbb{R}\}$$
：全成分が同じ実数の値である全てのベクトルを集めたもの

さて，部分ベクトル空間は，実は何らかの行列と対応関係がある．すなわち，これまでデータなどをまとめたものとして扱っていた行列は，特定の部分ベクトル空間と対応する．これにより，データを効率的に扱い，かつ，データの特性を抽出するのにこの空間の特性を活用することができる．

これらの話やベクトル空間や部分ベクトル空間の詳細については後に 2.5 節で扱う.

▶ 2.2 ベクトルの一次独立性

5 つの企業の株価（終値）に対し,「前日の値」,「今日の値」,「前日からの値上がり額」の 3 変数を調べたとする. ここで, 前日の値を $v_{前日}$, 今日の値を $v_{今日}$, 値上がり額を $v_{値上}$ とすると, 明らかに $v_{値上} = v_{今日} - v_{前日}$ が成立するため, 前日からの値上がり額は, 前日の値, 今日の値と独立な情報ではなく, このデータには 2 変数分の情報しかないことになる.

このように複数のベクトルがそれぞれ相異なる値を持っていても, それらが独立した情報を持っているかどうかは別である. 線形代数学では, このベクトルが持つ情報の独立性を「一次独立」と「一次従属」という概念で捉える.

n 次元ベクトル空間 $\mathbb{R}^n$ のある元 $v_1, \ldots, v_p$ の一次結合（スカラー倍したベクトルを足し合わせたもの）が

$$c_1 v_1 + \cdots + c_p v_p = \mathbf{0} \tag{2.2}$$

のようになったとする ($c_1, \ldots, c_p \in \mathbb{R}$). このような式をベクトルの一次関係式というが, $v_1, \ldots, v_p$ をどのように $\mathbb{R}^n$ から選んでも, $c_1 = \cdots = c_p = 0$ とおけばこの一次関係式をみたすことは自明である.

そこで, $c_1, \ldots, c_p$ のうちの少なくとも 1 つ以上が 0 でない場合を考える. たとえば $c_1 \neq 0$ のとき,

$$v_1 = -\frac{c_2}{c_1} v_2 - \cdots - \frac{c_p}{c_1} v_p \tag{2.3}$$

が成り立ち, v_1 が他の $p-1$ 個のベクトルで作れてしまう. このように複数のベクトルについて, その中に他のベクトルの一次結合で表されるようなものがあるとき, それらのベクトルは「**一次従属**」であるといい, 一次結合では表されない場合を「**一次独立**」であるという.

> **定義 2.3 一次従属・一次独立**
>
> ベクトル空間 V の任意の p 個の元 $v_1, \ldots, v_p$ と p 個の任意のスカラー $c_1, \ldots, c_p \in \mathbb{R}$ に対し, $c_1, \ldots, c_p$ の少なくとも 1 つは 0 でないとする.

このとき，

1. $c_1\bm{v}_1+\cdots+c_p\bm{v}_p=\bm{0}$ となる $c_1,\ldots,c_p$ が存在するならば，$\bm{v}_1,\ldots,\bm{v}_p$ は「**一次従属**である」という
2. $c_1\bm{v}_1+\cdots+c_p\bm{v}_p=\bm{0}$ となる $c_1,\ldots,c_p$ が存在しないのであれば，$\bm{v}_1,\ldots,\bm{v}_p$ は「**一次独立**である」という

一次独立性については，以下の性質が成り立つ．

定理2.2 　一次独立なベクトルの性質

ベクトル空間 V の元 $\bm{v}_1,\ldots,\bm{v}_p$ が一次独立であったとする．このとき，$\bm{v}_1,\ldots,\bm{v}_p$ は以下の 1.～3. をみたす．

1. $\bm{v}_1,\ldots,\bm{v}_p$ は全て $\bm{0}$ ではない
2. $\bm{v}_1,\ldots,\bm{v}_p$ は互いに相異なる
3. $\bm{v}_1,\ldots,\bm{v}_p$ からどの一部分を選んだベクトルの組も一次独立である

▶ 2.3　ベクトル空間の基底と次元

　ベクトル空間の定義の次にベクトルの一次独立性を扱ったが，これはベクトル空間の「**基底**」という概念を扱うためである．そしてこの基底がベクトル空間の「**次元**」に繋がる概念である．

　n 次元ベクトル空間 $\mathbb{R}^n$ の任意の元 $\bm{v}=(v_1,\ldots,v_n)^T$ は，n 次元基本ベクトル $\bm{e}_1,\ldots,\bm{e}_n$ の一次結合

$$\bm{v}=v_1\bm{e}_1+\cdots+v_n\bm{e}_n \tag{2.4}$$

で一意的に表すことができ，$\bm{v}$ を分解することができることが分かる．このような分解は基本ベクトルを用いなければならないわけではなく，実は一次独立な n 個のベクトル $\bm{v}_1,\ldots,\bm{v}_n$ の一次結合でも $\bm{v}$ を一意的に表すことができる．

　一方，$\bm{v}_1,\ldots,\bm{v}_n$ が一次従属な場合，$\bm{v}$ を一次結合で表すことができる場合もある（できない場合もある）が，もし一次結合で表せてもたとえば $\bm{v}_1$ が他の $\bm{v}_2,\ldots,\bm{v}_n$ の一次結合で表せてしまうため，

$$\begin{aligned}
\boldsymbol{v} &= c_1 \boldsymbol{v}_1 + \cdots + c_n \boldsymbol{v}_n \\
&= c_1(a_2 \boldsymbol{v}_2 + \cdots + a_n \boldsymbol{v}_n) + \cdots + c_n \boldsymbol{v}_n \\
&= (c_1 a_2 + c_2)\boldsymbol{v}_2 + \cdots + (c_1 a_n + c_n)\boldsymbol{v}_n \\
&= c'_2 \boldsymbol{v}_2 + \cdots + c'_n \boldsymbol{v}_n, \\
c'_2 &= c_1 a_2 + c_2, \ldots, c'_n = c_1 a_n + c_n
\end{aligned} \quad (2.5)$$

が成り立ち，一意性は失われてしまう．

このように，ベクトル空間 V の任意の元を一意的に一次結合で表せる V の元の組を V の「**基底**」という．

> **定義2.4　ベクトル空間の基底**
>
> ベクトル空間 V の元の集合 $\{\boldsymbol{v}_1, \ldots, \boldsymbol{v}_p\}$ が以下の 2 つの条件をみたすとき，これを V の「**基底**」という．
>
> 1. $\boldsymbol{v}_1, \ldots, \boldsymbol{v}_p$ は一次独立である
> 2. V の任意の元 $\boldsymbol{v}$ に対し，ある $c_1, \ldots, c_p \in \mathbb{R}$ が存在し，$\boldsymbol{v} = c_1 \boldsymbol{v}_1 + \cdots + c_p \boldsymbol{v}_p$ と一次結合で表すことができる

なお，V の任意の元 $\boldsymbol{v}$ を $\boldsymbol{v}_1, \ldots, \boldsymbol{v}_p$ の一次結合で表せることを「$\boldsymbol{v}_1, \ldots, \boldsymbol{v}_p$ **が V を生成する**」，「V は $\boldsymbol{v}_1, \ldots, \boldsymbol{v}_p$ **で張られる**」といい，$V = \mathrm{span}(\boldsymbol{v}_1, \ldots, \boldsymbol{v}_p)$ と表す．

ベクトル空間 V の基底は一通りということはなく，V を生成する一次独立なベクトルの組であればなんでもよい．ただし，基底を構成するベクトルの数は必ず同じであるという性質がある．

> **定理2.3　ベクトル空間の基底の数**
>
> ベクトル空間 V に対し，$\{\boldsymbol{v}_1^{(1)}, \ldots, \boldsymbol{v}_n^{(1)}\}$ と $\{\boldsymbol{v}_1^{(2)}, \ldots, \boldsymbol{v}_m^{(2)}\}$ はそれぞれ V の基底とする．このとき，$n = m$ である．

このように，このベクトル空間 V の基底の数は一意的に定まり，これを「**ベクトル空間 V の次元**」といい，$\dim V$ で表す．また，n 次元ベクトル空間 $\mathbb{R}^n$ は基底として明らかに n 個の基本ベクトルの組 $\{\boldsymbol{e}_1, \ldots, \boldsymbol{e}_n\}$ を持つ．これより，$\dim \mathbb{R}^n = n$

であることが分かる．

ここまではベクトル空間 V の基底や次元について扱ってきたが，ここからは V の部分ベクトル空間の基底を扱う．まず，n 次元ベクトル空間の部分空間について以下の性質が存在する．

定理 2.4　n 次元ベクトル空間の部分空間の次元

n 次元ベクトル空間 $\mathbb{R}^n$ の部分ベクトル空間 W $(\dim W = m)$ に対し，以下のことが成り立つ．

1. $m \leq n$
2. $m = n$ ならば $W = \mathbb{R}^n$ であり，$W = \mathbb{R}^n$ ならば $m = n$ である
3. W の任意の基底 $\{\boldsymbol{v}_1, \ldots, \boldsymbol{v}_m\}$ に対し，$\{\boldsymbol{v}_1, \ldots, \boldsymbol{v}_m, \boldsymbol{v}_{m+1}, \ldots, \boldsymbol{v}_n\}$ が $\mathbb{R}^n$ の基底になるような $\boldsymbol{v}_{m+1}, \ldots, \boldsymbol{v}_n$ が存在する

なお，ゼロベクトルだけの集合 $\{\boldsymbol{0}\}$ も $\mathbb{R}^n$ の部分ベクトル空間である．しかし，$\{\boldsymbol{0}\}$ を生成するような基底は1つも作ることはできず（ゼロベクトルは一次独立ではない），$\{\boldsymbol{0}\}$ の次元は 0 である．

次に複数の部分空間の共通部分や和について扱う．集合と同じく，ベクトル空間 V の部分ベクトル空間 W_1, W_2 に対し，その共通部分を $W_1 \cap W_2 = \{\boldsymbol{w} | \boldsymbol{w} \in W_1, \boldsymbol{w} \in W_2\}$ で表す．また，$W_1 + W_2 = \{\boldsymbol{w}_1 + \boldsymbol{w}_2 \mid \boldsymbol{w}_1 \in W_1, \boldsymbol{w}_2 \in W_2\}$ を W_1 と W_2 の「和」と呼ぶ．

このとき，$W_1 \cap W_2$ と $W_1 + W_2$ はともに部分空間であることが分かる．たとえば，どんな W_1 と W_2 であっても V の部分ベクトル空間であるならばともに $\boldsymbol{0}$ を元として持っており，$W_1 \cap W_2$ にも $\boldsymbol{0}$ が含まれる．また，ある $\boldsymbol{w}^*$ と $\boldsymbol{w}^\dagger$ が W_1 と W_2 に属するとき，W_1 と W_2 は部分ベクトル空間なので，$\boldsymbol{w}^* + \boldsymbol{w}^\dagger$ も W_1 と W_2 に属している．

このとき，以下の定理が成立する．

定理 2.5　複数の部分ベクトル空間の共通部分と和の次元

ベクトル空間 V の部分ベクトル空間 W_1, W_2 に対し，

$$\dim W_1 + \dim W_2 = \dim(W_1 \cap W_2) + \dim(W_1 + W_2)$$

が成り立つ．

たとえば，上の定理で部分ベクトル空間 W_1, W_2 ($\dim W_1 = r, \dim W_2 = m$) に零元（ゼロベクトル）以外の共通部分が無い場合には，$\dim W_1 + \dim W_2 = \dim(W_1 + W_2)$ となる．

このように，ゼロベクトル以外に共通部分を持たない部分ベクトル空間同士 W_1, W_2 の和 $W_1 + W_2$ を「**直和**」と呼び，W_1 の任意の基底 $\{\boldsymbol{w}_1^{(1)}, \ldots, \boldsymbol{w}_r^{(1)}\}$ と W_2 の任意の基底 $\{\boldsymbol{w}_1^{(2)}, \ldots, \boldsymbol{w}_m^{(2)}\}$ を併せた $\{\boldsymbol{w}_1^{(1)}, \ldots, \boldsymbol{w}_r^{(1)}, \boldsymbol{w}_1^{(2)}, \ldots, \boldsymbol{w}_m^{(2)}\}$ は $W_1 + W_2$ の基底となる．

2.4 正規直交基底

n 次元ベクトル空間 $\mathbb{R}^n$ の基底をなすベクトルは，一次独立であればノルムがそれぞれ異なるものでもよく，また，向きはバラバラでも良い．しかし，内積を持つベクトル空間を扱うときには，基底をなすベクトルは長さが 1 で互いに直交している方が便利なことが多い．そのような基底を「**正規直交基底**」という．

定義2.5　正規直交系と正規直交基底

n 次元ベクトル空間 $\mathbb{R}^n$ 内のベクトル $\boldsymbol{x}_1, \ldots, \boldsymbol{x}_m$ が

$$\boldsymbol{x}_i^T \boldsymbol{x}_j = \begin{cases} 1 & \cdots i = j, \\ 0 & \cdots i \neq j \end{cases}$$

をみたすとき，$\{\boldsymbol{x}_1, \ldots, \boldsymbol{x}_m\}$ を「**正規直交系**」という．

また，$\mathbb{R}^n$ の基底 $\{\boldsymbol{v}_1, \ldots, \boldsymbol{v}_n\}$ が正規直交系をなすとき，$\{\boldsymbol{v}_1, \ldots, \boldsymbol{v}_n\}$ を $\mathbb{R}^n$ の「**正規直交基底**」という．

正規直交基底をなすベクトルは，互いに一次独立かつノルムが全て 1 のものである．たとえば，$\mathbb{R}^n$ の基本ベクトル $\boldsymbol{e}_1, \ldots, \boldsymbol{e}_n$ は $\mathbb{R}^n$ の正規直交基底である．ベクトル空間の正規直交基底は，空間の「軸」の役割を持つ．たとえば，$\mathbb{R}^2$ 内のベクトル $\boldsymbol{x} = (2, 3)^T$ は $\boldsymbol{e}_1$ を 2 倍，$\boldsymbol{e}_2$ を 3 倍して足した点である．また，この「2 倍」，「3 倍」という値は 1.5 節での説明の通り，$\boldsymbol{x} \circ \boldsymbol{e}_1 = 2$, $\boldsymbol{x} \circ \boldsymbol{e}_2 = 3$ と $\boldsymbol{x}$ と $\boldsymbol{e}_1, \boldsymbol{e}_2$ との内積によって求めることができる．

この性質は次の「フーリエの原理」にまとめられる．

定理 2.6　フーリエの原理

W をベクトル空間 V の m 次元の部分ベクトル空間とし，$\{\boldsymbol{v}_1, \ldots, \boldsymbol{v}_m\}$ を W の正規直交基底とする．このとき，W 内の任意のベクトル $\boldsymbol{w}^*$ に対して

$$\boldsymbol{w}^* = \sum_{i=1}^{m} \boldsymbol{v}_i(\boldsymbol{v}_i^T \boldsymbol{w}^*) \tag{2.6}$$

が成り立つ．

なお，式 (2.6) は正規直交基底を列ベクトルに持つ行列 $V_{(m)} = (\boldsymbol{v}_1, \ldots, \boldsymbol{v}_m)$ によって

$$\boldsymbol{w}^* = V_{(m)} V_{(m)}^T \boldsymbol{w}^*$$

と表すこともできる．

式 (2.6) 内の $\boldsymbol{v}_i(\boldsymbol{v}_i^T \boldsymbol{w}^*)$ は

$$\boldsymbol{v}_i(\boldsymbol{v}_i^T \boldsymbol{w}^*) = (\boldsymbol{v}_i \circ \boldsymbol{w}^*)\boldsymbol{v}_i$$

であり，$\boldsymbol{w}^*$ から $\boldsymbol{v}_i$ 方向に分解したベクトルである．したがって，フーリエの原理は $\boldsymbol{w}^*$ を $\boldsymbol{v}_1, \ldots, \boldsymbol{v}_m$ のそれぞれの方向に分解したものの和として表すことができることを示しており，これより，ベクトル空間内の任意のベクトルは直交したベクトルに分解できることが分かる．

ベクトルは複数の情報を同時に扱えるものであるが，その情報を直交した成分に分解すると，たとえば特定の情報は重視し，そうでない情報を削除することが可能となる（これは主成分分析に対応する）．このようにベクトル空間の正規直交基底を得ることはベクトルを扱う上で有益である．

正規直交基底が得られなければこのような使い方をすることはできないが，内積の性質を活用して任意のベクトル空間の基底から正規直交基底を求める「グラム・シュミットの正規直交化法」という方法が存在する．

定理2.7　グラム・シュミットの正規直交化法

n 次元ベクトル空間 V の任意の基底を $\{\bm{w}_1, \ldots, \bm{w}_n\}$ とする．このとき，

Step 1. $\quad \bm{v}'_1 = \bm{w}_1, \qquad\qquad\qquad\quad \bm{v}_1 = \dfrac{\bm{v}'_1}{\|\bm{v}'_1\|}.$

Step 2. $\quad \bm{v}'_2 = \bm{w}_2 - (\bm{w}_2^T \bm{v}_1)\bm{v}_1, \qquad \bm{v}_2 = \dfrac{\bm{v}'_2}{\|\bm{v}'_2\|},$

$\vdots$

Step n. $\quad \bm{v}'_n = \bm{w}_n - \displaystyle\sum_{i=1}^{n-1}(\bm{w}_n^T \bm{v}_i)\bm{v}_i, \qquad \bm{v}_n = \dfrac{\bm{v}'_n}{\|\bm{v}'_n\|}$

によって V の正規直交基底 $\{\bm{v}_1, \ldots, \bm{v}_n\}$ を得る．

グラム・シュミットの正規直交化法では，Step 1 で選んだベクトルを基準に直交したベクトルを構成している．また，各ステップでは必ずノルムでベクトルを割ることで長さを 1 に揃える．

さらに，Step 2 以降では内積の性質を利用し，元のベクトルから前段階で求めたベクトルの成分[*1]を除去している．たとえば，Step 2 において $\bm{w}_2$ は内積を使うことで $\bm{v}_1$ 方向と $\bm{v}_1$ と直交する方向に

$$\bm{w}_2 = (\bm{v}_1 \circ \bm{w}_2)\bm{v}_1 + \bm{v}^*$$

と分解できる．

このようにグラム・シュミットの正規直交化法では，任意のベクトルから始め，前段階の全てのベクトルと直交する長さ 1 のベクトルを順次求める．

▶ 2.5　線形写像

● 2.5.1　写像

行列やベクトルが連立方程式と深い関係にあることはすでに述べた．ここで改めて方程式

[*1] ここでの「成分」はベクトルの要素ではなく，ベクトルが持っている各方向への大きさの意味である．

$$y = Ax \tag{2.7}$$

を考えてみる．この式は x と y の関係を表したものであり，$f(x) = Ax$ とすれば $y = f(x)$ と x の関数としてみることができる．

関数を一般化した概念を「**写像**」という．関数が「数」同士の関係を表すものであるのに対し，写像は，たとえば「$f(りんご) = 赤$」と「物体と色の関係」など数以外のものの関係にも拡張したものである．

ここで写像の概念を正式に定義する．

定義 2.6　写像

X, Y を集合とする．X の各元 x に対し，Y のただ 1 つの元 y を対応させる「対応」のことを「**写像**」といい，写像 f が X から Y への写像であることを

$$f : X \longrightarrow Y$$

と表す．X を「**f の定義域**」あるいは「**f の始域**」，Y を「**f の終域**」，$f(X)$ を「**f の値域**」あるいは「**f の像** (Image)」といい，$\mathrm{Im} f$ と表す．

また，f によって X の元 x を Y の元 y に変化させることを

$$f : x \mapsto y$$

と表し，「**x を y に写す**」という．y を「**f による x の値**」あるいは「**f による x の像**」という．

ちなみに，定義域と終域が同じ集合である写像のことを「**変換**」と呼ぶことが多い．

さて，写像は定義より，X の複数の元 x_1, x_2 が同じ Y の元 y^* に写される ($f(x_1) = f(x_2) = y^*$ が成り立つ) ことはあるが，X の元 x^* が複数の Y の元 y_1, y_2 に写されることはない．

また，終域は写像によって「**写された元が属する集合**」のことであるが，値域は「**写された元全ての集合**」のことであり，「値域は終域の部分集合」という関係がある．

しかし，写像の中にはある Y の元に対応する X の元が多くても 1 つしかない (これを「1 対 1 の対応」という) ものや，Y の元全てを X の元と対応づけるものが存在する．このような写像をそれぞれ「**単射**」，「**全射**」という．

定義 2.7　単射と全射

$f: X \longrightarrow Y$ とする．このとき，任意の X の元 $\boldsymbol{x}_1, \boldsymbol{x}_2$ とそれらの像 $f(\boldsymbol{x}_1), f(\boldsymbol{x}_2)$ に対し，$\boldsymbol{x}_1 \neq \boldsymbol{x}_2$ ならば $f(\boldsymbol{x}_1) \neq f(\boldsymbol{x}_2)$ であるとき，その写像 f を「**単射**」という．

また，任意の Y の元 $\boldsymbol{y}$ に対し，$f(\boldsymbol{y}) = \boldsymbol{x}$ となる X の元が必ず存在するとき，その写像 f を「**全射**」といい，単射かつ全射である写像 f を「**全単射**」という．

例 2.2　写像 $f: \mathbb{R}^2 \longrightarrow \mathbb{R}$ に対し，$y = f((x_1, x_2)^T) = x_1 + x_2$ とすると，f は単射ではないが全射である．たとえば，$f((1, 0)^T) = 1$ だが $f((-1, 2)^T) = 1$ でもある．一方，任意の $y \in \mathbb{R}, x_1 \in \mathbb{R}$ に対し，$x_2 = y - x_1$ とすれば必ず $y = x_1 + x_2 = f((x_1, x_2)^T)$ が成り立つ．

$f: X \longrightarrow Y$ によって X の元を Y へ写すことが表されるが，Y から X へ逆方向に写すものが存在することがある．これを「**逆写像**」という．

定義 2.8　逆写像

$f: X \longrightarrow Y$, f が全単射のとき，X と Y の任意の元は 1 対 1 の対応関係にあり，任意の Y の元 $\boldsymbol{y}$ に対し $\boldsymbol{y} = f(\boldsymbol{x})$ $(\boldsymbol{x} \in X, \boldsymbol{y} \in Y)$ となる $\boldsymbol{x}$ はただ一つ存在する．このとき，

$$f^{-1}: Y \longrightarrow X, \quad \boldsymbol{x} = f^{-1}(\boldsymbol{y})$$

で定義される Y から X への写像 f^{-1} を「**f の逆写像**」という．

定義より明らかに逆写像も全単射である．

2.5.2　線形写像と行列

写像の中には $f(\boldsymbol{x}_1 + \boldsymbol{x}_2) = f(\boldsymbol{x}_1) + f(\boldsymbol{x}_2)$ のように，「2 つの元を足したものの像が 2 つの元の像を足したもの」になるものが存在する．このような性質を「**線

形性」といい，線形性を持つ写像を「**線形写像**」という．

> **定義 2.9　線形写像**
>
> V, W をベクトル空間とする．写像 $f: V \longrightarrow W$ が次の 2 つの条件をみたすとき，f を V から W への「**線形写像**」という．
>
> 1. V の任意の元 $\boldsymbol{v}_1, \boldsymbol{v}_2$ に対し，
>
> $$f(\boldsymbol{v}_1 + \boldsymbol{v}_2) = f(\boldsymbol{v}_1) + f(\boldsymbol{v}_2)$$
>
> が成り立つ．
> 2. V の任意の元 $\boldsymbol{v}$ と任意の実数 $c \in \mathbb{R}$ に対し，
>
> $$f(c \cdot \boldsymbol{v}) = c \cdot f(\boldsymbol{v})$$
>
> が成り立つ．
>
> 特に，$f: V \longrightarrow V$ のとき，f を「**線形変換**」という．

さて，ここで行列とベクトルの積を思い出そう．$m \times n$ 行列 A と任意の n 次元ベクトル $\boldsymbol{x}_1, \boldsymbol{x}_2 \in \mathbb{R}^n$ に対し

$$\boldsymbol{y}_1 = A\boldsymbol{x}_1, \quad \boldsymbol{y}_2 = A\boldsymbol{x}_2$$

とする．また，c を任意の実数とする．このとき，行列とベクトルの積の定義より，

$$\boldsymbol{y}_1 + \boldsymbol{y}_2 = A\boldsymbol{x}_1 + A\boldsymbol{x}_2 = A(\boldsymbol{x}_1 + \boldsymbol{x}_2),$$
$$c\boldsymbol{y}_1 = cA\boldsymbol{x}_1 = A(c\boldsymbol{x}_1)$$

より，「行列 A をベクトル $\boldsymbol{x}$ に掛けてベクトル $\boldsymbol{y}$ に写す」ことは線形写像の定義をみたす．実は，**ベクトルに行列を掛けたものは線形写像**であり，一方，**あらゆる線形写像は行列を掛けることでベクトルを写すもの**である．

定理 2.8　行列と線形写像

n 次元ベクトル空間 $\mathbb{R}^n$, m 次元ベクトル空間 $\mathbb{R}^m$, $m \times n$ 行列 A に対し, $\boldsymbol{x} \in \mathbb{R}^n, \boldsymbol{y} \in \mathbb{R}^m$ とする. このとき, 写像 $f_A : \mathbb{R}^n \longrightarrow \mathbb{R}^m$ を

$$\boldsymbol{y} = f_A(\boldsymbol{x}) = A\boldsymbol{x}$$

によって与えると, f_A は線形写像である.

一方, 任意の線形写像 $g : \mathbb{R}^m \longrightarrow \mathbb{R}^n$ に対し,

$$\boldsymbol{y} = g(\boldsymbol{x}) = A\boldsymbol{x}$$

となる $m \times n$ 行列 A が一意に定まる.

この線形写像と行列の関係より, 線形写像の次の性質が明らかになる.

定理 2.9　線形写像の性質

n 次元ベクトル空間 $\mathbb{R}^n$, m 次元ベクトル空間 $\mathbb{R}^m$, k 次元ベクトル空間 $\mathbb{R}^k$ に対し, 線形写像 f, g を $f : \mathbb{R}^n \longrightarrow \mathbb{R}^m, g : \mathbb{R}^m \longrightarrow \mathbb{R}^k$ とする. このとき, f と g の合成写像 (f によって写したものをさらに g によって写す写像) $g \circ f : \mathbb{R}^n \longrightarrow \mathbb{R}^k$ も線形写像である.

f を $\boldsymbol{y} = A\boldsymbol{x}$, g を $\boldsymbol{z} = B\boldsymbol{y}$ とすると, $g \circ f(\boldsymbol{x}) = BA\boldsymbol{x}$ なので, $g \circ f$ は明らかに線形写像である.

さて, 写像 $f : X \longrightarrow Y$ に対し, $f(\boldsymbol{x}) = \boldsymbol{0}$ と f によって Y の零元に写される $\boldsymbol{x} \in X$ の集まりを写像 f の「**核**」あるいは「**カーネル**」という.

定義 2.10　写像の核・カーネル

$f : X \longrightarrow Y$ とする. このとき,

$$K(f) := \{\boldsymbol{x} \in X \mid f(\boldsymbol{x}) = \boldsymbol{0}\}$$

を写像 f の「**核**」あるいは「**カーネル**」という.

2.6 線形変換と直交行列

これまで述べてきたように，あらゆる $m \times n$ 行列は n 次元ベクトル空間 $\mathbb{R}^n$ から m 次元ベクトル空間 $\mathbb{R}^m$ への何らかの線形写像に対応する．これに対し，線形「**変換**」，すなわち $\mathbb{R}^n$ から $\mathbb{R}^n$ への写像のうち特別な性能を持つ「**直交変換**」についてここでさらに詳しく扱っていく．

代表的な直交変換として「**回転**」が挙げられる．これは図 2.1 のようにベクトル x を「**原点を中心にして回転させる**」変換である．

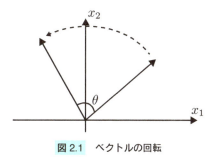

図 2.1 ベクトルの回転

図 2.1 のような $\mathbb{R}^2$ での回転は，次のような回転行列 A を x に左から掛けることで表現できる:

$$A = \begin{pmatrix} \cos\theta & -\sin\theta \\ \sin\theta & \cos\theta \end{pmatrix}.$$

ここで θ は「回転角」と呼ばれる．

上の $\mathbb{R}^2$ での回転行列 A の逆行列は

$$A^{-1} = \begin{pmatrix} \cos\theta & \sin\theta \\ -\sin\theta & \cos\theta \end{pmatrix}$$

であり，これは A の転置行列でもある．このように $A^T A$ が単位行列となる正方行列を「**（正規）直交行列**」という．

定義 2.11　（正規）直交行列

n 次正方行列 A に対し，$A^T A = A A^T = I_n$ が成り立つとき，A を「n 次（正規）直交行列」という．

なお，「**直交行列**」で与えられる変換が「**直交変換**」である．

この直交行列は，名前の通り行列の中に「直交性」を含んでいる．任意の n 次直交行列 A の列ベクトルを $A = (\boldsymbol{a}_1, \dots, \boldsymbol{a}_n)$ とすると，

$$I_n = A^T A = \begin{pmatrix} \boldsymbol{a}_1^T \\ \vdots \\ \boldsymbol{a}_n^T \end{pmatrix} (\boldsymbol{a}_1, \dots, \boldsymbol{a}_n) = \begin{pmatrix} \boldsymbol{a}_1^T \boldsymbol{a}_1 & \cdots & \boldsymbol{a}_1^T \boldsymbol{a}_n \\ \vdots & & \vdots \\ \boldsymbol{a}_n^T \boldsymbol{a}_1 & \cdots & \boldsymbol{a}_n^T \boldsymbol{a}_n \end{pmatrix}$$

より，A の全ての列ベクトルは互いに内積が 0 であり，直交しているということが分かる．また，A の全ての行ベクトルも AA^T が I_n になることから，互いに直交していることが分かる．これが A を「直交行列」と呼ぶ理由である．さらに，$A^T A$ の対角成分は A の列ベクトルの長さに対応しており，これらは全て 1 であるということも分かる．これが「正規」の意味である．なお，一般に回転行列は直交行列であるが，直交行列は必ずしも回転行列ではないことには注意が必要である．

さて，ベクトル $\boldsymbol{x}$ をある回転行列 A で $\boldsymbol{y} = A\boldsymbol{x}$ に変換したとき，これはあくまでも $\boldsymbol{x}$ を原点周りで回転させただけなので，$\boldsymbol{x}$ と $\boldsymbol{y}$ の大きさ（ノルム）は等しくなるはずである．これは回転行列が直交行列であることから

$$\|\boldsymbol{y}\|^2 = \|A\boldsymbol{x}\|^2 = \boldsymbol{x}^T A^T A \boldsymbol{x} = \boldsymbol{x}^T \boldsymbol{x} = \|\boldsymbol{x}\|^2$$

と示すことができる．

なお，直交行列には以下のような性質がある．

定理 2.10　直交行列の性質

1. n 次直交行列 P に対し，$P^{-1} = P^T$ である
2. n 次直交行列 P, Q に対し，PQ も直交行列である
3. n 次直交行列 P に対し，$\|P\|^2 = n$ である

ここまではベクトルの直交変換を扱ってきたが，直交変換を与える行列を何らかの行列に掛けることでベクトル空間の直交変換を行うことができる．

n 次正方行列 A の列ベクトルを $\boldsymbol{a}_1, \ldots, \boldsymbol{a}_n$ とし，この列ベクトルによって張られるベクトル空間 V を考える．このとき，直交行列 P を A に掛けた PA の列ベクトル $P\boldsymbol{a}_1, \ldots, P\boldsymbol{a}_n$ は，直交変換されたベクトル空間の基底を構成する．

たとえば，$(1,1)^T, (-1,1)^T$ をあるベクトル空間の基底とし，

$$A = \begin{pmatrix} 1 & -1 \\ 1 & 1 \end{pmatrix}$$

とする．このとき，A の左から

$$P = \begin{pmatrix} \frac{1}{\sqrt{2}} & \frac{1}{\sqrt{2}} \\ -\frac{1}{\sqrt{2}} & \frac{1}{\sqrt{2}} \end{pmatrix}$$

を掛けた PA は

$$PA = \begin{pmatrix} \sqrt{2} & 0 \\ 0 & \sqrt{2} \end{pmatrix}$$

となり，直交した基底 $\{(\sqrt{2},0)^T, (0,\sqrt{2})^T\}$ に回転されたことが分かる．

このベクトル空間の直交変換は主成分分析や因子分析で行われているものであり，データサイエンスとの関連性は非常に強い．

2.7 射影

次に統計学の回帰分析と非常に関係の深い「**射影**」という線形変換について扱う．

2.7.1 ベクトル空間の直和・直交直和分解と直交補空間

射影の定義の前にベクトル空間の直和分解を定義する．

> **定義 2.12　ベクトル空間の直和分解，直交直和分解，直交補空間**
>
> V を $\mathbb{R}^n$ の部分ベクトル空間とし，V の部分ベクトル空間 W_1 と W_2 の

直和によって
$$V = W_1 + W_2$$
と表せるとする．このとき，V を W_1 と W_2 に分解することを「**直和分解**」という．このとき，V の任意の元 v に対し，
$$v = w_1 + w_2$$
が成り立つ W_1 の元 w_1 と W_2 の元 w_2 が一意的に存在する．

また，任意の $w_1 \in W_1, w_2 \in W_2$ に対し，$w_1^T w_2 = 0$ が成り立つ（すなわち W_1 と W_2 の元は全て互いに直交する）とき，V を W_1 と W_2 に分解することを「**直交直和分解**」といい
$$V = W_1 \oplus W_2$$
で表し，このような部分ベクトル空間 W_1 と W_2 を「**直交直和である**」という．

さらに，ベクトル空間 V の直交直和な部分ベクトル空間 W_1, W_2 に対し，W_2 を W_1 の「**直交補空間**」といい，
$$W_2 = W_1^\perp$$
と表す．

なお，本書では $\oplus$ で直交直和を表すが，他書では同じ記号で直和を表すこともあり，注意が必要である．

直和分解と直交直和分解について図 2.2 でさらに説明する．図 2.2 は $\mathbb{R}^2$ を 2 つの部分ベクトル空間の直和 $W_1 + W_2$ に分解した様子を表している．左側の W_1 と W_2 は

$$W_1 = \left\{ w_1 = \begin{pmatrix} w_1 \\ 0 \end{pmatrix} \;\middle|\; w_1 \in \mathbb{R} \right\}, \; W_2 = \left\{ w_2 = \begin{pmatrix} 2w_2 \\ w_2 \end{pmatrix} \;\middle|\; w_2 \in \mathbb{R} \right\}$$

であり，右側は

$$W_1 = \left\{ w_1 = \begin{pmatrix} w_1 \\ 0 \end{pmatrix} \;\middle|\; w_1 \in \mathbb{R} \right\}, \; W_2 = \left\{ w_2 = \begin{pmatrix} 0 \\ w_2 \end{pmatrix} \;\middle|\; w_2 \in \mathbb{R} \right\}$$

である．

図 2.2　直和分解と直交直和分解

このとき，左側も右側も原点，すなわちゼロベクトル $\mathbf{0} = (0,0)^T$ しか W_1 と W_2 に共通する元は存在せず，$\mathbb{R}^2$ を直和分解できていることが分かる．一方，左側の W_1 と W_2 は直交しておらず，W_1 と W_2 の元の内積の値は

$$\boldsymbol{w}_1 \circ \boldsymbol{w}_2 = 2w_1 w_2 + 0 \cdot w_2 = 2w_1 w_2$$

であり $\boldsymbol{w}_1$ と $\boldsymbol{w}_2$ のどちらかがゼロベクトルでなければ 0 とはならない．これに対し，右側の内積の値は

$$\boldsymbol{w}_1 \circ \boldsymbol{w}_2 = w_1 \cdot 0 + 0 \cdot w_2 = 0$$

と常に 0 となり，W_1 と W_2 が直交直和であることが分かる．

2.7.2　射影と直交射影

ベクトル空間 V からそれを直和分解する部分ベクトル空間 W_1, W_2 のうちの片方への写像が「**射影**」である．

定義 2.13　射影

ベクトル空間 V に対しその直和分解 $V = W_1 + W_2$ を与える部分ベクトル空間 W_1, W_2 を考える．このとき，

$$V \longrightarrow W_1, \quad V \longrightarrow W_2$$

の 2 つの写像をそれぞれ「V から W_1 への（W_2 に沿った）射影」,「V から W_2 への（W_1 に沿った）射影」という．

このとき，V 内のベクトル x は $w_1 \in W_1, w_2 \in W_2$ に対し，

$$x = w_1 + w_2$$

と一意的に分解され，V から W_1 への射影では w_1 が x の像となる．

数学で定義される射影は，一般的な概念になっており，少々イメージと異なる．これに対し，我々がよく使うのは次の「**直交射影**」（「**正射影**」ともいう）である．

定義 2.14 直交射影

ベクトル空間 V の直交直和分解を $V = W_1 \oplus W_2$ で与える．このとき，V から W_1, W_2 への 2 つの写像をそれぞれ「V **から** W_1 **への**（W_2 **に沿った）直交射影**」,「V **から** W_2 **への**（W_1 **に沿った）直交射影**」という．

V から W_1 への直交射影を $P_{W_1} : V \longrightarrow W_1$ とすると，V 内のベクトル x を

$$x = w_1 + w_2, \quad w_1 \in W_1, \quad w_2 \in W_2$$

と表せば

$$P_{W_1}(x) = w_1, \quad w_1^T w_2 = 0$$

が成り立つ．

この直交射影を具体的に求めるには正規直交基底を用いる．

定理 2.11 直交射影と正規直交基底

n 次元ベクトル空間 $\mathbb{R}^n$ の直交直和分解を $V = W_1 \oplus W_2$ とし，W_1 の正規直交基底を $\{v_1, \ldots, v_m\}$ とする．このとき，任意の $x \in V$ の W_1 への直交射影 $P_{W_1}(x)$ は

$$P_{W_1}(x) = \sum_{i=1}^{m} v_i(v_i^T x) \tag{2.8}$$

で与えられる．

式 (2.8) も式 (2.6) と同じく，総和記号ではなく以下の行列の積を使って表すことができる．

$$P_{W_1}(\boldsymbol{x}) = V_{W_1} V_{W_1}^T \boldsymbol{x} \tag{2.9}$$

なお，$V_{W_1} = (\boldsymbol{v}_1, \ldots, \boldsymbol{v}_m)$ である．$A = V_{W_1} V_{W_1}^T$ とすると，行列 A はベクトル $\boldsymbol{x}$ を W_1 に直交射影する行列である．したがって，直交射影も線形写像（線形変換）の 1 つであることが分かる．

一方，V から W_1 への任意の線形変換 f の中で

$$\|\boldsymbol{x} - f(\boldsymbol{x})\|^2, \quad \boldsymbol{x} \in V, \ f(\boldsymbol{x}) \in W_1$$

を最も小さくする f は直交射影であることが知られている．これは直交射影の「**最良近似性**」とも呼ばれる性質である．この性質は回帰分析の最小 2 乗推定や主成分分析の根拠となるものである．

▶ 2.7.3 射影行列

$\boldsymbol{x} \in V$ を W_1 へ直交射影する行列 A に対し，$A\boldsymbol{x}$ にさらに A を掛けることを考える．すなわち，一度直交射影したものを再度直交射影するという意味である．

まず，W_1 は V の部分ベクトル空間であるので，射影された $A\boldsymbol{x}$ も V に含まれ，$A\boldsymbol{x}$ を再度射影することは可能である．一方，射影とは直和な部分ベクトル空間への写像であるため，任意の $\boldsymbol{x} \in V \cap W_1$ に対し

$$\boldsymbol{x} = \boldsymbol{w}_1 + \boldsymbol{0} \quad (\boldsymbol{w}_1 \in W_1)$$

が成り立ち，そもそも W_1 に含まれるものに W_1 への射影を施しても何も変化を与えないと考えるのが自然である．

実際に，直交射影において，式 (2.9) の V_{W_1} は W_1 の正規直交基底を列ベクトルに持つ行列のため，$A = V_{W_1} V_{W_1}^T$ とすると

$$AA\boldsymbol{x} = V_{W_1} V_{W_1}^T V_{W_1} V_{W_1}^T \boldsymbol{x} = V_{W_1} I_m V_{W_1}^T \boldsymbol{x} = V_{W_1} V_{W_1}^T \boldsymbol{x} = A\boldsymbol{x}$$

が成り立ち，何度 A を掛けても A になる．

これは直交射影に限らず，すべての射影を行う行列に共通する性質であり，このような行列を「**射影行列**」という．

定義 2.15　射影行列

n 次正方行列 A に対し，

$$A^2 = AA = A$$

が成り立つとき，A を「**射影行列**」という．

特に，直交射影に対応する射影行列を「**直交射影行列**」という．
　正規直交基底によってベクトルの直交射影を求めることができることは述べたが，正規直交でない基底であっても直交射影を求めることは可能である．

定理 2.12　ベクトル空間の基底による射影行列

n 次元ベクトル空間 $\mathbb{R}^n$ の直交直和分解を $W_1 \oplus W_2$ とし，W_1 と W_2 の基底をそれぞれ $\{\boldsymbol{w}_1, \ldots, \boldsymbol{w}_m\}$ と $\{\boldsymbol{w}_{m+1}, \ldots, \boldsymbol{w}_n\}$ で与える．このとき，$A = (\boldsymbol{w}_1, \ldots, \boldsymbol{w}_m)$, $B = (\boldsymbol{w}_{m+1}, \ldots, \boldsymbol{w}_n)$ とすると，$\mathbb{R}^n$ から W_1 への直交射影行列 P_{W_1} は

$$P_{W_1} = A(A^T A)^{-1} A^T$$

で与えられ，さらに $\mathbb{R}^n$ から W_2 への直交射影行列 P_{W_2} は

$$P_{W_2} = B(B^T B)^{-1} B^T = I_n - A(A^T A)^{-1} A^T$$

で与えられる．

なお，式 (2.9) では，正規直交基底を列ベクトルに持つ V_{W_1} は，

$$V_{W_1}(V_{W_1}^T V_{W_1})^{-1} V_{W_1}^T = V_{W_1}(I_m)^{-1} V_{W_1}^T = V_{W_1} V_{W_1}^T$$

となっており，この定理と対応している．
　射影行列の次の性質はよく知られている．

定理 2.13　射影行列の性質

n 次元ベクトル空間 $\mathbb{R}^n$ の直交直和分解 $\mathbb{R}^n = W_1 \oplus W_2$ を与える m 次

元部分ベクトル空間 W_1 と $n-m$ 次元部分ベクトル空間 W_2 への射影行列をそれぞれ P_{W_1}, P_{W_2} とする.

このとき,以下が成り立つ.

1. P_{W_1}, P_{W_2} は対称行列である.
2. P_{W_1}, P_{W_2} は冪等行列であり,任意の自然数 N に対し,$P_{W_1}^N = P_{W_1}$, $P_{W_2}^N = P_{W_2}$ である.
3. $\mathrm{tr} P_{W_1} = m, \mathrm{tr} P_{W_2} = n-m$ である.

2.8 行列のランク

2.8.1 行列のランク

これまでに,任意の行列はベクトル空間や部分ベクトル空間からベクトル空間・部分ベクトル空間への線形写像であることは説明したが,これはすなわち,行列がベクトル空間に対応しているということになる.

たとえば,$n \times m$ 行列 A の列ベクトル $\boldsymbol{a}_1, \ldots, \boldsymbol{a}_m$ が互いに一次独立であるとき,m 次元ベクトル $\boldsymbol{x} = (x_1, \ldots, x_m)^T$ を掛けると

$$A\boldsymbol{x} = x_1 \boldsymbol{a}_1 + \cdots + x_m \boldsymbol{a}_m$$

と,$\{\boldsymbol{a}_1, \ldots, \boldsymbol{a}_m\}$ を基底に持つ部分ベクトル空間に写していることが分かる.

このように行列はベクトル空間と密接な対応関係がある.特に,行列による線形写像を考えるとき,写像の像となるベクトル空間の次元に興味があることがある.これを行列の「**ランク**」という.

定義 2.16 行列のランク

ベクトル空間 V からベクトル空間 W への線形写像 f が行列 A によって与えられるとする.

このとき,$f(V)$ の次元を A の「**階数**」,「**階級**」あるいは「**ランク**」といい,

$$\mathrm{rank}\, f, \text{あるいは} \mathrm{rank}\, A, \mathrm{rank}(A)$$

で表す．

さて，写像 f にはカーネル $K(f) := \{\boldsymbol{x} \in X \mid f(\boldsymbol{x}) = \boldsymbol{0}\}$ という概念があることはすでに説明したが，行列のランクにおいてもカーネルは重要な性質を持っている．

> **定理 2.14　次元の公式**
>
> n 次元ベクトル空間 $\mathbb{R}^n$ からベクトル空間 W への線形写像 f が行列 A によって与えられるとする．このとき，
> $$\mathrm{rank}A = n - \dim K(f)$$
> が成り立つ．

これは，行列 A によって写されるベクトルのうち，$\boldsymbol{0}$ に写されるもので構成される部分ベクトル空間の次元が高ければ高いほど，A のランクが下がるという性質を表している．この公式より，行列 A のランクとカーネルの次元のどちらか一方を求めれば，もう片方も求まるということが分かる．

なお，行列のランクについては以下の性質がよく知られている．

> **定理 2.15　ランクの性質**
>
> 1. $m \times n$ 行列 A に対し，$\mathrm{rank}A \leq \min(m, n)$
> 2. $\mathrm{rank}A^T = \mathrm{rank}A$
> 3. $\mathrm{rank}(A^T A) = \mathrm{rank}(AA^T) = \mathrm{rank}A$
> 4. $\mathrm{rank}(AB) \leq \mathrm{rank}A, \mathrm{rank}(AB) \leq \mathrm{rank}B$
> 5. 正則行列 B, C に対し，$\mathrm{rank}(BA) = \mathrm{rank}(AC) = \mathrm{rank}A$
> 6. $\mathrm{rank}(A + B) \leq \mathrm{rank}A + \mathrm{rank}B$
> 7. n 次正方行列 A に対し，$\mathrm{rank}A = n$ ならば A は正則行列，かつ A が正則行列ならば $\mathrm{rank}A = n$
> 8. $m \geq n$ とし，$m \times n$ 行列 A に対し，$A^T A$ が正定値行列であるならば $\mathrm{rank}A = n$ であり，$\mathrm{rank}A = n$ ならば $A^T A$ は正定値行列である

特に，7. は n 次正方行列 A のランクが n（この状態をよく「フルランク」と呼ぶ）ならば A は正則行列であり，A^{-1} が存在するということであり，これは非常によく使う性質である．

2.8.2　行列のランクの求め方

ここまで行列のランクの定義や性質について述べてきたが，ここからは実際に行列のランクの求め方を述べる．

先にも述べた通り，行列 A のランクは A で写される部分ベクトル空間の次元であり，これはその部分ベクトル空間の基底の数に相当する．したがって，行列 A のランクを求めるには，その基底を求めればよい．

これに対し，先にも示した通り，$m \times n$ 行列 $A = (\boldsymbol{a}_1, \ldots, \boldsymbol{a}_n)$ に n 次元ベクトル $\boldsymbol{x} = (x_1, \ldots, x_n)^T$ を掛けると，

$$A\boldsymbol{x} = x_1 \boldsymbol{a}_1 + \cdots + x_n \boldsymbol{a}_n$$

となり，$\boldsymbol{a}_1, \ldots, \boldsymbol{a}_n$ が一次独立であるならば，これらのベクトルによって基底は構成される．

したがって，行列 A の列ベクトルのうち一次独立なものの数が分かれば A のランクを求めることができる．これには行列の基本変形を適用することができる．

例 2.3　基本変形による行列のランクの求め方を示す．行列 A を

$$A = \begin{pmatrix} 3 & 1 & 1 \\ 2 & 3 & 1 \end{pmatrix}$$

とすると，1 列目から 3 列目の 2 倍を引き，2 列目から 3 列目を引くと

$$A^{(1)} = \begin{pmatrix} 1 & 0 & 1 \\ 0 & 2 & 1 \end{pmatrix}$$

となる．ここで 2 列目を $1/2$ 倍し，3 列目から 1 列目と 2 列目を引くと

$$A^{(2)} = \begin{pmatrix} 1 & 0 & 0 \\ 0 & 1 & 0 \end{pmatrix}$$

となり，A の一次独立な列ベクトルは 2 つであり，$\mathrm{rank}A = 2$ と

いうことが分かる．なお，このような基本変形を施しても行列のランクは変わらない．

第2章 練習問題

2.1 実数全体 $\mathbb{R}$ がベクトル空間であることを示せ．

2.2 $W = \{(x_1, x_2)^T \mid x_2 = 2x_1,\ x_1, x_2 \in \mathbb{R}\}$ が $\mathbb{R}^2$ の部分ベクトル空間であることを示せ．

2.3 以下のベクトルの組が一次独立か一次従属かを確かめよ．

$$(1)\ \begin{pmatrix} 1 \\ 2 \end{pmatrix},\ \begin{pmatrix} 1 \\ 3 \end{pmatrix} \quad (2)\ \begin{pmatrix} 2 \\ 1 \\ 0 \end{pmatrix},\ \begin{pmatrix} 2 \\ 1 \\ 1 \end{pmatrix},\ \begin{pmatrix} 0 \\ 0 \\ 2 \end{pmatrix}$$

2.4 3次元基本ベクトル

$$\boldsymbol{e}_1 = \begin{pmatrix} 1 \\ 0 \\ 0 \end{pmatrix},\ \boldsymbol{e}_2 = \begin{pmatrix} 0 \\ 1 \\ 0 \end{pmatrix},\ \boldsymbol{e}_3 = \begin{pmatrix} 0 \\ 0 \\ 1 \end{pmatrix}$$

が $\mathbb{R}^3$ の基底を構成することを示せ．

2.5 $\mathbb{R}^2$ の部分ベクトル空間

$$W = \left\{ \boldsymbol{w} = \begin{pmatrix} w \\ 3w \end{pmatrix} \;\middle|\; w \in \mathbb{R} \right\}$$

に対し，W の基底と，その W の基底を含む $\mathbb{R}^2$ の基底を求めよ．

2.6

$$\boldsymbol{v}_1 = \begin{pmatrix} \dfrac{2}{\sqrt{6}} \\ \dfrac{-1}{\sqrt{6}} \\ \dfrac{1}{\sqrt{6}} \end{pmatrix},\ \boldsymbol{v}_2 = \begin{pmatrix} \dfrac{1}{\sqrt{11}} \\ \dfrac{3}{\sqrt{11}} \\ \dfrac{1}{\sqrt{11}} \end{pmatrix},$$

を $\mathbb{R}^3$ の部分ベクトル空間 W の正規直交基底とする．このとき，W 内の点

$$\boldsymbol{w}_1 = \begin{pmatrix} 3 \\ -5 \\ 1 \end{pmatrix}, \ \boldsymbol{w}_2 = \begin{pmatrix} -1 \\ 11 \\ 1 \end{pmatrix}$$

を $\boldsymbol{v}_1$ と $\boldsymbol{v}_2$ の成分に分解し，$a_1 \boldsymbol{v}_1 + a_2 \boldsymbol{v}_2$ の形で表せ．

2.7 $\mathbb{R}^3$ 内のベクトル

$$\boldsymbol{w}_1 = \begin{pmatrix} 1 \\ 0 \\ 1 \end{pmatrix}, \ \boldsymbol{w}_2 = \begin{pmatrix} 0 \\ 2 \\ 2 \end{pmatrix}, \ \boldsymbol{w}_3 = \begin{pmatrix} 1 \\ 1 \\ 1 \end{pmatrix}$$

にグラム・シュミットの正規直交化法を施し，$\mathbb{R}^3$ の正規直交基底を求めよ．

2.8 $\mathbb{R}^2$ から $\mathbb{R}$ への全射ではあるが単射ではない写像を 1 つ挙げよ．

2.9 $\mathbb{R}^n$ から $\mathbb{R}^n$ への線形写像 f を以下の行列 A によって $\boldsymbol{y} = f(\boldsymbol{x}) = A\boldsymbol{x}$ で与える．このとき，f のカーネルを求めよ．

(1) $A = \begin{pmatrix} 4 & 2 \\ 2 & 1 \end{pmatrix}$, (2) $A = \begin{pmatrix} 3 & 1 \\ 1 & 2 \end{pmatrix}$, (3) $A = \begin{pmatrix} 2 & 1 & 0 \\ 4 & 3 & 1 \\ 2 & 3 & 2 \end{pmatrix}$

2.10 定理 2.10 が成り立つことを示せ．

2.11 $\mathbb{R}^2$ を部分ベクトル空間

$$W_1 = \left\{ \boldsymbol{w} = \begin{pmatrix} 2w \\ w \end{pmatrix} \ \middle| \ w \in \mathbb{R} \right\}$$

に沿って W_2 へ直交射影する．このとき，W_2 と W_2 の正規直交基底を求めよ．

2.12 射影行列 P に対し，$P^4 = P$ となることを示せ．

2.13 以下の行列のランクを求めよ．

(1) $\begin{pmatrix} 4 & -1 \\ 1 & 3 \end{pmatrix}$, (2) $\begin{pmatrix} 1 & 0 & 1 \\ -1 & 1 & 0 \\ 1 & 1 & 1 \end{pmatrix}$, (3) $\begin{pmatrix} 1 & 0 & 2 \\ -1 & 1 & 1 \end{pmatrix}$

第 3 章

行列式

この章では行列の正則性や逆行列を求める上で重要となる行列式について扱う．行列式により正方行列の列ベクトルを基底に持つベクトル空間に対し，その空間のボリュームを評価することができる．これにより，たとえばベクトル空間に線形変換を施したことでベクトル空間がどれほど拡大・縮小したかを捉えることなどができる．

3.1 行列式の定義と基本的性質

3.1.1 行列式の定義

「**行列式**」は正方行列に対して計算できるものであり，行列に対応するベクトル空間のボリューム（空間の大きさ）を評価できるものである．

しかし，行列式の厳密な定義は本書のレベルを超えてしまうため，ここでは簡単に行列式の定義を与える [*1]．

定義 3.1　行列式

n 次正方行列 $A = (a_1, \ldots, a_n)$ に対し，次の性質をみたす写像 $\det : \mathbb{R}^{n \times n} \longrightarrow \mathbb{R}$ を「**行列式**」という．ただし，$\mathbb{R}^{n \times n}$ は n 次正方行列全体の集合であり，$\det A$ は $|A|$ とも表記される．

[*1] 行列式の厳密な定義については，佐武一郎 (2015),『線形代数学（新装版）』，裳華房などに詳しい．

1. A' を A の i 番目の列ベクトルに n 次元ベクトル $\boldsymbol{b}$ を足したもの,$A^{\dagger}$ を A の i 番目の列ベクトルを $\boldsymbol{b}$ で置き換えたものとする.このとき $\det A' = \det A + \det A^{\dagger}$ が成り立つ.
2. A' を A の i 番目の列ベクトルを c 倍したものとする.このとき $\det A' = c \cdot \det A$ が成り立つ.
3. A' を A の i 番目の列ベクトルを j 番目の列ベクトルで置き換えたものとする(A' の i 番目の列ベクトルと j 番目の列ベクトルは完全に同じ).このとき $\det A' = 0$ が成り立つ.
4. A' を A の i 番目の列ベクトルと j 番目の列ベクトルを交換したものとする.このとき $\det A' = -\det A$ が成り立つ.
5. n 次単位行列 I_n に対し,$\det I_n = 1$ である.

この行列式という写像の具体的な求め方について述べる.まず 2×2 のとき,

$$A = \begin{pmatrix} a_{11} & a_{12} \\ a_{21} & a_{22} \end{pmatrix}$$

とすると,$\det A$ は

$$\det A = a_{11} a_{22} - a_{21} a_{12}$$

である.

次に,3 次正方行列の場合,$A = (a_{ij})$ の行列式は

$$\det A = a_{11}a_{22}a_{33} + a_{21}a_{32}a_{13} + a_{31}a_{12}a_{23}$$
$$- a_{13}a_{22}a_{31} - a_{23}a_{32}a_{11} - a_{33}a_{12}a_{21}$$

であり,これは図 3.1 において $(1,1)$ 成分から $(3,1)$ 成分まで順に右斜め下に 3 つの成分を掛け合わせたものを足し,$(1,3)$ 成分から $(3,3)$ 成分まで順に左斜め下に 3 つの成分を掛け合わせたものを引いたものである(これを「サラスの法則」という).$n \geq 3$ のときは $\det A$ は $n!$ の項からなる式で表され,3.2 節で説明する余因子展開によって行列式を求めることができる.

▶ 3.1.2 行列式の性質

行列式はベクトル空間のボリュームを評価することができる.図 3.2 のように,

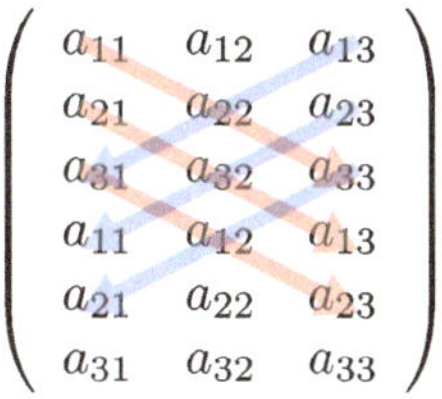

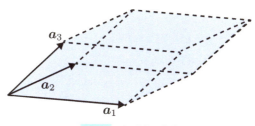

図 3.1 行列式の計算方法

図 3.2 行列式の意味

3 次元のベクトル空間の基底を構成するベクトル $\boldsymbol{a}_1$, $\boldsymbol{a}_2$, $\boldsymbol{a}_3$ があるとき，行列 $A = (\boldsymbol{a}_1, \boldsymbol{a}_2, \boldsymbol{a}_3)$ の行列式 $\det A$ は $\boldsymbol{a}_1$, $\boldsymbol{a}_2$, $\boldsymbol{a}_3$ で構成される平行六面体の体積に相当する．この平行六面体は基底 $\{\boldsymbol{a}_1, \boldsymbol{a}_2, \boldsymbol{a}_3\}$ で張られるベクトル空間そのものではないが，この平行六面体の体積はベクトル空間の広さの一つの目安を与える．さらに，別の 3 次正方行列 B を A に掛けベクトル空間の基底を変えると，当然 BA の列ベクトルは A とは異なる．そのため，$\det BA$ の値や BA の列ベクトルで構成される平行六面体の形状も変化し，B によるベクトル空間の変換の影響を捉えることができる．

行列式はこのように，行列に対応するベクトル空間の広さを捉えることを可能にするものである．

さて，行列式については以下の性質がよく知られている．

定理 3.1 行列式の性質

1. n 次正方行列 A, $c \in \mathbb{R}$ に対し，$\det(cA) = c^n \det A$
2. $A = \mathrm{diag}(a_1, \ldots, a_n)$ （※すなわち A は対角行列）のとき，

$$\det A = a_1 \cdots a_n$$

3. $A = (a_{ij})$ を n 次上三角行列，あるいは n 次下三角行列とする．このとき，
$$\det A = a_{11}a_{22}\cdots a_{nn}$$

4. A, B を n 次正方行列とする．このとき，$\det(AB) = \det A \cdot \det B$

5. n 次正方行列 A が正則行列ならば，
$$\det A^{-1} = \frac{1}{\det A}$$

6. n 次正方行列 A が正則行列ならば $\det A \neq 0$ であり，また，$\det A \neq 0$ ならば A は正則行列である

7. n 次正方行列 A に対し，$\det A^T = \det A$ である

8. n 次直交行列 P に対し，$\det P = \pm 1$ であり，実は $\det P = 1$ の直交行列 P を回転行列という

9. n 次対称行列 $A = (a_{ij})$ に対し，A が正定値行列ならば
$$\det A \leq a_{11}a_{12}\cdots a_{nn}$$

これらのうち，特に 6. の A の正則性と $\det A \neq 0$ の必要十分性は非常によく使う性質であり，逆行列の存在を確かめる際にはとても有益である．

▶ 3.2 行列式の余因子展開

3 次正方行列 $A = (a_{ij})$ の行列式が
$$\det A = a_{11}a_{22}a_{33} + a_{21}a_{32}a_{13} + a_{31}a_{12}a_{23}$$
$$- a_{13}a_{22}a_{31} + a_{23}a_{32}a_{11} + a_{33}a_{12}a_{21}$$

であることはすでに示したが，この式を一部まとめると
$$\det A = (a_{11}a_{22} - a_{12}a_{21})a_{33} + (a_{21}a_{32} - a_{22}a_{31})a_{13}$$
$$+ (a_{31}a_{12} - a_{32}a_{11})a_{23}$$

となり，これは

$$\det A = \det \begin{pmatrix} a_{11} & a_{12} \\ a_{21} & a_{22} \end{pmatrix} a_{33} + \det \begin{pmatrix} a_{21} & a_{22} \\ a_{31} & a_{32} \end{pmatrix} a_{13}$$
$$+ \det \begin{pmatrix} a_{31} & a_{32} \\ a_{11} & a_{12} \end{pmatrix} a_{23} \qquad (3.1)$$

と A から 3 列目を除いた

$$\begin{pmatrix} a_{11} & a_{12} \\ a_{21} & a_{22} \\ a_{31} & a_{32} \end{pmatrix}$$

を分割して構成される 2 次正方行列の行列式を含む形になっている．ここで，3 つ目の行列だけ 3 行目が 1 行目の上に配置されているので入れ替え，

$$\det A = \det \begin{pmatrix} a_{11} & a_{12} \\ a_{21} & a_{22} \end{pmatrix} a_{33} + \det \begin{pmatrix} a_{21} & a_{22} \\ a_{31} & a_{32} \end{pmatrix} a_{13}$$
$$- \det \begin{pmatrix} a_{11} & a_{12} \\ a_{31} & a_{32} \end{pmatrix} a_{23} \qquad (3.2)$$

としておく．なお，ここでは定義 3.1 の 4 の $\det A^T = \det A$ と A の列ベクトルを 1 組入れ替えると $\det A$ は -1 倍されるという性質を適用している（これらの性質より，A の行ベクトルを 1 組入れ替えても行列式は -1 倍されることが分かる）．

このように，ある正方行列の行列式はそれよりも小さな行列の行列式に分解することが可能であり，その際に出てくる概念が「**余因子**」である．

定義 3.2　行列の余因子

n 次正方行列 $A = (a_{ij})$ に対し，A から第 i 行と第 j 列を取り除いた行列を A_{ij} とする．このとき，

$$\tilde{A}_{ij} = (-1)^{i+j} \det A_{ij}$$

を「行列 A の (i,j) 成分 a_{ij} の**余因子**」という．

式 (3.2) に出てくる 3 つの行列式はそれぞれ $\tilde{A}_{33}, \tilde{A}_{13}, \tilde{A}_{23}$ に対応し，

$$\det A = \tilde{A}_{33} a_{33} + \tilde{A}_{13} a_{13} + \tilde{A}_{23} a_{23}$$

と A の 3 列目の成分とそれに対応する余因子の和で行列式が求まることが分かる．これを「**行列式の余因子展開**」という．

> **定理 3.2　行列式の余因子展開**
>
> n 次正方行列 $A=(a_{ij})$ に対し，その (i,j) 成分 a_{ij} の余因子を $\tilde{A}_{ij}$ とする．このとき，A の行列式は
>
> $$\det A = \sum_{j=1}^{n} \tilde{A}_{ij} a_{ij}$$
> $$= \sum_{i=1}^{n} \tilde{A}_{ij} a_{ij}$$
>
> の 2 通りの方法で求めることができる．このとき，上の式を「$\det A$ **の第 i 行に関する余因子展開**」，下の式を「$\det A$ **の第 j 列に関する余因子展開**」という．

余因子は逆行列を求める際にも有用である．

> **定理 3.3　余因子による逆行列の導出**
>
> n 次正方行列 $A=(a_{ij})$ に対し，その (i,j) 成分 a_{ij} の余因子を $\tilde{A}_{ij}$ とする．このとき，A が正則ならば，A の逆行列は
>
> $$A^{-1} = \frac{1}{\det A} A^{*} = \frac{1}{\det A} \begin{pmatrix} \tilde{A}_{11} & \cdots & \tilde{A}_{n1} \\ \vdots & & \vdots \\ \tilde{A}_{1n} & \cdots & \tilde{A}_{nn} \end{pmatrix}$$
>
> によって与えられる．

なお，A^{*} の (i,j) 成分が $\tilde{A}_{ji}$ と添字が逆転している点は注意が必要である．

例 3.1　実際に余因子によって行列

$$A = \begin{pmatrix} 1 & 2 & 3 \\ 2 & 1 & 1 \\ 3 & 2 & 1 \end{pmatrix}$$

の逆行列を求める．

まず，A の行列式は

$$\det A = 1 + 12 + 6 - 9 - 2 - 4 = 4$$

である．

次に A の全成分に対応する余因子は

$$\begin{array}{lll}
\tilde{A}_{11} = -1, & \tilde{A}_{21} = 4, & \tilde{A}_{31} = -1, \\
\tilde{A}_{12} = 1, & \tilde{A}_{22} = -8, & \tilde{A}_{32} = 5, \\
\tilde{A}_{13} = 1, & \tilde{A}_{23} = 4, & \tilde{A}_{33} = -3,
\end{array}$$

である．よって A^{-1} として

$$A^{-1} = \begin{pmatrix} -\dfrac{1}{4} & 1 & -\dfrac{1}{4} \\ \dfrac{1}{4} & -2 & \dfrac{5}{4} \\ \dfrac{1}{4} & 1 & -\dfrac{3}{4} \end{pmatrix}$$

を得る．実際にこれに A を掛けると単位行列となり，これは A の逆行列である．

➤ 第3章　練習問題

3.1 次の行列の行列式を計算せよ．

(1) $\begin{pmatrix} 2 & 1 \\ 4 & -1 \end{pmatrix}$, (2) $\begin{pmatrix} 3 & 2 & 1 \\ 1 & 1 & 0 \\ 1 & 2 & 1 \end{pmatrix}$, (3) $\begin{pmatrix} 1 & 5 & 2 \\ 2 & 1 & 6 \\ 3 & 4 & 2 \end{pmatrix}$

(4) $\begin{pmatrix} 1 & 1 & 1 \\ 1 & 2 & 1 \\ 1 & 1 & 1 \end{pmatrix}$, (5) $\begin{pmatrix} 2 & 2 & 1 \\ 2 & 1 & 1 \\ 1 & 1 & 2 \end{pmatrix}$, (6) $\begin{pmatrix} 2 & 0 & 0 \\ 0 & 1 & 0 \\ 0 & 0 & -1 \end{pmatrix}$

3.2 次の行列の行列式を余因子展開で表せ．

(1) $\begin{pmatrix} 2 & 1 \\ 4 & -1 \end{pmatrix}$, (2) $\begin{pmatrix} 3 & 2 & 1 \\ 1 & 1 & 0 \\ 1 & 2 & 1 \end{pmatrix}$, (3) $\begin{pmatrix} 1 & 5 & 2 \\ 2 & 1 & 6 \\ 3 & 4 & 2 \end{pmatrix}$

(4) $\begin{pmatrix} 1 & 1 & 1 \\ 1 & 2 & 1 \\ 1 & 1 & 1 \end{pmatrix}$, (5) $\begin{pmatrix} 2 & 2 & 1 \\ 2 & 1 & 1 \\ 1 & 1 & 2 \end{pmatrix}$, (6) $\begin{pmatrix} 2 & 0 & 0 \\ 0 & 1 & 0 \\ 0 & 0 & -1 \end{pmatrix}$

3.3 次の行列の逆行列を余因子展開から求めよ．

(1) $\begin{pmatrix} 2 & 3 & -1 \\ 1 & 2 & 1 \\ 1 & 1 & -1 \end{pmatrix}$, (2) $\begin{pmatrix} 2 & 3 & 1 \\ 1 & 2 & 0 \\ 1 & 3 & 1 \end{pmatrix}$, (3) $\begin{pmatrix} 1 & 0 & 1 \\ 0 & 1 & 1 \\ 0 & 1 & 1 \end{pmatrix}$

第 4 章

固有値・固有ベクトル

この章では行列の固有値と固有ベクトルを扱う．固有値・固有ベクトルは行列の写像としての特徴を表すものだが，データサイエンスの様々な手法は行列の固有値・固有ベクトルの性質を活用したものが多い．

4.1 固有値と固有ベクトル

4.1.1 固有値・固有ベクトルの定義

あらゆる $m \times n$ 行列は $\mathbb{R}^n$ から $\mathbb{R}^m$ への線形写像であり，写像の像となるベクトル空間に対応していることはこれまでに述べた．また，n 次正方行列は $\mathbb{R}^n$ からそれ自身への線形変換である．

行列をデータの集まりとして扱う場合においても，この行列の写像としての一面に由来する性質は非常に有益に機能する．その代表的なものが「**固有値**」と「**固有ベクトル**」である．

固有値・固有ベクトルの定義は次で与えられる．

定義 4.1　行列の固有値・固有ベクトル

A を n 次正方行列とする．このとき，$\mathbf{0}$ でない n 次元ベクトル $\boldsymbol{x}$，複素数 $\lambda \in \mathbb{C}$ に対し，

$$A\boldsymbol{x} = \lambda \boldsymbol{x}$$

が成り立つとき，λ を「**A の固有値**」，$\boldsymbol{x}$ を「**λ に対応する A の固有ベクトル**」という．

すなわち，行列 A を線形変換として捉えたとき，行列 A の固有値 λ に対応する固有ベクトルに線形変換を施しても，向きは一切変わらず，長さのみ λ 倍されるという特殊なものであり，いわば固有ベクトルは行列 A の「へそ」のようなものと表現されることもある．ここで複素数とは，$i^2 = -1$ をみたす虚数によって

$$\mathbb{C} = \{x + iy | x, y \in \mathbb{R}\}$$

と定義される数である．このように固有値・固有ベクトルは一般には複素数となるが，以下では実数の場合のみを考える．

固有値・固有ベクトルの組は 1 つの行列に複数存在することもある．たとえば，対角行列の対角成分はいずれも固有値で，対応する基本ベクトルが固有ベクトルである．さらに，1 つの固有値に対応する固有ベクトルは必ずしも 1 つではない．たとえば，n 次単位行列はどんな n 次元ベクトルを掛けても同じベクトルを返すため，固有値は 1，固有ベクトルはすべての n 次元ベクトルということになる．

なお，λ と $\boldsymbol{x}$ を行列 A の固有値とその固有値に対応する固有ベクトルとすると，$A\boldsymbol{x} = \lambda\boldsymbol{x}$ より，たとえば $\boldsymbol{x}' = 2\boldsymbol{x}$ とすれば

$$A\boldsymbol{x}' = \lambda\boldsymbol{x}'$$

と $\boldsymbol{x}' = 2\boldsymbol{x}$ は λ に対応する固有ベクトルとなる．こうすると固有値・固有ベクトルの組が無数に生まれてしまうため，固有ベクトルは長さを 1 にすることが多い．

4.1.2 固有値・固有ベクトルの求め方

固有値は次の「**固有方程式**」から求めることができる．

定理 4.1　行列の固有方程式

$A = (a_{ij})$ を n 次正方行列とする．このとき

$$\det(A - \lambda I_n) = \det\begin{pmatrix} a_{11} - \lambda & a_{12} & \cdots & a_{1n} \\ a_{21} & a_{22} - \lambda & \cdots & a_{2n} \\ \vdots & \vdots & & \vdots \\ a_{n1} & a_{n2} & \cdots & a_{nn} - \lambda \end{pmatrix} = 0$$

を「**固有方程式**」といい，固有方程式の解 λ は A の固有値である．

これは固有値・固有ベクトルの定義から導かれる．n 次正方行列 A に対し，λ を固有値，$\boldsymbol{x}$ を λ に対応する固有ベクトルとする．このとき，固有値・固有ベクトルの定義より

$$A\boldsymbol{x} = \lambda\boldsymbol{x}$$

であるが，これは

$$(A - \lambda I_n)\boldsymbol{x} = \boldsymbol{0}$$

に等しい．ここで，もし $(A - \lambda I_n)$ が正則ならば，上式の両辺に $(A - \lambda I_n)^{-1}$ を掛け，

$$(A - \lambda I_n)^{-1}(A - \lambda I_n)\boldsymbol{x} = (A - \lambda I_n)^{-1}\boldsymbol{0}$$

より，$\boldsymbol{x} = \boldsymbol{0}$ となるが，これは固有ベクトル $\boldsymbol{x}$ が $\boldsymbol{0}$ ではないことに矛盾する．ゆえに，$(A - \lambda I_n)$ は正則でなく，$\det(A - \lambda I_n)$ は 0 であることが分かる．逆に $\det(A - \lambda I_n) = 0$ のとき $A\boldsymbol{x} = \lambda\boldsymbol{x}$ をみたす $\boldsymbol{x} \neq \boldsymbol{0}$ が存在することを示すことができる．

よって，$\det(A - \lambda I_n)$ が 0 になる λ を求めれば，それが A の固有値となるのである．

例 4.1 行列

$$A = \begin{pmatrix} 2 & 2 \\ 1 & 3 \end{pmatrix}$$

の固有値・固有ベクトルを求める．

まず，A の固有方程式は

$$\det\begin{pmatrix} 2-\lambda & 2 \\ 1 & 3-\lambda \end{pmatrix} = (2-\lambda)(3-\lambda) - 2 = \lambda^2 - 5\lambda + 4 = 0$$

であり，A の固有値 $\lambda = 4, 1$ を得る．

よって，これらの固有値に対応する固有ベクトル $\boldsymbol{x} = (x_1, x_2)^T$ は

$$(A - \lambda I_n)\boldsymbol{x} = \begin{pmatrix} 2-\lambda & 2 \\ 1 & 3-\lambda \end{pmatrix} \begin{pmatrix} x_1 \\ x_2 \end{pmatrix}$$
$$= \begin{pmatrix} (2-\lambda)x_1 + 2x_2 \\ x_1 + (3-\lambda)x_2 \end{pmatrix} = \begin{pmatrix} 0 \\ 0 \end{pmatrix}$$

かつ $\lambda = 4, 1$ より，$(t, t)^T, (2s, -s)^T$ と表される．ここで，固有ベクトルの長さを1とすると，t と s の値が定まり，

$$\lambda = 4 : \boldsymbol{x} = \begin{pmatrix} \dfrac{1}{\sqrt{2}} \\ \dfrac{1}{\sqrt{2}} \end{pmatrix}, \quad \lambda = 1 : \boldsymbol{x} = \begin{pmatrix} \dfrac{2}{\sqrt{5}} \\ -\dfrac{1}{\sqrt{5}} \end{pmatrix},$$

を得る．

なお，固有方程式の解として固有値は求まるが，固有ベクトルには「向きの自由度」が存在する．たとえば上の例の固有ベクトルの正負を入れ替えても $A\boldsymbol{x} = \lambda \boldsymbol{x}$ は成立する．

4.1.3　固有値・固有ベクトルの性質

　固有値・固有ベクトルには，これまで扱ってきた内容と関連した性質が数多く存在する．以下にその中でもよく知られているものについて述べる．

定理 4.2　固有値・固有ベクトルの性質

1. n 次正方行列 A に対し，固有方程式 $\det(A - \lambda I_n) = 0$ の解は（複素数を含めて考えれば）n 個存在する．ただし，重根（重解）の場合にもその重複の数を含めて n 個とする．なお，この重複の数のことを「**重複度**」という．
2. n 次正方行列 A の固有値 $\lambda_1, \ldots, \lambda_n$ に対し，

$$\lambda_1 + \cdots + \lambda_n = \mathrm{tr}A$$
$$\lambda_1 \times \cdots \times \lambda_n = \det A$$

である.
3. n 次正方行列 A に対し,$\det A = 0$ ならば A は固有値として 0 を持ち,また,A が固有値として 0 を持つならば $\det A = 0$ である.
4. n 次正方行列 A に対し,A が正則ならば A の固有値はすべて 0 ではなく,また,A の固有値がすべて 0 でないならば A は正則である.
5. n 次正方行列 A と A の固有値 $\lambda_1, \ldots, \lambda_n$ に対し,A が正則ならば A^{-1} の固有値は $1/\lambda_1, \ldots, 1/\lambda_n$ である.また,A^{-1} の $1/\lambda_1, \ldots, 1/\lambda_n$ に対応する固有ベクトルはそれぞれ A の $\lambda_1, \ldots, \lambda_n$ に対応する固有ベクトルである.
6. n 次正方行列 A と A の固有値 $\lambda_1, \ldots, \lambda_n$ に対し,A^T の固有値も $\lambda_1, \ldots, \lambda_n$ である.
7. 上三角行列,あるいは下三角行列 A に対し,A の固有値は A の対角成分である.
8. 直交行列 P に対し,P の固有値はすべて ± 1 である.
9. 射影行列 A に対し,A の固有値は 0 または 1 である.
10. 対角行列 A に対し,A の固有値は A の対角成分である.

これらの性質はデータ分析手法でもよく使うものである.また,これらの性質を深く理解することでデータ分析の際の計算コストを下げることもでき,これらは実用性の高い性質である.

4.2 行列の対角化

対角行列の逆行列は元の行列の対角成分の逆数を対角成分に持つ行列であり,また,対角行列の固有値が対角成分であるなど,扱いやすい行列である.これはデータ分析の際にも大きく貢献し,たとえば n 次正則行列 A の逆行列の計算には n^3 に比例する計算コストがかかるが,これは,データの観測項目の数が増えれば逆行列を求めるのに計算コストが増大するということである.一方,「**A を対角行列に変形できれば,この計算コストを大幅に下げる**」ことができる.

n 次正方行列の中には対角行列に変形することができるものがある.

定義 4.2　行列の対角化可能性

A を n 次正方行列とする．このとき，

$$L = P^{-1}AP = \mathrm{diag}(\ell_1, \ldots, \ell_n)$$

と対角行列にできる n 次正則行列 P が存在するとき，A は対角化可能であるという．

この対角化可能性に対し，以下の定理が存在する．

定理 4.3　行列の対角化可能性の条件

A を n 次正方行列とする．このとき，以下が成立する:

1. A の固有値 $\lambda_1, \ldots, \lambda_n$ がすべて相異なるならば対角化可能である．
2. A に一次独立な n 個の固有ベクトルが存在するならば A は対角化可能であり，また，A が対角化可能であるならば A には一次独立な n 個の固有ベクトルが存在する．
   このとき，A の対角化を $P^{-1}AP$ とすると，P の列ベクトルは A の一次独立な固有ベクトルである．

1つ目の条件は行列が対角化可能であることの十分条件であり，2つ目の条件は必要十分条件である．すなわち，A の固有値の中に重複があっても，A を対角化できる場合が存在する．たとえば先ほども述べた通り，n 次単位行列 I_n の n 個の固有値はすべて 1 であり，1つ目の条件をみたさない．しかし，そもそも I_n は対角行列であり，I_n 自身を P として選べば，$P^{-1}I_nP$ は対角行列となる．

なお，A が対角化可能であり，その対角化が $L = P^{-1}AP$ で与えられるとき，A の n 乗は

$$\begin{aligned}
A^n &= \{P(P^{-1}AP)P^{-1}\}^n \\
&= P(P^{-1}AP)P^{-1} \cdot P(P^{-1}AP)P^{-1} \cdots P(P^{-1}AP)P^{-1} \\
&= P(P^{-1}AP)^n P^{-1} = PL^n P^{-1}
\end{aligned}$$

と容易に求めることが可能である．

➤ 4.3 対称行列の固有値・固有ベクトル

データサイエンスで使う分散共分散行列は対称行列であり，さらに主成分分析はこの分散共分散行列の固有値・固有ベクトルを求める問題に帰着される．また，統計学で使う分散共分散行列は正定値行列，あるいは半正定値行列である．そこでここでは，特に対称行列，正定値行列，半正定値行列の固有値と固有ベクトルを扱う．

◉ 4.3.1 対称行列の固有値・固有ベクトルと固有値分解

対称行列の固有値・固有ベクトルには以下の性質が存在する．

> **定理 4.4 対称行列の固有値・固有ベクトルの性質**
>
> A を n 次対称行列とし，$\lambda_1, \ldots, \lambda_n$ を A の固有値，$\boldsymbol{h}_1, \ldots, \boldsymbol{h}_n$ を $\lambda_1, \ldots, \lambda_n$ に対応する A の固有ベクトルとする．このとき，
>
> 1. $\lambda_1, \ldots, \lambda_n$ はすべて実数である．
> 2. $\boldsymbol{h}_1, \ldots, \boldsymbol{h}_n$ はすべて互いに直交するようにとることができる．

ここで，$\boldsymbol{h}_1, \ldots, \boldsymbol{h}_n$ の長さを 1 とし，$H = (\boldsymbol{h}_1, \ldots, \boldsymbol{h}_n)$ とおけば，H は直交行列となり，A の対角化は $L = H^T A H$ で与えられる．

以上より，n 次対称行列 A の対角化は，A の固有値を $\lambda_1, \ldots, \lambda_n$，これらの固有値に対応する A の固有ベクトルを $\boldsymbol{h}_1, \ldots, \boldsymbol{h}_n$ とするとき，

$$L = H^T A H,$$

$$L = \begin{pmatrix} \lambda_1 & & \\ & \ddots & \\ & & \lambda_n \end{pmatrix}, \quad H = (\boldsymbol{h}_1, \ldots, \boldsymbol{h}_n)$$

で与えられる．

この性質は次の対称行列の「固有値分解，あるいはスペクトル分解と呼ばれる行列の分解に帰着される．

定理 4.5　対称行列の固有値（スペクトル）分解

A を n 次対称行列，A の固有値を $\lambda_1, \ldots, \lambda_n$，これらの固有値に対応する A の正規直交する固有ベクトルを $\bm{h}_1, \ldots, \bm{h}_n$ とし，A の対角化を $\Lambda = H^T A H$，$\Lambda = \mathrm{diag}(\lambda_1, \ldots, \lambda_n)$，$H = (\bm{h}_1, \ldots, \bm{h}_n)$ とする．

このとき，行列 A は

$$A = H \Lambda H^T = \lambda_1 \bm{h}_1 \bm{h}_1^T + \cdots + \lambda_n \bm{h}_n \bm{h}_n^T$$

に分解される．これを行列 A の「**固有値分解**」あるいは「**スペクトル分解**」という．

なお，「スペクトル」とは一般に複数の情報が大きさの順に並んだ状態で合わさったものをいう．これに対し，スペクトル分解は A の固有値が $\lambda_1 \geq \cdots \geq \lambda_n$ の順になっていれば，A を $\bm{h}_1$ から $\bm{h}_n$ の成分ごとに並べたものになり，これはスペクトルと呼ぶにふさわしいものである．

▶ 4.3.2　正定値・半正定値行列の固有値の性質

データサイエンスで使用する対称行列の多くは $n \times m$ 行列 X に対し，$A = X^T X$ や $A = X X^T$ で与えられるものであり，これらは正定値行列，あるいは半正定値行列である．

この正定値行列，半正定値行列に対し，以下の性質が知られている．

定理 4.6　正定値・半正定値行列の性質

1. A を n 次対称行列とする．このとき，A の固有値がすべて正ならば A は正定値であり，A が正定値ならば A の固有値はすべて正である．
2. A を n 次対称行列とする．このとき，A の固有値がすべて非負ならば A は半正定値であり，A が半正定値ならば A の固有値はすべて非負である．
3. A を $n \times m$ 行列とする．このとき，$A^T A$ と $A A^T$ の正の値をとる固有値の個数は一致し，$\mathrm{rank} A$ に等しい．
4. A を n 次対称行列とする．このとき，A の固有値の最大値は，任意の

$\|\boldsymbol{x}\| = 1$ の n 次元ベクトル $\boldsymbol{x}$ による A の二次形式 $\boldsymbol{x}^T A \boldsymbol{x}$ の最大値に等しく，A の固有値の最小値は，$\boldsymbol{x}^T A \boldsymbol{x}$ の最小値に等しい．

➤ 第 4 章　練習問題

4.1 以下の行列の固有値と固有ベクトルを求めよ．

$$(1)\begin{pmatrix} 2 & 1 \\ 4 & 3 \end{pmatrix}, \quad (2)\begin{pmatrix} 3 & 2 & 1 \\ 2 & 2 & 2 \\ 1 & 2 & 3 \end{pmatrix}, \quad (3)\begin{pmatrix} 1 & 0 & 0 \\ 0 & 1 & 0 \\ 0 & 0 & 1 \end{pmatrix}$$

4.2 正方行列 A と正則行列 P に対し，A と $P^{-1}AP$ の固有方程式が等しいことを示せ．

4.3 以下の行列を対角化せよ．

$$(1)\begin{pmatrix} 1 & 3 \\ 2 & 4 \end{pmatrix}, \quad (2)\begin{pmatrix} 4 & 3 & 0 \\ 2 & 1 & 0 \\ 1 & 1 & 2 \end{pmatrix}, \quad (3)\begin{pmatrix} 3 & 0 & 1 \\ 0 & 2 & 2 \\ 1 & 1 & 2 \end{pmatrix}$$

4.4 以下の対称行列を固有値分解せよ．

$$(1)\begin{pmatrix} 4 & 2 \\ 2 & 1 \end{pmatrix}, \quad (2)\begin{pmatrix} 4 & 2 & 0 \\ 2 & 1 & 0 \\ 0 & 0 & 2 \end{pmatrix}, \quad (3)\begin{pmatrix} 4 & 0 & 1 \\ 0 & 2 & 1 \\ 1 & 1 & 3 \end{pmatrix}$$

4.5 以下の対称行列は正定値行列か半正定値行列か示せ．

$$(1)\begin{pmatrix} 2 & 0 \\ 0 & 0 \end{pmatrix}, \quad (2)\begin{pmatrix} 4 & 2 & 1 \\ 2 & 3 & 2 \\ 1 & 2 & 5 \end{pmatrix}, \quad (3)\begin{pmatrix} 3 & 1 & 1 \\ 1 & 2 & 2 \\ 1 & 2 & 2 \end{pmatrix}$$

{ 第 5 章 }

行列の分解

この章では主な行列の分解方法について紹介する．これらの分解方法は必ずしも必須ではないが，線形方程式の解や固有値・固有ベクトルに関する計算の際に有用なことが多く，知識として持つことを薦める．

➤ 5.1 LU分解とQR分解

◉ 5.1.1 LU分解

LU分解は行列を上三角行列 (Upper triangular matrix) U と下三角行列 (Lower triangular matrix) L に分解する手法である．

すでに述べた通り，線形方程式 $y = Ax$ において A が上三角行列（あるいは下三角行列）ならば，

$$\begin{pmatrix} y_1 \\ y_2 \end{pmatrix} = \begin{pmatrix} a_{11} & a_{12} \\ 0 & a_{22} \end{pmatrix} \begin{pmatrix} x_1 \\ x_2 \end{pmatrix}$$

より，$x_2 = y_2/a_{22}, x_1 = y_1/a_{11} - (y_2 a_{12})/(a_{11} a_{22})$ が得られ，この方程式は容易に解ける．

そこで，$A = LU$ と下三角行列と上三角行列に分解すれば，$y = Lx'$ を x' について解き，次に $x' = Ux$ を x について解くことができるのである．

定義 5.1　LU 分解

n 次正方行列 A に対し，n 次上三角行列 U と n 次下三角行列 L によって

$$A = LU$$

と分解できるとき，「A は **LU 分解可能**」といい，これを「A の **LU 分解**」という．

具体的な LU 分解の方法の説明は本書では行わず，n 次正方行列 A が LU 分解可能であることの必要十分条件を紹介する．LU 分解の方法の詳細については新井 (2006) などに詳しい．

定理 5.1　LU 分解可能性の必要十分条件

n 次正方行列 A に対し，n 次上三角行列 U と n 次下三角行列 L によって，$A = LU$ と LU 分解できるための必要十分条件は，

$$\det A^{(k)} \neq 0, \quad k = 1, \ldots, n$$

が成り立つことである．ただし，$A^{(k)}$ は A の 1 行目から k 行目，1 列目から k 列目までからなる $k \times k$ の部分行列である．

▶ 5.1.2　QR 分解

QR 分解とは，行列 A を直交行列 Q と上三角行列 R の積 QR に分解するものである．

これにより，方程式 $\bm{y} = A\bm{x}$ は $Q^T \bm{y} = R\bm{x}$ となり，R が上三角行列であることによりこの解を解くのが非常に容易になる．LU 分解が二段階で方程式を解くのに対し，QR 分解では一段階目で方程式の解が求まる．

定義 5.2　QR 分解

$m \times n$ 行列 A に対し，m 次直交行列 Q と $m \times n$ 上三角行列 R によって

$$A = QR$$

と分解することを「A の **QR 分解**」という．

QR 分解は逆行列の計算をする必要がなく，計算コストの低い手法であることが知られている．

なお，$m \times n$ 上三角行列 $R = (r_{ij})$ とは，$i < j$ のとき $r_{ij} = 0$ となる行列であり，$m \geq n$ ならば n 行目までは $n \times n$ 上三角行列，$n+1$ 行目より下の要素は全てゼロの行列であり，$n \geq m$ ならば m 列目までが $m \times m$ 上三角行列になっている行列である．

▶ 5.2 特異値分解

データサイエンスにおいて，データの分散共分散行列は中心化（各観測項目ごとに観測値の平均が 0 になるようにすること）した $n \times p$ データ行列 X に対し，

$$S = \frac{1}{n-1} X^T X$$

として与えられる．このとき，S は対称行列であり，また，半正定値行列になることが知られている．

これに対し，S の固有値分解を考えるとき，S ではなく X から直接 S の固有値・固有ベクトルの成分に分解することができる．とくに，X を分解することは，X が保有する情報ごとに分解することになり，X の特徴抽出やノイズ除去を行うことができる．

これは主成分分析として知られる分析手法であるが，線形代数学の枠組みでは「**特異値分解**」として知られるものである．

そこで，まずは「**特異値**」の定義を与える．

定義 5.3　特異値

$n \times m$ 行列 X に対し，$\mathrm{rank} X = r$，$\ell = \min(n, m)$ とし，$X^T X$，XX^T の正の固有値を $\lambda_1, \dots, \lambda_r$ とする．このとき，

$$d_i = \sqrt{\lambda_i} \quad (i = 1, \dots, r), \quad d_k = 0 \quad (k = r+1, \dots, \ell)$$

を X の「**特異値**」という．

すなわち，X の特異値とは，$A = X^T X$ に対し，A の固有値の平方根である．したがって，X と X^T の特異値は同じである．

さて，この特異値を用いた行列 X の分解が「**特異値分解**」である．

> **定義 5.4　行列の特異値分解**
>
> $n \times m$ 行列 X に対し，$d_1, \ldots, d_r$ を X の非負の特異値とする．このとき，$U^T U = I_r$ が成り立つ $n \times r$ 行列 U，$V^T V = I_r$ が成り立つ $m \times r$ 行列 V，r 次対角行列 D によって X を
>
> $$\begin{aligned} X &= UDV^T \\ &= (\boldsymbol{u}_1, \ldots, \boldsymbol{u}_r) \begin{pmatrix} d_1 & & \\ & \ddots & \\ & & d_r \end{pmatrix} (\boldsymbol{v}_1, \ldots, \boldsymbol{v}_r)^T \\ &= d_1 \boldsymbol{u}_1 \boldsymbol{v}_1^T + \cdots + d_r \boldsymbol{u}_r \boldsymbol{v}_r^T \end{aligned}$$
>
> とする分解を「**X の特異値分解**」という．ただし，$\boldsymbol{u}_1, \ldots, \boldsymbol{u}_r \in \mathbb{R}^n$ と $\boldsymbol{v}_1, \ldots, \boldsymbol{v}_r \in \mathbb{R}^m$ はそれぞれ
>
> $$\boldsymbol{u}_i^T \boldsymbol{u}_j = \begin{cases} 1 & i = j \\ 0 & i \neq j \end{cases}, \quad \boldsymbol{v}_i^T \boldsymbol{v}_j = \begin{cases} 1 & i = j \\ 0 & i \neq j \end{cases}$$
>
> をみたす．

なお，$X = UDV^T$ より，

$$XX^T = UDV^T (UDV^T)^T = UDV^T V D U^T = UD^2 U^T$$
$$X^T X = (UDV^T)^T UDV^T = VDU^T UDV^T = VD^2 V^T$$

より，$\boldsymbol{u}_1, \ldots, \boldsymbol{u}_r$ と $\boldsymbol{v}_1, \ldots, \boldsymbol{v}_r$ はそれぞれ XX^T と $X^T X$ の固有ベクトルである．

{ 第 6 章 }
線形代数と関係の深い多変量解析手法

　この章では線形代数学と関連の深い多変量解析手法として最小2乗推定による線形回帰モデリングと主成分分析を扱う．すでにここまでに多く述べてきたが，これらの手法は線形代数学と密接に関連した手法であり，第Ⅰ部の最後にこれらの手法を通してこれまでの内容をまとめる．

▶ 6.1　最小2乗推定による線形回帰モデリング

　線形回帰モデリングでは，現象の結果に対応する目的変数 y と現象の原因に対応する p 個の説明変数 $x_1, \ldots, x_p$ の関係を

$$y = \beta_0 + \beta_1 x_1 + \cdots + \beta_p x_p + \varepsilon$$

という確率変数の誤差 ε ($\mathrm{E}(\varepsilon) = 0$, $\mathrm{Var}(\varepsilon) = \sigma^2$) を伴った線形式の確率モデルで表す．この線形式のモデルを「**線形回帰モデル**」という．そして，回帰係数 $\beta_0, \beta_1, \ldots, \beta_p$ をデータから推定し，現象のメカニズムの解明や予測を行うことを目的にする．

　回帰係数の推定は n 組の観測値 $\{(y_i, x_{i1}, \ldots, x_{ip}) \mid i = 1, \ldots, n\}$ に対し，

$$\begin{pmatrix} y_1 \\ \vdots \\ y_n \end{pmatrix} = \begin{pmatrix} 1 & x_{11} & \cdots & x_{1p} \\ \vdots & \vdots & & \vdots \\ 1 & x_{n1} & \cdots & x_{np} \end{pmatrix} \begin{pmatrix} \beta_0 \\ \beta_1 \\ \vdots \\ \beta_p \end{pmatrix} + \begin{pmatrix} \varepsilon_1 \\ \vdots \\ \varepsilon_n \end{pmatrix}$$

$$\boldsymbol{y} \quad = \quad X \quad\quad \boldsymbol{\beta} \quad + \quad \boldsymbol{\varepsilon}$$

とデータに線形回帰モデルを当てはめ,

$$\|\boldsymbol{y} - X\boldsymbol{\beta}\|^2$$

という2乗誤差を最小にする $\hat{\boldsymbol{\beta}}$ を求める「**最小2乗推定**」が適用されることが多い．この $\hat{\boldsymbol{\beta}}$ はベクトルによる微分を適用することで

$$\hat{\boldsymbol{\beta}} = (X^T X)^{-1} X^T \boldsymbol{y}$$

で与えられることがよく知られている．

ベクトルによる微分は解析学の範囲であるため，ここでは射影として最小2乗推定を考えてみる．

$\boldsymbol{y}$ の予測値ベクトル $\hat{\boldsymbol{y}} = X\hat{\boldsymbol{\beta}}$ は上式より

$$\hat{\boldsymbol{y}} = X(X^T X)^{-1} X^T \boldsymbol{y} = P_X \boldsymbol{y}$$

で与えられる．一方, 定理 2.12 を振り返ると, n 次元ベクトル空間 V の直交直和分解を $W_1 \oplus W_2$ で与え, W_1 の基底を $\{\boldsymbol{w}_1, \ldots, \boldsymbol{w}_m\}$ とし, $A = (\boldsymbol{w}_1, \ldots, \boldsymbol{w}_m)$ とするとき, V から W_1 への直交射影行列 P_{W_1} は

$$P_{W_1} = A(A^T A)^{-1} A^T$$

で与えられる．これは線形回帰モデルの最小2乗推定と同じ形をしていることが分かる．

実は線形回帰モデルにおける回帰係数ベクトル $\boldsymbol{\beta}$ の最小2乗推定は, 図 6.1 のように目的変数ベクトル $\boldsymbol{y}$ を X の列ベクトルで張られる空間内に直交射影した予測値ベクトル $\hat{\boldsymbol{y}}$ を求めることに等しいのである．また, 直交射影には最良近似性があることはすでに述べたが, これは直交射影が2乗誤差が最も小さくなる近似を与えるという意味であり, これも最小2乗推定と対応している．

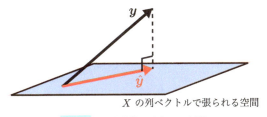
図 6.1 目的変数ベクトルの射影

なお，回帰係数ベクトルの推定値ベクトル $\hat{\boldsymbol{\beta}}$ の値を求めるには逆行列の計算が必要となる．p 次正方行列の逆行列を求めるには p^3 に比例する計算コストが必要であることが知られており，線形回帰モデルの推定にかかる計算コストは説明変数の数が増えると莫大になるという問題が存在する．これに対し，

$$X^T \boldsymbol{y} = (X^T X)\hat{\boldsymbol{\beta}}$$

に $(X^T X) = QR$ と QR 分解を適用することで逆行列の計算を回避することができ，より低い計算コストで $\hat{\boldsymbol{\beta}}$ の値を求めることが可能となる．

6.2 主成分分析

主成分分析は，p 個の観測項目 $x_1, \ldots, x_p$ について観測されたデータに対し，よりデータに合致し，かつ情報の量の順番が定められた新たな p 個の変数 $z_1, \ldots, z_p$ をそれぞれ $x_1, \ldots, x_p$ の線形結合で求める手法である．

これにより，p よりも少ない数の変数でデータが持っている情報を十分に説明できるようになる（「データの低次元圧縮」），データから無駄な情報を取り除くことができる（「ノイズ除去」），そしてそれにより重要な情報を際立たせることができる（「データの特徴抽出」）などの長所がある．

この様子を示したのが図 6.2 である．多次元のデータの中の観測項目の中には，相関関係が強い変数の組が存在することがあり，元のデータの次元よりも低い次元で十分にデータの持つ情報を表現することが可能な場合がある．主成分分析ではこの図のように，元のデータの軸（＝観測項目）に対し，よりデータに合致した新たな軸（＝新しい変数（赤））を求めることで，より少ない変数の数でデータを説明するのである．

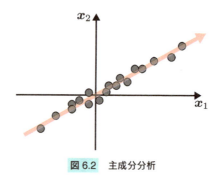

図 6.2 主成分分析

さて,では実際に主成分分析を行う方法について述べる.まず,n 組の観測値 $\{(x_{i1}, \ldots, x_{ip}) \mid i = 1, \ldots, n\}$ に対し,

$$\boldsymbol{x}_i = \begin{pmatrix} x_{i1} \\ \vdots \\ x_{ip} \end{pmatrix} \; (i = 1, \ldots, n), \quad X = \begin{pmatrix} \boldsymbol{x}_1^T \\ \vdots \\ \boldsymbol{x}_n^T \end{pmatrix}$$

とし,

$$\frac{1}{n} \sum_{i=1}^n \boldsymbol{x}_i = \boldsymbol{0}$$

とすべての観測値が観測項目ごとに平均 0 に基準化されているものとする.

このとき,主成分分析ではまず第 1 主成分ベクトル $\boldsymbol{v}_1$ を,$\boldsymbol{v}_1$ に観測値を直交射影したときの分散

$$\frac{1}{n-1} \sum_{i=1}^n (\boldsymbol{x}_i^T \boldsymbol{v}_1)^2 = \frac{1}{n-1} \sum_{i=1}^n \boldsymbol{v}_1^T \boldsymbol{x}_i \boldsymbol{x}_i^T \boldsymbol{v}_1$$

が最大になるような長さ 1 のベクトルとする.

ここで,$\sum_{i=1}^n \boldsymbol{x}_i \boldsymbol{x}_i^T = X^T X$ より,分散共分散行列を $S = X^T X / (n-1)$ とすると,

$$\frac{1}{n-1} \sum_{i=1}^n \boldsymbol{v}_1^T \boldsymbol{x}_i \boldsymbol{x}_i^T \boldsymbol{v}_1 = \boldsymbol{v}_1^T S \boldsymbol{v}_1$$

と S の二次形式を最大化するベクトル $\boldsymbol{v}_1$ を求めることとなる.

このとき,S の二次形式の最大値は S の固有値の最大値であることはすでに述べ

たが，この性質を使うと，v_1 は S の最大固有値に対応する固有ベクトルということが分かる．

次に第 2 主成分ベクトル v_2 は，v_1 と直交し，かつ，

$$\frac{1}{n-1}\sum_{i=1}^{n}(x_i^T v_2)^2 = v_2^T S v_2$$

が最大になるような長さ 1 のベクトルである．これは S が対称行列であることより S の固有ベクトルはすべて直交しており，v_2 は S の 2 番目に大きい固有値に対応する固有ベクトルであることが分かる．

以降，第 j 主成分ベクトルは第 1～第 $j-1$ 主成分ベクトルと直交し，かつ観測値を直交射影したときの分散が最大になる長さ 1 のベクトルとして定められ，これらはすべて S の固有ベクトルによって与えられるのである．

すなわち，主成分分析とは分散共分散行列 S の固有値分解に他ならず，主成分ベクトルは S の固有ベクトルである．また，観測値を $v_1,\ldots,v_p$ に直交射影したときの分散は S の固有値として与えられる．

第 II 部

微分積分
Introduction to Data Science

{ 第 7 章 }

関数

多項式,有理式,三角関数,指数関数,対数関数などは,様々な現象を記述する際によく使われる関数である.ここでは,これらの関数に関する様々な性質について紹介する.

➤ 7.1 様々な関数

まず,最も基本的な関数である多項式について紹介する.

定義 7.1

多項式 $f(x)$ は

$$f(x) = a_0 + a_1 x + a_2 x^2 + \cdots + a_k x^k$$

として定義される $(k = 0, 1, 2, \ldots)$.また,$a_k \neq 0$ のとき,k を多項式の次数という.

例 7.1 図 7.1 は,左から順に 1 次多項式,2 次多項式,3 次多項式の例である.1 次多項式は直線,2 次多項式は放物線となる.次数が増えれば増えるほど複雑な関数となっていることが確認できる.

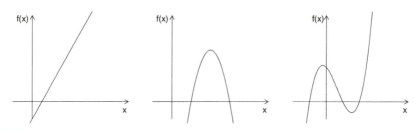

図7.1 多項式のグラフの例（左から順に，$f(x) = 2x - 1, f(x) = -3x^2 + 12x - 9, f(x) = x^3 - 2x^2 - x + 2$ である．）

多項式を組み合わせることにより**有理式**を定義することができ，さらに複雑な関数を表すことができる．

> **定義7.2**
>
> 有理式 $f(x)$ は
> $$f(x) = \frac{多項式}{多項式}$$
> として定義される（ただし，分母は0でないとする）．つまり，
> $$f(x) = \frac{a_0 + a_1 x + a_2 x^2 + \cdots + a_m x^m}{b_0 + b_1 x + b_2 x^2 + \cdots + b_n x^n}$$
> として表される（$m = 0, 1, 2, \ldots, n = 0, 1, 2, \ldots$）．

例7.2 有理式のグラフは様々な形となる．最も代表的な例は反比例のグラフ（図7.2の左図）であるが，図7.2の右図のような複雑なグラフを表すこともできる．

次に，指数関数を紹介するが，その前に**指数**について説明をする．指数とはある数を何乗したかを表す数である．また，指数は数字の右上に表すこととする．たとえば，2^3 は2を3個かけたものであり，$2^3 = 2 \times 2 \times 2$ である．ここで，指数について次にような定理が成り立つ．

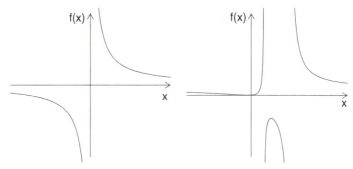

図7.2 有理式のグラフの例（左から，$f(x) = 1/x, f(x) = (3x^2 + 2x + 1)/(x^2 - 8x + 12)$ である．）

定理7.1

a, b を正の数，p, q を実数とする．このとき，次が成り立つ．

1. $a^{p+q} = a^p a^q$
2. $(a^p)^q = a^{pq}$
3. $(ab)^p = a^p b^p$
4. $a^{-p} = \dfrac{1}{a^p}$

例7.3 指数の定義から，$2^3 \times 2^2 = 2^5$ や $(2^2)^3 = 2^2 \times 2^2 \times 2^2 = 2^6$ などは明らかだろう．また，$2^3 \times 2^{-3} = 2^0 = 1$ より，$2^{-3} = 1/2^3$ である．指数が自然数でないとき，$(3^{1/2})^2 = 3$ より，$3^{1/2} = \sqrt{3}$ であることも分かる．

指数を連続的に変化させることで，図7.3のような**指数関数** $f(x) = a^x$ $(a > 0, a \neq 1)$ のグラフが得られる．

例7.4 関数 $f(x) = a^x$ のグラフは，$a > 1$ のときは右上がり，$0 < a < 1$ のときは右下がりのグラフとなる．また，必ず $f(0) = 1$ となるので，$(0, 1)$ を通る．図7.3の左図は $f(x) = 2^x$，右図は $f(x) = (1/3)^x$ を表している．指数の定義，またはグラフから分かるとおり，指数関数のグラフは $f(x) > 0$ となる．

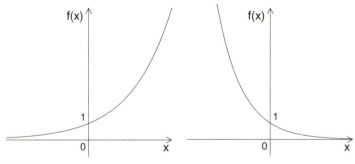

図 7.3 指数関数のグラフの例（左から，$f(x) = 2^x, f(x) = (1/3)^x$ である．）

$f(x) = 2^x$ のような右上がりのグラフとなる関数を単調増加関数といい，$f(x) = (1/3)^x$ のようなグラフとなる関数を単調減少関数という．これらは次のように定義される．

定義 7.3

関数 $f(x)$ について，任意の $x_1, x_2 (x_1 < x_2)$ に対し，$f(x_1) < f(x_2)$ が成り立つとき，$f(x)$ を**単調増加関数**といい，任意の $x_1, x_2 (x_1 < x_2)$ に対し，$f(x_1) > f(x_2)$ が成り立つとき，$f(x)$ を**単調減少関数**という．

> 注 書籍によっては，等号も含め，$x_1, x_2 (x_1 < x_2)$ に対し，$f(x_1) \leq f(x_2)$ が成り立つ関数を単調増加関数といい，等号がないときは狭義の単調増加関数ということもある．本書では，単調増加関数とは，等号を含まない形（定義 7.3 の形）のことを意味する．

関数を扱うとき，一般には x の値に対する $y = f(x)$ の値を調べるが，逆に，x に対し $x = f(y)$ となる y を調べたいこともある．関数 $f(x)$ が単調増加関数または，単調減少関数であれば，$x = f(y)$ となる y がただ一つ定まる．このように，x に対し $x = f(y)$ を満たす y を求める関数を $f(x)$ の逆関数といい $f^{-1}(x)$ と表す．

定義 7.4

関数 $f(x)$ が単調増加関数，または単調減少関数であるとする．このとき，x に対し，$x = f(y)$ となる y を $f^{-1}(x)$ と表し，関数 $f^{-1}(x)$ を $f(x)$ の逆関数という．

> **注** 逆関数の定義より, $f(f^{-1}(x)) = x$ かつ, $f^{-1}(f(x)) = x$ が成り立つ.

先に説明した通り, 指数関数は単調増加関数, または単調減少関数となる. 指数関数の逆関数は対数関数といい, 次のように表される.

定義 7.5

指数関数 $f(x) = a^x$ の逆関数を $\log_a x$ と表す. このような関数を**対数関数**という.

対数関数の性質は, 指数関数の性質より自然に導出される.

定理 7.2

a, b, x, y を正の数 $(a, b \neq 1)$, z を実数とする. このとき, 次が成り立つ.

1. $\log_a a = 1$
2. $\log_a(xy) = \log_a x + \log_a y$
3. $\log_a(x/y) = \log_a x - \log_a y$
4. $\log_a(x^z) = z \log_a x$
5. $\log_a x = \dfrac{\log_b x}{\log_b a}$

例 7.5

対数関数の定理を使うと, 様々な計算が可能となる.

1. $\log_2(6) = \log_2 2 + \log_2 3 = 1 + \log_2 3$
2. $\log_2(3/2) = \log_2 3 - \log_2 2 = \log_2 3 - 1$
3. $\log_3(27) = \log_3 3^3 = 3\log_3 3 = 3$
4. $\log_8 3 = \dfrac{\log_2 3}{\log_2 8} = \dfrac{\log_2 3}{3}$

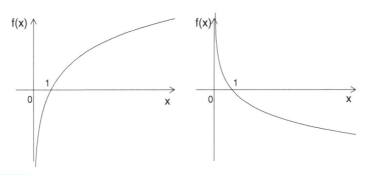

図 7.4 指数関数のグラフの例（左から，$f(x) = \log_2 x, f(x) = \log_{1/3} x$ である．）

例 7.6 関数 $f(x) = \log_a x$ のグラフは $a > 1$ のときは右上がり，$0 < a < 1$ のときは右下がりのグラフとなる．また，必ず $f(1) = 0$ となるので $(1, 0)$ を通る．図 7.4 の左図は $f(x) = \log_2 x$，右図は $f(x) = \log_{1/3} x$ を表している．対数関数の定義から，対数関数は $x > 0$ でしか定義されない．

次に三角関数について説明するが，その前に角度に関する説明を行う．一般的に角度を表す際には度数法が用いられる．度数法とは，1周を 360° とする表し方であり，このとき直角は 90° である．しかし，微分や積分を考える際には度数法より弧度法の方が便利である．**弧度法**とは半径が 1 の円を考えた際の弧の長さを角度として表す方法である．つまり，1周は 2π であり，直角は $\pi/2$ である．度数法と弧度法の対応を表 7.1 に表し，対応する図を図 7.5 で表す．これ以降，角度はすべて弧度法で表すものとする．

表 7.1 度数法と弧度法の対応

度数法	0°	30°	45°	60°	90°	120°	135°	150°	180°
弧度法	0	$\pi/6$	$\pi/4$	$\pi/3$	$\pi/2$	$2\pi/3$	$3\pi/4$	$5\pi/6$	π

度数法	210°	225°	240°	270°	300°	315°	330°	360°
弧度法	$7\pi/6$	$5\pi/4$	$4\pi/3$	$3\pi/2$	$5\pi/3$	$7\pi/4$	$11\pi/6$	2π

三角関数については，次のように定義される．

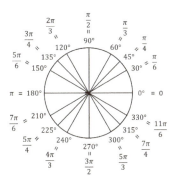

図 7.5 度数法と弧度法の対応

定義 7.6

半径 1 の円に対し，x 軸の正の方向から反時計回りに θ だけ回転した方向に原点から半直線を引き，円との交点を考える．その交点の x 座標を $\cos\theta$, y 座標を $\sin\theta$ と定義する．$\tan\theta$ は原点と $(\cos\theta, \sin\theta)$ を通る直線と $x = 1$ の直線の交点の y 座標としても定義され，$\sin\theta / \cos\theta$ と一致する（図 7.6 参照）．

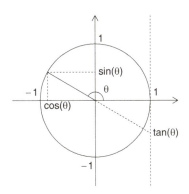

図 7.6 三角関数の定義

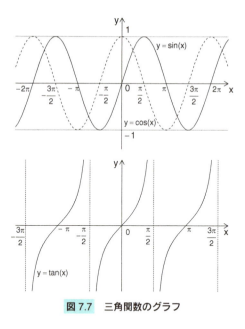

図 7.7 三角関数のグラフ

> **例 7.7** 三角関数の具体的な値の一部を表 7.2 にまとめる．また，三角関数のグラフは図 7.7 のようになる．

表 7.2 三角関数の値

角度 (θ)	0	$\pi/6$	$\pi/4$	$\pi/3$	$\pi/2$	$2\pi/3$	$3\pi/4$	$5\pi/6$	π
$\sin\theta$	0	$1/2$	$1/\sqrt{2}$	$\sqrt{3}/2$	1	$\sqrt{3}/2$	$1/\sqrt{2}$	$1/2$	0
$\cos\theta$	1	$\sqrt{3}/2$	$1/\sqrt{2}$	$1/2$	0	$-1/2$	$-1/\sqrt{2}$	$-\sqrt{3}/2$	-1
$\tan\theta$	0	$1/\sqrt{3}$	1	$\sqrt{3}$	-	$-\sqrt{3}$	-1	$-1/\sqrt{3}$	0

角度 (θ)	$7\pi/6$	$5\pi/4$	$4\pi/3$	$3\pi/2$	$5\pi/3$	$7\pi/4$	$11\pi/6$	2π
$\sin\theta$	$-1/2$	$-1/\sqrt{2}$	$-\sqrt{3}/2$	-1	$-\sqrt{3}/2$	$-1/\sqrt{2}$	$-1/2$	0
$\cos\theta$	$-\sqrt{3}/2$	$-1/\sqrt{2}$	$-1/2$	0	$1/2$	$1/\sqrt{2}$	$\sqrt{3}/2$	1
$\tan\theta$	$1/\sqrt{3}$	1	$\sqrt{3}$	-	$-\sqrt{3}$	-1	$-1/\sqrt{3}$	0

　三角関数に関する計算を行う際，様々な定理を使うこととなる．ここではその一部を紹介する（証明は省略する）．

定理 7.3

（加法定理）
$$\sin(x \pm y) = \sin x \cos y \pm \cos x \sin y$$
$$\cos(x \pm y) = \cos x \cos y \mp \sin x \sin y$$
$$\tan(x \pm y) = \frac{\tan x \pm \tan y}{1 \mp \tan x \tan y}$$

（倍角の公式）
$$\sin(2x) = 2 \sin x \cos x$$
$$\cos(2x) = \cos^2 x - \sin^2 x = 1 - 2\sin^2 x = 2\cos^2 x - 1$$
$$\tan(2x) = \frac{2 \tan x}{1 - \tan^2 x}$$

（半角の公式）
$$\sin^2 x = \frac{1 - \cos(2x)}{2}$$
$$\cos^2 x = \frac{1 + \cos(2x)}{2}$$
$$\tan^2 x = \frac{1 - \cos(2x)}{1 + \cos(2x)}$$

（和積の公式）
$$\sin x \pm \sin y = 2 \sin \frac{x \pm y}{2} \cos \frac{x \mp y}{2}$$
$$\cos x + \cos y = 2 \cos \frac{x + y}{2} \cos \frac{x - y}{2}$$
$$\cos x - \cos y = -2 \sin \frac{x + y}{2} \sin \frac{x - y}{2}$$

（積和の公式）
$$\sin x \sin y = \frac{\cos(x - y) - \cos(x + y)}{2}$$
$$\sin x \cos y = \frac{\sin(x + y) + \sin(x - y)}{2}$$
$$\cos x \cos y = \frac{\cos(x + y) + \cos(x - y)}{2}$$

ここまでで紹介した関数 $f(x)$ は変数 x だけによって値が定まるので，1変数関数

と呼ばれる．一方，複数の変数 (x, y) によって値 $f(x, y)$ が定まる関数を多変数関数という．多変数関数としては，$f_1(x, y) = x^2 + 3y^3 + 2$, $f_2(x, y) = \sin(xy)$, $f_3(x, y) = x \log_2(x + y)$ など様々に定義できる．

7.2 関数の極限

関数 $f(x)$ に対し，x が大きくなるとき，または x がある値に近づくとき，$f(x)$ がどのような値となるかを知ることは重要なことである．このような状況を次のように表記する．

定義 7.7

関数 $f(x)$ について，x が限りなく大きく（または，小さく）なるとともに，$f(x)$ がある値 c に限りなく近づくとき，

$$\lim_{x \to +\infty} f(x) = c \quad (\text{または} \lim_{x \to -\infty} f(x) = c)$$

と表す．また，x がある値 a に限りなく近づくとともに，$f(x)$ がある値 c に限りなく近づくとき，

$$\lim_{x \to a} f(x) = c$$

と表す．これらの状況のとき，$f(x)$ は c に **収束** するといい，「**極限** が存在する」という．ここで，x が a に近づくときに $x > a$ という条件のもとで近づくときには，この極限を $\lim\limits_{x \to a+0} f(x)$ と表し，一方で $x < a$ という条件のもとで近づくときには，この極限を $\lim\limits_{x \to a-0} f(x)$ と表す．これらをそれぞれ $x = a$ での右極限，左極限ともいう．

一方，x が限りなく大きく（または，小さく）なるとともに，$f(x)$ がどのような数よりも大きくなるとき，

$$\lim_{x \to +\infty} f(x) = +\infty \quad (\text{または} \lim_{x \to -\infty} f(x) = +\infty)$$

と表す．また，x がある値 a に限りなく近づくとともに，$f(x)$ がどのような数よりも大きくなるとき，

$$\lim_{x \to a} f(x) = +\infty$$

と表す.これらの状況のとき,$f(x)$ は発散するという.(どのような数よりも小さくなるときは,$-\infty$ で表す.)

ここで注意すべきこととして,一般には $\lim_{x \to a} f(x) = f(a)$ となるとは限らない.そこでこのような性質について,次のように定義する.

定義 7.8

関数 $f(x)$ が
$$\lim_{x \to a} f(x) = f(a)$$
を満たすとき,$f(x)$ は $x = a$ で**連続**であるという.また,$f(x)$ が定義される任意の x で連続であるとき,$f(x)$ は**連続関数**という.

例 7.8

関数 $f(x)$ を
$$f(x) = \begin{cases} -1 & (x < 0) \\ 0 & (x = 0) \\ 1 & (x > 0) \end{cases}$$
とする(この関数は符号関数ともいい,$\mathrm{sgn}(x)$ と表されることもある).図 7.8 はこの関数を図示したものであるが,この関数は $x = 0$ で不連続である($\lim_{x \to 0+0} f(x) = 1, \lim_{x \to 0-0} f(x) = -1, f(0) = 0$ である).この図のように不連続関数をグラフにすると急に離れた値を取る点を確認できる.一方,連続関数は全てつながったグラフとなる.

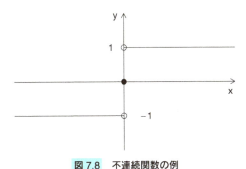

図 7.8 不連続関数の例

一方，これまでに紹介した多項式，有理式，指数関数，対数関数，三角関数は全て連続関数である．

次に，極限の例をいくつか紹介する．

例 7.9 $f(x) = r^x$ $(r > 0)$ とすると，

$$\lim_{x \to +\infty} f(x) = \begin{cases} +\infty & (r > 1) \\ 1 & (r = 1) \\ 0 & (0 < r < 1) \end{cases}$$

$$\lim_{x \to -\infty} f(x) = \begin{cases} 0 & (r > 1) \\ 1 & (r = 1) \\ +\infty & (0 < r < 1) \end{cases}$$

となる．図 7.9 は様々な指数関数のグラフを表している（ただし，$f(x) = 1$ は指数関数ではない）．

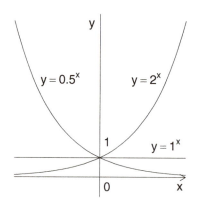

図 7.9 指数関数のグラフ

例 7.10 $f(x) = x^k$ とする．ただし，k は整数とし，$k < 0$ であれば，$x \neq 0$ とする．このとき，

$$\lim_{x \to +\infty} f(x) = \begin{cases} +\infty & (k > 0) \\ 1 & (k = 0) \\ 0 & (k < 0) \end{cases}$$

$$\lim_{x \to 0+0} f(x) = \begin{cases} 0 & (k > 0) \\ 1 & (k = 0) \\ +\infty & (k < 0) \end{cases}$$

$$\lim_{x \to 0-0} f(x) = \begin{cases} 0 & (k > 0) \\ 1 & (k = 0) \\ -\infty & (k < 0 \text{ かつ } k \text{ が奇数}) \\ +\infty & (k < 0 \text{ かつ } k \text{ が偶数}) \end{cases}$$

$$\lim_{x \to -\infty} f(x) = \begin{cases} -\infty & (k > 0 \text{ かつ } k \text{ が奇数}) \\ +\infty & (k > 0 \text{ かつ } k \text{ が偶数}) \\ 1 & (k = 0) \\ 0 & (k < 0) \end{cases}$$

となる．図 7.10 は様々な k に対する $f(x) = x^k$ のグラフを表している．

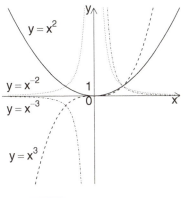

図 7.10　$f(x) = x^k$ のグラフ

例 7.11 $f(x) = \log_b x \ (b > 0, b \neq 1)$ とすると，

$$\lim_{x \to +\infty} f(x) = \begin{cases} +\infty & (b > 1) \\ -\infty & (0 < b < 1) \end{cases}$$

$$\lim_{x \to +0} f(x) = \begin{cases} -\infty & (b > 1) \\ +\infty & (0 < b < 1) \end{cases}$$

となる．図 7.11 は対数関数のグラフを表している．

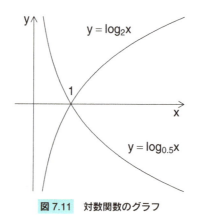

図 7.11 対数関数のグラフ

関数の極限については，これまで紹介した例に加え，次の定理を用いることで，多くの関数の極限を求めることができる．

定理 7.4

極限 $\lim_{x \to a} f(x), \lim_{x \to a} g(x)$ が存在するとき，次が成り立つ．

1. $\lim_{x \to a} \{kf(x)\} = k \lim_{x \to a} f(x)$ （k は任意の実数）
2. $\lim_{x \to a} \{f(x) + g(x)\} = \lim_{x \to a} f(x) + \lim_{x \to a} g(x)$
   $\lim_{x \to a} \{f(x) - g(x)\} = \lim_{x \to a} f(x) - \lim_{x \to a} g(x)$
3. $\lim_{x \to a} \{f(x)g(x)\} = \left\{\lim_{x \to a} f(x)\right\} \left\{\lim_{x \to a} g(x)\right\}$
4. $\lim_{x \to a} \dfrac{f(x)}{g(x)} = \dfrac{\lim_{x \to a} f(x)}{\lim_{x \to a} g(x)}$ （ただし，$\lim_{x \to a} g(x) \neq 0$ とする．）

ここで，いくつかの極限について紹介する．

例 7.12 $f(x) = \left(1 + \frac{1}{x}\right)^x$ としたとき，極限 $\lim_{x \to \infty} f(x)$ が存在する（証明は省略する）．この極限のことを e と表す．また，この値は**ネイピア数**と言われる．この式において，$h = 1/x$ とおくことで，$\lim_{h \to 0}(1 + h)^{1/h} = e$ が成り立つ．

注 e を底とする対数（自然対数）$\log_e x$ はしばしば底を省略し $\log x$ と表記される．以降，本書でも自然対数を $\log x$ と表記する．

例 7.13 $f(x) = \frac{1}{x} \log(1 + x)$ とする．すると，

$$\begin{aligned}
\lim_{x \to 0} f(x) &= \lim_{x \to 0} \frac{1}{x} \log(1 + x) \\
&= \lim_{x \to 0} \log(1 + x)^{\frac{1}{x}} \\
&= \log e \\
&= 1
\end{aligned}$$

となる．

例 7.14 $f(x) = \dfrac{e^x - 1}{x}$ とし，$\lim_{x \to 0} f(x)$ を考える．ここで，$h = e^x - 1$ と変数変換する．すると，$x = \log(1 + h)$ であり，$x \to 0$ のとき，$h \to 0$ なので，

$$\begin{aligned}
\lim_{x \to 0} f(x) &= \lim_{x \to 0} \frac{e^x - 1}{x} \\
&= \lim_{h \to 0} \frac{h}{\log(1 + h)} \\
&= 1 \qquad (\because \text{例 7.13 より})
\end{aligned}$$

となる．

ここで，複雑な関数の極限を求める際に使用される定理を紹介する．

定理 7.5

関数 $f(x), g(x), h(x)$ について，次の性質が成り立つ．

1. ある点 $x = a$ の近くで $f(x) \leq g(x)$ であれば，$\lim_{x \to a} f(x) \leq \lim_{x \to a} g(x)$ が成り立つ．

2. ある点 $x = a$ の近くで $f(x) \leq g(x) \leq h(x)$ であるとする．また，$\lim_{x \to a} f(x) = \lim_{x \to a} h(x) = \alpha$ とする．このとき，$\lim_{x \to a} g(x) = \alpha$ が成り立つ．（この性質のことを，**はさみうちの原理**という．）

注 $x \to a$ を $x \to \infty$ または $x \to -\infty$ としても同様である．

はさみうちの原理を使った極限を一つ紹介する．

例 7.15 図 7.12 において，$\theta > 0$ のとき，$(0,0), (1,0), (\cos\theta, \sin\theta)$ からなる三角形，半径 1，中心角 θ の扇形，$(0,0), (1,0), (1, \tan\theta)$ からなる三角形の面積はそれぞれ $\sin\theta/2, \theta/2, \tan\theta/2$ である．また図より，これらの面積の大小関係は $\sin\theta/2 < \theta/2 < \tan\theta/2$ である．

この不等式を $\sin\theta/2$ で割ると，$1 < \theta/\sin\theta < 1/\cos\theta$ であり，その逆数を取ると，$\cos\theta < \sin\theta/\theta < 1$ である．よって，$\theta > 0$ のもとで θ を 0 に近づけると，$\lim_{\theta \to 0+0} \sin\theta/\theta = 1$ となる．また，$\sin\theta/\theta$ が偶関数であることより，$\lim_{\theta \to 0-0} \sin\theta/\theta = 1$ である．よって，はさみうちの原理より $\lim_{\theta \to 0} \sin\theta/\theta = 1$ である．

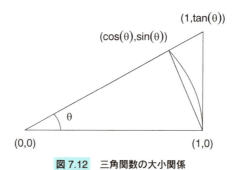

図 7.12 三角関数の大小関係

第 7 章　練習問題

7.1 次の表は 2009 年から 2016 年の 1 年を通じて勤務した給与所得者の年間平均給与を示している（国税庁「民間給与実態統計調査」）．この表について散布図を作成し，2009 年の平均給与と 2016 年の平均給与を通る直線を求めよ．また，求めた直線から平均給与が 430 万となる年を計算せよ．

年	2009	2010	2011	2012	2013	2014	2015	2016
平均給与（万円）	406	412	409	408	414	415	420	422

7.2 次の表は 2004 年から 2016 年の各年の 11 月の国内ブロードバンド契約者の総ダウンロードトラヒック（Gbps）を表している（総務省「我が国のインターネットにおけるトラヒックの集計・試算」）．この表について 2004 年を 1 としたときの各年のトラヒックを計算せよ．また，2004 年を 1 としたときの各年（x 年）のトラヒックが $y = a^{x-2004}$ という指数関数で表されるとし，2016 年の値を使い a を求め，散布図とグラフを作成せよ．

年	2004	2005	2006	2007	2008	2009	2010	2011	2012	2013	2014	2015	2016
トラヒック	224	295	398	494	655	835	715	640	666	834	930	1051	1464

7.3 ある地域における交通事故数や，ある店の来店客数などはしばしばポアソン分布に従う（14.2 節参照）．このとき，このような数が x となる確率はパラメータ λ を用いて $e^{-\lambda}\lambda^x/x!$ として表される．$\lambda = 1$ のとき，$x \to \infty$ でこの確率が 0 に収束することを示せ．

第 8 章

微分

微分とは，関数の増減の傾向を示す指標であり，増減の程度を調べるだけでなく，最大値や最小値を調べる際に重要な方法である．ここでは，様々な微分の計算法について紹介する．

▶ 8.1 微分とは

微分を定義する前に，まず**変化の割合**（平均変化率）について説明する．

> **定義 8.1**
>
> 関数 $f(x)$ に対し，x が a から b まで増加したときの変化の割合（平均変化率）は
> $$\frac{f(b)-f(a)}{b-a}$$
> として定義される．

例 8.1 x が a から b まで増加したときの関数 $f(x)$ の変化の割合とは，$(a, f(a))$ と $(b, f(b))$ を通る直線の傾きである．つまり，x が $b-a$ だけ増えたときに $f(x)$ が $f(b)-f(a)$ だけ変化し，この増加量が一定であるとした場合に，x が 1 だけ増加したときの f の変化量が変化の割合である（図 8.1）．

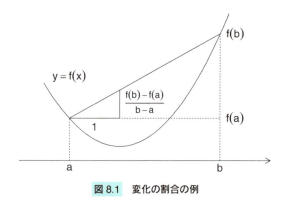

図 8.1 変化の割合の例

微分とは，この変化の割合に関する極限を考えたものであり，次のように定義される．

定義 8.2

関数 $f(x)$ の $x = a$ における**微分**とは，

$$\lim_{x \to a} \frac{f(x) - f(a)}{x - a} \left(\text{または，} \lim_{h \to 0} \frac{f(a+h) - f(a)}{h} \right)$$

で定義される．この極限が存在するとき，関数 $f(x)$ は $x = a$ で微分可能であるといい，その値を $f'(a)$ または $\frac{df}{dx}(a)$ と表す．また, $(a, f(a))$ を通る傾き $f'(a)$ の直線 $(y - f(a) = f'(a)(x - a))$ を，関数 $f(x)$ の $x = a$ での接線という．$f(x)$ が定義される任意の x で微分可能であるとき，$f(x)$ を微分可能な関数であるという．また，$f(x)$ を微分した関数

$$\lim_{h \to 0} \frac{f(x+h) - f(x)}{h}$$

を $f(x)$ の**導関数**といい，$f'(x)$ と表す．

例 8.2 図 8.2 は,関数 $f(x)$(曲線で表示)と $(a, f(a))$ と $(a+h, f(a+h))$ を通るいくつかの直線(点線で表示)と $x = a$ での接線(直線で表示)を示している.関数の接線(またはその傾き)は,関数のその瞬間の増減の程度を表す指標である.$f(x)$ の $x = a$ での微分 $f'(a)$ が正であれば,その関数は $x = a$ で増加傾向にあり,負であれば,その関数は $x = a$ で減少傾向にある.また,微分が正であるもののうち,その値が大きければ大きいほど増加量が大きく,微分が負でその値が小さければ小さいほど減少量が大きい.

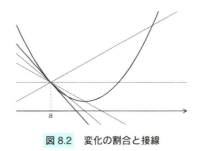

図 8.2 変化の割合と接線

$f(x)$ の $x = a$ の微分とは,$x = a$ の近くでの関数の傾きを表している.一般にどのような関数であっても,ある点の付近を拡大して見ることで,ほぼ直線のように見える.図 8.3 では,左の図の四角で囲まれた部分を拡大したものが真ん中の図であり,真ん中の図の四角で囲まれた部分を拡大したものが右の図である.右の図をみると,ほぼ直線となっていることが確認でき,この直線の傾きが微分の値と一

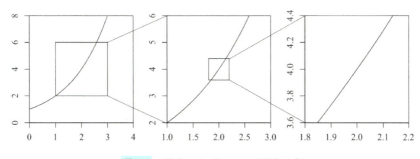

図 8.3 $f(x) = 2^x$ の $x = 2$ でのふるまい

致する.

これまでの説明より,ある点 ($x = a$) での微分とは,その点での接線の傾き(または,その点の付近を拡大して見た直線の傾き)を表していることが分かる.

また,乗り物(車,電車等)の速さとは,総移動距離を微分することによって計算できる.つまり,微分とは関数の増減の速さととらえてもよい.微分の符号は,関数の増加,減少を表しており,微分が正であれば,その値が大きければ大きいほど関数の増加スピードが速く,その値が小さければ小さいほど関数の増加スピードは鈍い.

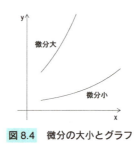

図 8.4 微分の大小とグラフ

ここで,関数の微分と連続性の関係について定理を紹介する.

定理 8.1

関数 $f(x)$ が $x = a$ で微分可能であれば,$x = a$ で連続である.

証明 $f(x)$ が $x = a$ で微分可能であれば,

$$\lim_{h \to 0} \frac{f(a+h) - f(a)}{h}$$

が存在する.つまり,$\lim_{h \to 0}(f(a+h) - f(a)) = 0$ となる(もし,$\lim_{h \to 0}(f(a+h) - f(a)) = 0$ でなければ,$\lim_{h \to 0}(f(a+h) - f(a))/h$ が発散するため).以上より,$\lim_{h \to 0} f(a+h) = f(a)$ であるので,$x = a$ で連続であることが分かる.■

次に,関数 $f(x)$ とその導関数 $f'(x)$ の関係について考える.ある点での微分を毎回計算することは面倒であり,各点での微分をすべて集めたものが導関数 $f'(x)$

といえる.

図 8.5 では $f(x) = x^2/2 + 1$ のグラフと $x = \pm 3, \pm 1$ での接線を表している. $f(x)$ の導関数は後で説明する定理 8.2 と定理 8.6 を使うことで $f'(x) = x$ となり, $x = -3, -1, 1, 3$ での接線の傾きはそれぞれ $f'(-3) = -3, f'(-1) = -1, f'(1) = 1, f'(3) = 3$ となる. つまり, 導関数を一度計算すれば, 各点での微分を簡単に計算できる. $f(x)$ の $x = -3, -1, 1, 3$ での接線の式はそれぞれ

$$y - f(-3) = f'(-3)\{x - (-3)\} \Rightarrow y = -3x - \frac{7}{2}$$

$$y - f(-1) = f'(-1)\{x - (-1)\} \Rightarrow y = -x + \frac{1}{2}$$

$$y - f(1) = f'(1)(x - 1) \Rightarrow y = x + \frac{1}{2}$$

$$y - f(3) = f'(3)(x - 3) \Rightarrow y = 3x - \frac{7}{2}$$

となる (接線は直線なので, 当然 1 次式である). 以下では, 様々な関数の微分の公

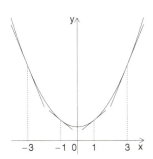

図 8.5 $f(x) = \dfrac{x^2}{2} + 1$ のグラフとその導関数の関係

式について紹介する.

定理 8.2

関数 $f(x) = x^n$ (n は自然数) とする. このとき, $f'(x) = nx^{n-1}$ となる.

証明

$$\begin{aligned}
f'(x) &= \lim_{h \to 0} \frac{f(x+h) - f(x)}{h} \\
&= \lim_{h \to 0} \frac{(x+h)^n - x^n}{h} \\
&= \lim_{h \to 0} \frac{x^n + {}_n\mathrm{C}_1 x^{n-1} h + {}_n\mathrm{C}_2 x^{n-2} h^2 + \cdots + {}_n\mathrm{C}_n h^n - x^n}{h} \\
&\qquad\qquad (\because 14.1 \text{ 節の二項展開}) \\
&= \lim_{h \to 0} (n x^{n-1} + {}_n\mathrm{C}_2 x^{n-2} h + \cdots + {}_n\mathrm{C}_n h^{n-1}) \\
&= n x^{n-1}
\end{aligned}$$

となる. ■

定理 8.3

関数 $f(x) = e^x$ とする. このとき, $f'(x) = e^x$ となる.

証明

$$\begin{aligned}
f'(x) &= \lim_{h \to 0} \frac{f(x+h) - f(x)}{h} \\
&= \lim_{h \to 0} \frac{e^{x+h} - e^x}{h} \\
&= \lim_{h \to 0} \frac{e^x (e^h - 1)}{h} \\
&= e^x \qquad (\because \text{例 7.14 より})
\end{aligned}$$

となる. ■

定理 8.4

関数 $f(x) = \log x$ とする. このとき, $f'(x) = 1/x$ となる.

> **証明**

$$\begin{aligned}
f'(x) &= \lim_{h\to 0}\frac{f(x+h)-f(x)}{h}\\
&= \lim_{h\to 0}\frac{\log(x+h)-\log x}{h}\\
&= \lim_{h\to 0}\frac{\log\left(1+\frac{h}{x}\right)}{h}\\
&= \lim_{h\to 0}\frac{\log\left(1+\frac{h}{x}\right)}{x\frac{h}{x}}\\
&= \lim_{t\to 0}\frac{\log(1+t)}{xt} \quad (\because t=h/x)\\
&= \frac{1}{x} \qquad (\because 例\,7.13\,より)
\end{aligned}$$

となる. ∎

> **定理 8.5**
>
> 関数 $f(x)=\sin x, g(x)=\cos x$ とする. このとき, $f'(x)=\cos x, g'(x)=-\sin x$ となる.

> **証明**

$$\begin{aligned}
f'(x) &= \lim_{h\to 0}\frac{f(x+h)-f(x)}{h}\\
&= \lim_{h\to 0}\frac{\sin(x+h)-\sin x}{h}\\
&= \lim_{h\to 0}\frac{2\sin(h/2)\cos(x+h/2)}{h} \qquad (\because 和積の公式)\\
&= \lim_{t\to 0}\frac{\sin(t)\cos(x+t)}{t} \quad (\because t=h/2)\\
&= \cos x \qquad (\because 例\,7.15\,より)\\
g'(x) &= \lim_{h\to 0}\frac{g(x+h)-g(x)}{h}\\
&= \lim_{h\to 0}\frac{\cos(x+h)-\cos x}{h}
\end{aligned}$$

$$
\begin{aligned}
&= \lim_{h \to 0} \frac{-2\sin(x+h/2)\sin(h/2)}{h} \\
&= \lim_{t \to 0} \frac{-\sin(x+t)\sin(t)}{t} \quad (\because t = h/2) \\
&= -\sin x \quad\quad\quad (\because \text{例 7.15 より})
\end{aligned}
$$

となる. ∎

8.2 微分に関する基本的な定理

まず，微分に関する一番基本的な定理を紹介する．

定理 8.6

関数 $f(x)$ と $g(x)$ が微分可能とする．このとき，次が成り立つ．

1. $(c)' = 0$ （c は定数）
2. $(cf(x))' = cf'(x)$ （c は定数）
3. $(f(x) + g(x))' = f'(x) + g'(x)$
4. $(f(x) - g(x))' = f'(x) - g'(x)$

略証 上記の定理は，微分の定義および極限に関する定理を利用することで証明できる．ここでは，3 のみ説明を行う．

$h(x) = f(x) + g(x)$ と置くと，

$$
\begin{aligned}
\text{左辺} &= \frac{dh}{dx}(x) \\
&= \lim_{h \to 0} \frac{h(x+h) - h(x)}{h} \\
&= \lim_{h \to 0} \frac{f(x+h) + g(x+h) - \{f(x) + g(x)\}}{h} \\
&= \lim_{h \to 0} \frac{f(x+h) - f(x)}{h} + \lim_{h \to 0} \frac{g(x+h) - g(x)}{h} \\
&= f'(x) + g'(x) \\
&= \text{右辺}
\end{aligned}
$$

となる．

例 8.3

$$(5x^3 - 2x^2 + 1)' = 5 \times 3x^2 - 2 \times 2x$$
$$= 15x^2 - 4x$$
$$(5e^x + 3x^4 - 4\log x + 4)' = 5e^x + 12x^3 - \frac{4}{x}$$
$$(ae^x + b\log x)' = ae^x + \frac{b}{x} \quad (a, b \text{ は定数})$$
$$\{(a^2 + 2a + \log a)x^3\}' = 3(a^2 + 2a + \log a)x^2 \quad (a \text{ は定数})$$

注 x で微分をするとき，x が含まれていない数，式等はすべて定数であることに注意する．つまり，a が定数であれば，$a^3 + a + 2$ や e^{5a+2}，$\log(a+3)$ 等は x が含まれていないので，すべて定数である．定理 8.6 で説明した通り，定数の微分は 0 である．

定理 8.7

関数 $f(x) = \log_a x$ とすると，$f'(x) = 1/(x\log a)$ となる．

証明 $\log_a x = \log x / \log a$ なので，$f'(x) = (\log x)'/\log a = 1/(x\log a)$ となる．

では，関数 $f(x)$ と $g(x)$ の積や商の微分はどうなるだろうか．$(f(x)g(x))' = f'(x)g'(x)$ や $(f(x)/g(x))' = f'(x)/g'(x)$ となると分かりやすいが，このような簡単な結果とはならない．**積の微分**と**商の微分**は次のような結果となる．

定理 8.8

関数 $f(x)$ と $g(x)$ が微分可能とする．このとき，次が成り立つ．

1. $(f(x)g(x))' = f'(x)g(x) + f(x)g'(x)$
2. $\left(\dfrac{f(x)}{g(x)}\right)' = \dfrac{f'(x)g(x) - f(x)g'(x)}{g(x)^2}$ （ただし，$g(x) \neq 0$）

> 証明

1. $h(x) = f(x)g(x)$ とすると，

$$\begin{aligned}
h'(x) &= \lim_{h \to 0} \frac{h(x+h) - h(x)}{h} \\
&= \lim_{h \to 0} \frac{f(x+h)g(x+h) - f(x)g(x)}{h} \\
&= \lim_{h \to 0} \left\{ \frac{f(x+h)g(x+h) - f(x)g(x+h)}{h} \right. \\
&\quad \left. + \frac{f(x)g(x+h) - f(x)g(x)}{h} \right\} \\
&= \lim_{h \to 0} \left(\frac{f(x+h) - f(x)}{h} g(x+h) \right) \\
&\quad + \lim_{h \to 0} \left(f(x) \frac{g(x+h) - g(x)}{h} \right) \\
&= f'(x)g(x) + f(x)g'(x)
\end{aligned}$$

となる．

2. $h(x) = f(x)/g(x)$ とすると，

$$\begin{aligned}
h'(x) &= \lim_{h \to 0} \frac{h(x+h) - h(x)}{h} \\
&= \lim_{h \to 0} \frac{f(x+h)/g(x+h) - f(x)/g(x)}{h} \\
&= \lim_{h \to 0} \left\{ \frac{f(x+h)/g(x+h) - f(x)/g(x+h)}{h} \right. \\
&\quad \left. + \frac{f(x)/g(x+h) - f(x)/g(x)}{h} \right\} \\
&= \lim_{h \to 0} \left(\frac{f(x+h) - f(x)}{h} \frac{1}{g(x+h)} \right) \\
&\quad - \lim_{h \to 0} \left(f(x) \frac{g(x+h) - g(x)}{h} \frac{1}{g(x+h)g(x)} \right) \\
&= \frac{f'(x)}{g(x)} - \frac{f(x)g'(x)}{g(x)^2}
\end{aligned}$$

$$= \frac{f'(x)g(x) - f(x)g'(x)}{g(x)^2}$$

となる. ∎

例 8.4

$$(x^2 \sin x)' = (x^2)' \sin x + x^2 (\sin x)'$$
$$= 2x \sin x + x^2 \cos x$$
$$(xe^x)' = (x)'e^x + x(e^x)'$$
$$= (x+1)e^x$$
$$\{(x^2+3x)e^x\}' = (x^2+3x)'e^x + (x^2+3x)(e^x)'$$
$$= (2x+3)e^x + (x^2+3x)e^x$$
$$= (x^2+5x+3)e^x$$

$$\left(\frac{x+3}{x^2+1}\right)' = \frac{(x+3)'(x^2+1) - (x+3)(x^2+1)'}{(x^2+1)^2}$$
$$= \frac{x^2+1 - (x+3) \times 2x}{(x^2+1)^2}$$
$$= \frac{-x^2 - 6x + 1}{(x^2+1)^2}$$
$$\left(\frac{1+x^2}{\log x}\right) = \frac{(1+x^2)' \log x - (1+x^2)(\log x)'}{(\log x)^2}$$
$$= \frac{2x \log x - (1+x^2)/x}{(\log x)^2}$$
$$= \frac{2x^2 \log x - x^2 - 1}{x(\log x)^2}$$

定理 8.9

関数 $f(x) = \tan x$ とすると, $f'(x) = 1/(\cos^2 x)$ となる.

証明 $f(x) = \tan x = \sin x / \cos x$ より

$$f'(x) = \frac{(\sin x)' \cos x - \sin x (\cos x)'}{\cos^2 x}$$
$$= \frac{\cos^2 x + \sin^2 x}{\cos^2 x}$$
$$= \frac{1}{\cos^2 x}$$

となる. ■

次に, **合成関数の微分**について紹介する.

> **定理 8.10**
>
> 関数 $f(x)$ と $g(x)$ が微分可能とする. すると, f と g の合成関数の微分は
> $$\{f(g(x))\}' = f'(g(x))g'(x)$$
> となる.

証明

$$\{f(g(x))\}' = \lim_{h \to 0} \frac{f(g(x+h)) - f(g(x))}{h}$$
$$= \lim_{h \to 0} \left\{ \frac{f(g(x+h)) - f(g(x))}{g(x+h) - g(x)} \frac{g(x+h) - g(x)}{h} \right\}$$

である. ここで, $k = g(x+h) - g(x)$ とおくと

$$\{f(g(x))\}' = \lim_{h \to 0} \left\{ \frac{f(g(x)+k) - f(g(x))}{k} \frac{g(x+h) - g(x)}{h} \right\}$$

と表すことができ, $h \to 0$ のとき, $k \to 0$ であるので, 上記の最後の式は $f'(g(x))g'(x)$ となる. ■

上記の定理は $z = f(g(x)), w = g(x)$ と変数変換をすると,

$$\frac{dz}{dx} = \frac{dz}{dw} \frac{dw}{dx}$$

と表すこともできる．ただし，dz/dw は $f(g(x))$ を $f(w)$ とみなして $f(w)$ を w に関して微分したもの ($f'(w) = f'(g(x))$) であり，$f'(x)$ ではないことに注意する．

定理 8.11

$f(x) = \log|x|$ とすると，$f'(x) = 1/x$ となる．

証明 x が正であれば，定理 8.4 より明らか．
x が負であれば，$f'(x) = (\log(-x))' = \{1/(-x)\}(-x)' = \{1/(-x)\}(-1) = 1/x$ となる． ■

定理 8.12

$g(x) = \log|f(x)|, h(x) = (f(x))^n, k(x) = e^{f(x)}$ とすると，$g'(x) = f'(x)/f(x), h'(x) = n(f(x))^{n-1}f'(x), k'(x) = f'(x)e^{f(x)}$ となる．

証明 定理 8.10 より明らか． ■

例 8.5

$$(\log(x^3 + 2x))' = \frac{(x^3 + 2x)'}{x^3 + 2x}$$
$$= \frac{3x^2 + 2}{x^3 + 2x}$$
$$((x^4 + 3x + 2)^4)' = 4(x^4 + 3x + 2)^3(x^4 + 3x + 2)'$$
$$= 4(4x^3 + 3)(x^4 + 3x + 2)^3$$
$$(e^{-x^2})' = (-x^2)'e^{-x^2}$$
$$= -2xe^{-x^2}$$
$$\{\cos((x^2 + 2x + 3)^3)\}' = -\sin((x^2 + 2x + 3)^3)$$
$$\times \{(x^2 + 2x + 3)^3\}'$$
$$= -\sin((x^2 + 2x + 3)^3)$$
$$\times 3(x^2 + 2x + 3)^2(x^2 + 2x + 3)'$$
$$= -\sin((x^2 + 2x + 3)^3)$$

$$\times 3(x^2+2x+3)^2(2x+2)$$
$$= -6(x+1)(x^2+2x+3)^2$$
$$\times \sin((x^2+2x+3)^3)$$

> 注 ある式をひとかたまりとみなして微分をする場合，そのかたまりの微分を後から掛ける必要がある．たとえば，$(2x+3)^4$ の微分を考える際，$2x+3$ をひとかたまりとみると（ここで，仮に X とおく），$(X^4)' = 4X^3 = 4(2x+3)^3$ となるが，そのあとに，ひとかたまりとみていた $2x+3$ を微分したものを掛ける必要がある．つまり，$\{(2x+3)^4\}' = 4(2x+3)^3 \times (2x+3)' = 8(2x+3)^3$ となる．
>
> これは，指数関数の微分を考えるときによく忘れがちとなる．$(e^x)' = e^x$ であることを勉強した直後だと，$(e^{4x+3})' = e^{4x+3}$ と間違えがちだが，ここでも $4x+3$ をひとかたまりとみて（$X = 4x+3$ とおき），先ほどと同様の計算を行うと，$(e^X)' = e^X \times X' = e^{4x+3} \times (4x+3)' = 4e^{4x+3}$ となる．

定理 8.13

$f(x) = x^k$ （k が整数でないときは $x > 0$）とすると，$f'(x) = kx^{k-1}$ となる．

証明 k が整数でなければ，定理 8.2 のように二項展開が使えない．そこで $f(x) = x^k$ の両辺について対数をとり，$\log f(x) = k \log x$ とし，両辺を微分すると $f'(x)/f(x) = k/x$ となる．よって，$f'(x) = kf(x)/x = kx^{k-1}$ となる． ∎

例 8.6

$$(x^5)' = 5x^4, \quad (x^3)' = 3x^2, \quad (x)' = 1,$$
$$(x^0)' = 0 \times x^{-1} = 0, \quad \left(\frac{1}{x}\right)' = (x^{-1})' = -x^{-2} = -\frac{1}{x^2},$$
$$(\sqrt{x})' = (x^{1/2})' = \frac{1}{2}x^{-1/2} = \frac{1}{2\sqrt{x}}$$

定理 8.14

$f(x) = a^x$ (a は正の数) とすると，$f'(x) = a^x \log a$ となる．

証明 $\log f(x) = x \log a$ より，両辺を微分すると，$f'(x)/f(x) = \log a$ である．よって，$f'(x) = f(x) \log a = a^x \log a$ となる． ■

定理 8.15

関数 $f(x)$ を全単射かつ微分可能とする．すると，逆関数 $f^{-1}(x)$ も微分可能であり，
$$(f^{-1}(x))' = \frac{1}{f'(f^{-1}(x))}$$
が成り立つ．

証明 逆関数 $f^{-1}(x)$ について，$f(f^{-1}(x)) = x$ であることから，この両辺を x について微分することで，
$$f'(f^{-1}(x))(f^{-1}(x))' = 1$$
となる．よって，$(f^{-1}(x))' = 1/f'(f^{-1}(x))$ となる． ■

上記の定理は $y = f(x)$ と変数変換をすると，
$$\frac{dx}{dy} = \frac{1}{dy/dx}$$
と表すこともできる．ただし，dy/dx は x で表されており，逆関数を考えているので，x を y で表すことに注意する．

三角関数 $\sin x, \cos x, \tan x$ は一般に定義域を制限しなければ全単射な関数ではない．しかし，$\sin x$ は区間 $[-\pi/2, \pi/2]$ から区間 $[-1, 1]$ への関数と見ると全単射な関数である．同様に，$\cos x$ は区間 $[0, \pi]$ から区間 $[-1, 1]$ への関数，$\tan x$ は区間 $[-\pi/2, \pi/2]$ から実数 $\mathbb{R}$ への関数と見ると全単射な関数である（ここで，区間 $[a, b]$ とは a 以上 b 以下の範囲を表す．このような両端を含む区間を閉区間という）．このとき，それぞれ逆写像を定義することができ，それぞれ Arcsin x, Arccos x, Arctan x

と表す ($\sin^{-1} x, \cos^{-1} x, \tan^{-1} x$ と表すこともある). これらのグラフを図 8.6 に表す. また, これらの微分について, 次の定理を示す.

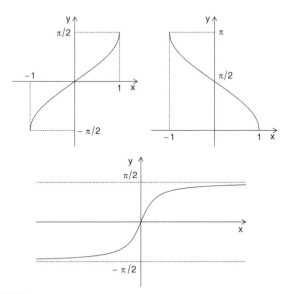

図 8.6 Arcsin x (左上), Arccos x (右上), Arctan x (下) のグラフ

定理 8.16

$f(x) = \mathrm{Arcsin}\, x, g(x) = \mathrm{Arccos}\, x, h(x) = \mathrm{Arctan}\, x$ とする. このとき, $f'(x) = 1/\sqrt{1-x^2}, g'(x) = -1/\sqrt{1-x^2}, h'(x) = 1/(1+x^2)$ となる.

証明 $y = \mathrm{Arcsin}\, x$ とすると, $\sin y = x$ である. ここで, 両辺を y で微分すると, $\cos y = \dfrac{dx}{dy}$ である. よって,

$$\frac{dy}{dx} = \frac{1}{\frac{dx}{dy}}$$
$$= \frac{1}{\cos y}$$

$$= \frac{1}{\sqrt{1-\sin^2 y}}$$
$$= \frac{1}{\sqrt{1-x^2}}$$

となる．同様に，$y = \mathrm{Arccos}\, x$ とすると，$\cos y = x$ である．ここで，両辺を y で微分すると，$-\sin y = \dfrac{dx}{dy}$ である．よって，

$$\frac{dy}{dx} = \frac{1}{\frac{dx}{dy}}$$
$$= -\frac{1}{\sin y}$$
$$= -\frac{1}{\sqrt{1-\cos^2 y}}$$
$$= -\frac{1}{\sqrt{1-x^2}}$$

となる．最後に，$y = \mathrm{Arctan}\, x$ とすると，$\tan y = x$ である．ここで，両辺を y で微分すると，$1/\cos^2 y = \dfrac{dx}{dy}$ である．よって，

$$\frac{dy}{dx} = \frac{1}{\frac{dx}{dy}}$$
$$= \cos^2 y$$
$$= \frac{\cos^2 y}{\cos^2 y + \sin^2 y}$$
$$= \frac{1}{1+\tan^2 y}$$
$$= \frac{1}{1+x^2}$$

となる．■

ここで，これまでの微分の結果を表 8.1 にまとめる．

表 8.1 微分の一覧

$f(x)$	x^k	e^x	$\log x$	a^x	$\log_a x$
$f'(x)$	kx^{k-1}	e^x	$\dfrac{1}{x}$	$a^x \log a$	$\dfrac{1}{x \log a}$

$f(x)$	$\sin x$	$\cos x$	$\tan x$	$\mathrm{Arcsin}\, x$	$\mathrm{Arccos}\, x$	$\mathrm{Arctan}\, x$
$f'(x)$	$\cos x$	$-\sin x$	$\dfrac{1}{\cos^2 x}$	$\dfrac{1}{\sqrt{1-x^2}}$	$-\dfrac{1}{\sqrt{1-x^2}}$	$\dfrac{1}{1+x^2}$

8.3 微分の応用

微分とは，関数の増加または減少の傾向を調べるものであるので，関数の概形を調べたり，関数の最大値，最小値を調べたりするのに有用である．

8.3.1 増減表と高階微分

微分の値と関数のふるまいについての定理をいくつか紹介する．

定理 8.17

関数 $f(x)$ が $x=a$ で微分可能とし，$f'(a) > 0$ とする．このとき，$f(x)$ は $x=a$ の付近で増加している．同様に，$f'(a) < 0$ であれば $f(x)$ は $x=a$ の付近で減少している．

証明 $f'(a) > 0$ のときのみ示す．$f'(a) > 0$ とすると，

$$\lim_{h \to 0} \frac{f(a+h) - f(a)}{h} > 0$$

である．よって，十分小さい h に対し，$(f(a+h) - f(a))/h > 0$ であることが分かる．ここで，$h > 0$ であれば，$f(a+h) - f(a) > 0$ より $f(a+h) > f(a)$ である．また，$h < 0$ であれば，$f(a+h) - f(a) < 0$ より $f(a+h) < f(a)$ である．以上より，$f(x)$ が $x=a$ の付近で増加していることが分かる． ∎

この定理より，次の結果が得られる．

定理 8.18

関数 $f(x)$ が区間 (a,b) 上で微分可能であるとする．この区間上で $f'(x) > 0$ であれば，$f(x)$ は区間 (a,b) 上で単調増加関数（$x_1, x_2 \in (a,b)$ かつ $x_1 < x_2$ であれば，$f(x_1) < f(x_2)$）である．また，区間 (a,b) 上で $f'(x) < 0$ であれば，$f(x)$ は区間 (a,b) 上で単調減少関数（$x_1, x_2 \in (a,b)$ かつ $x_1 < x_2$ であれば，$f(x_1) > f(x_2)$）である．

注 区間 (a,b) とは a より大きく，b より小さい区間を表す．このような両端を含まない区間を開区間という．

では，微分が 0 となる点ではどのような振る舞いをするだろうか．その説明の前に，極値について説明する．

定義 8.3

関数 $f(x)$ が $x = a$ を含むある開区間 I 上で

$$f(x) < f(a) \quad (x \in I, x \neq a)$$

が成り立つとき，$f(x)$ は $x = a$ で**極大値** $f(a)$ を持つという．また，

$$f(x) > f(a) \quad (x \in I, x \neq a)$$

が成り立つとき，$f(x)$ は $x = a$ で**極小値** $f(a)$ を持つという．極大値と極小値を合わせて極値という．

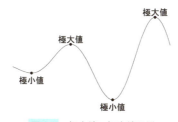

図 8.7　極大値，極小値の例

極値での微分について，次の性質がある．

定理 8.19

関数 $f(x)$ が微分可能であり，$x = a$ で極値を持つとする．このとき，$f'(a) = 0$ となる．

注 逆は成り立たないことに注意する．つまり，$f'(a) = 0$ としても $x = a$ で極値を持つとは限らない．たとえば，$f(x) = x^3$ は $f'(0) = 0$ だが $x = 0$ で極値を持たない．

証明 極大値，極小値でも証明は同じなので，極大値の場合で証明する．

$f(x)$ が $x = a$ で極大値を持つとすると，$x = a$ の周りで常に $f(x) < f(a)$ が成り立つ（ただし，$x \neq a$ である）．

$x < a$ とすると，$x - a < 0$ かつ $f(x) - f(a) < 0$ より，$(f(x) - f(a))/(x-a) > 0$ である．よって，

$$\lim_{x \to a-0} \frac{f(x) - f(a)}{x - a} \geq 0$$

である．

また，$x > a$ とすると，$x - a > 0$ かつ $f(x) - f(a) < 0$ より，$(f(x) - f(a))/(x-a) < 0$ である．よって，

$$\lim_{x \to a+0} \frac{f(x) - f(a)}{x - a} \leq 0$$

である．

また，$f(x)$ が $x = a$ で微分可能であることより，

$$f'(a) = \lim_{x \to a-0} \frac{f(x) - f(a)}{x - a} = \lim_{x \to a+0} \frac{f(x) - f(a)}{x - a}$$

なので，$f'(a) = 0$ となる． ■

また，証明は省略するが，関数の最大値，最小値に関し，次の性質が成り立つ．

定理 8.20

関数 $f(x)$ が区間 $[a, b]$ 上で連続であり，区間 (a, b) 上で微分可能とする．このとき，$f(x)$ は $[a, b]$ 上で最大値，最小値を持つが，そのときの x

の値は，$f'(x) = 0$ となる点，または $x = a, b$ のいずれかである．

これまでの説明より，関数 $f(x)$ が微分可能であるとき，$f'(x) > 0$ であれば $f(x)$ は増加しており，$f'(x) < 0$ であれば $f(x)$ は減少していることが分かった．これらの性質を用いて，$f'(x) = 0$ となる x の値や $f'(x)$ の符号等を調べることで，関数の概形を知ることができる．

例 8.7 $f(x) = x^3 - 6x^2 + 9x + 2$ のグラフの概形を考える．

まず，この関数の極値の可能性のある点を考えるため，$f'(x) = 0$ を解く．$f'(x) = 3x^2 - 12x + 9 = 3(x^2 - 4x + 3) = 3(x-1)(x-3)$ より，$f'(x) = 0$ の解は $x = 1, 3$ である．また，$f'(x)$ は二次関数なので，$x < 1$ または $x > 3$ のとき $f'(x) > 0$ であり，$1 < x < 3$ のとき $f'(x) < 0$ である．この結果を表にまとめると次のようになる．

x	$\cdots$	1	$\cdots$	3	$\cdots$
$f'(x)$	$+$	0	$-$	0	$+$
$f(x)$	↗	6	↘	2	↗

この表のように，$f'(x) = 0$ となる x と，それ以外の x に対する $f'(x)$ の符号，各 x の範囲における $f(x)$ の増減をまとめた表を**増減表**という．$f'(x) > 0$ の範囲（この関数では $x < 1$ または $x > 3$）では関数 $f(x)$ は右上がりとなり，$f'(x) < 0$ の範囲（この関数では $1 < x < 3$）では関数 $f(x)$ は右下がりとなる．この増減表から，右上がりの範囲，右下がりの範囲が分かることから，図 8.8 のように $f(x)$ のグラフを作成することができる．

x の多項式であれば概形がある程度分かるため，関数の増加部分と減少部分が分かるだけでグラフを描くことができる．しかし，もっと複雑な関数を描くときはさらに詳しい情報が必要となる．その際に，次の高階微分を利用する．

定義 8.4

関数 $f(x)$ の導関数 $f'(x)$ をさらに微分したものを 2 階導関数といい，$f''(x)$ または $f^{(2)}(x)$ と表す．同様に，$n-1$ 階導関数 $f^{(n-1)}$ を微分した

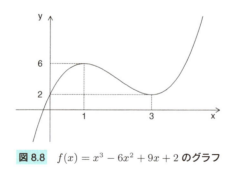

図 8.8　$f(x) = x^3 - 6x^2 + 9x + 2$ のグラフ

ものを n 階導関数といい，$f^{(n)}(x)$ と表す．2 階以上の導関数を一般に**高階導関数**という．また，$f(x)$ が n 階導関数を持つとき n 階微分可能という．

関数 $f(x)$ の 2 階導関数の符号は，導関数 $f'(x)$（つまり接線の傾き）が増加傾向か，減少傾向かを表す．導関数の符号と 2 階導関数の符号の両方を考慮することで，導関数の符号のみを調べる場合よりも，具体的に関数の概形を調べることができる．

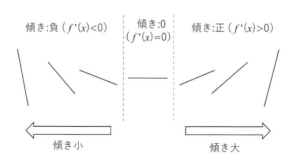

図 8.9　接線の傾きと微分の値，符号の関係

図 8.9 は様々な傾きの直線を示している．中央に傾き 0 の直線があり，それより右の直線は傾きが正，左の直線は傾きが負である．また，右に行くほど傾きが大きく，左に行くほど傾きが小さい．上述したように，2 階微分の符号によって接線の傾きが増加傾向か減少傾向かを判断することができる．2 階微分が正の範囲では，接線は図 8.9 の右のものへ変化していき，逆に 2 階微分が負の範囲では接線は図の左のものへ変化していく．このことを踏まえると，$f'(x) > 0$ かつ $f''(x) > 0$ であれば，

関数の値自体が増加しつつ，その接線の傾きも増えるので，図 8.10 の左上のような概形となる．$f'(x) > 0$ かつ $f''(x) < 0$ であれば，関数の値自体が増加しつつ，その接線の傾きは減っていくので，図 8.10 の右上のような概形となる．$f'(x) < 0$ かつ $f''(x) > 0$ であれば，関数の値自体が減少しつつ，その接線の傾きは増えるので，図 8.10 の左下のような概形となる．$f'(x) < 0$ かつ $f''(x) < 0$ であれば，関数の値自体が減少しつつ，その接線の傾きも減るので，図 8.10 の右下のような概形となる．このことを利用したグラフの描き方を説明する．

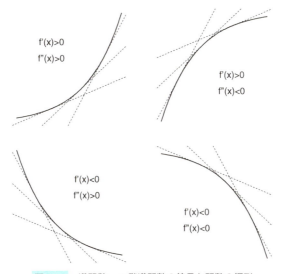

図 8.10 導関数，2 階導関数の符号と関数の概形

例 8.8 $f(x) = e^{-x^2}$ のグラフの概形を考える（今後，$e^{f(x)}$ を $\exp(f(x))$ と表すこともある．つまり，$e^{-x^2} = \exp(-x^2)$ である）．まず，この関数の極値の可能性のある点を考えるために $f'(x) = 0$ を解く．$f'(x) = -2xe^{-x^2}$ より，$f'(x) = 0$ の解は $x = 0$ であり，$x < 0$ ならば $f'(x) > 0$，$x > 0$ ならば $f'(x) < 0$ である．また，$f''(x) = -2e^{-x^2} + 4x^2 e^{-x^2} = (4x^2 - 2)e^{-x^2}$ であるので，$f''(x) = 0$ の解は $x = \pm 1/\sqrt{2}$ である．そして，$x < -1/\sqrt{2}$ または $x > 1/\sqrt{2}$ であれば $f''(x) > 0$，$-1/\sqrt{2} < x < 1/\sqrt{2}$ であれば $f''(x) < 0$ である．この結果を表にまとめると次のように

なる．

x	$\cdots$	$-1/\sqrt{2}$	$\cdots$	0	$\cdots$	$1/\sqrt{2}$	$\cdots$
$f'(x)$	+	+	+	0	−	−	−
$f''(x)$	+	0	−	−	−	0	+
$f(x)$	↗	$1/\sqrt{e}$	↗	1	↘	$1/\sqrt{e}$	↘

この結果から，

- $x < -1/\sqrt{2}$ の範囲では，$f(x)$ は増加し $f'(x)$ も増加する（傾きが急になっていく，または増加スピードが速くなる）ので，↗ のような形となる．
- $-1/\sqrt{2} < x < 0$ の範囲では，$f(x)$ は増加し $f'(x)$ は減少する（傾きが緩くなっていく，または増加スピードが遅くなる）ので，↗ のような形となる．
- $0 < x < 1/\sqrt{2}$ の範囲では，$f(x)$ は減少し $f'(x)$ も減少する（傾きが急になっていく，または減少スピードが早くなる）ので，↘ のような形となる．
- $1/\sqrt{2} < x$ の範囲では，$f(x)$ は減少し $f'(x)$ は増加する（傾きが緩くなっていく，または減少スピードが遅くなる）ので，↘ のような形となる．

このように増減表に $f''(x) = 0$ となる x と，それ以外の x に対する $f''(x)$ の符号を加えることで，$f(x)$ のグラフを具体的に知ることができる．

定義 8.5

関数 $f(x)$ が 2 階微分可能であるとする．$f''(a) = 0$ となる点のうち，$x = a$ の近くで，$x < a$ ならば $f''(x) < 0$ かつ $x > 0$ ならば $f''(x) > 0$ であるとき，あるいは，$x < a$ ならば $f''(x) > 0$ かつ $x > 0$ ならば $f''(x) < 0$ であるとき（つまり，$x = a$ で 2 階微分の符号に変化があるとき），$x = a$ を $f(x)$ の**変曲点**という．

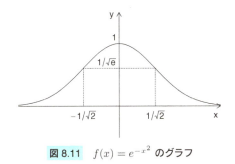

図 8.11　$f(x) = e^{-x^2}$ のグラフ

例 8.8 の例では，$x = \pm 1/\sqrt{2}$ が f の変曲点である．

また 2 階微分の性質より，次の定理が示せる．

定理 8.21

関数 $f(x)$ が 2 階微分可能であるとする．このとき，$f'(a) = 0$ かつ $f''(a) > 0$ とすると $f(x)$ は $x = a$ で極小値をもつ．また，$f'(a) = 0$ かつ $f''(a) < 0$ とすると $f(x)$ は $x = a$ で極大値をもつ．

例 8.8 の例では，$x = 0$ で極大値となっていることがグラフ，または増減表から分かる．しかし，定理 8.21 を使うと，$x = 0$ の周りのグラフの概形を調べなくても $f'(0) = 0, f''(0) < 0$ であることから，$x = 0$ で極大値となることが分かる．

8.3.2　テイラー展開

関数 $f(x)$ について，ある点 $x = a$ の付近で 1 次式で近似を行う場合，接線での近似が最適である．では 2 次式や 3 次式，またはもっと高次の多項式で近似することはできるだろうか．このように，関数を多項式で近似したものが次のテイラー展開と呼ばれる式である（証明は省略する）．

定理 8.22

関数 $f(x)$ が区間 (α, β) 上で n 回微分可能とする．このとき，$x, a \in (\alpha, \beta)$ に対し，次の式が成り立つ $\theta \in (0, 1)$ が存在する．

$$f(x) = f(a) + f'(a)(x-a) + \frac{f''(a)}{2!}(x-a)^2 + \cdots$$
$$+ \frac{f^{(n-1)}(a)}{(n-1)!}(x-a)^{n-1} + \frac{f^{(n)}(a+\theta(x-a))}{n!}(x-a)^n$$
$$= \sum_{k=0}^{n-1} \frac{f^{(k)}(a)}{k!}(x-a)^k + \frac{f^{(n)}(a+\theta(x-a))}{n!}(x-a)^n$$

この展開式のことを $f(x)$ の $x=a$ の周りでの**テイラー展開**という．

関数 $f(x)$ が無限に微分可能であれば，

$$f(x) = \sum_{n=0}^{\infty} \frac{f^{(n)}(a)}{n!}(x-a)^n$$

と表せる．ただし，右辺の級数は任意の x に対して収束するとは限らないことに注意が必要である．また，$x=0$ の周りでの展開式

$$f(x) = \sum_{n=0}^{\infty} \frac{f^{(n)}(0)}{n!}x^n$$

を特に**マクローリン展開**という．

例 8.9 e^x のマクローリン展開は

$$e^x = 1 + x + \frac{x^2}{2!} + \frac{x^3}{3!} + \frac{x^4}{4!} + \cdots$$
$$= \sum_{n=0}^{\infty} \frac{x^n}{n!}$$

と表せる．これはよく使われる展開式であり，右辺は任意の x に対して収束する．

図 8.12 は，e^x とマクローリン展開による多項式近似 $(1+x, 1+x+x^2/2, \ldots, 1+x+x^2/2+x^3/6+x^4/24+x^5/120+x^6/720)$ を $[-4, 4]$ の範囲で描いたものである．次数が上がるほど，多項式が指数関数に近づいている様子が確認できる．$x=0$ から離れるほど近似に必要な次数は増えるが，次数を十分大きくすればよい近似となる．

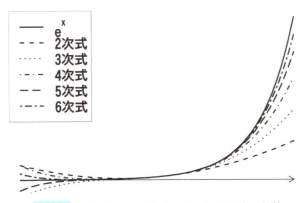

図 8.12 指数関数と多項式（マクローリン展開）の比較

▶ 第 8 章　練習問題

8.1 ある企業で製品を x 個作成するときにかかる総費用が $x^3 - 2x^2 + 5x + 8$ であるとする（ミクロ経済学の分野では総費用関数と呼ばれるものであり、総費用関数はしばしば 3 次関数で表される）．すると、1 個あたりの作成費用は

$$x^2 - 2x + 5 + \frac{8}{x}$$

となる（これは、平均費用関数と呼ばれるものである）．この製品の 1 個あたりの作成費用が最小となる x を求めよ．

8.2 ある薬の使用量 x に対して、その薬の効果が現れる確率 p を表す関数として、しばしばロジスティック関数

$$p(x) = \frac{1}{1 + e^{-a-bx}}$$

が使われる．ここで、$a = -10, b = 2$ として $p(x)$ のグラフを作成せよ．

8.3 ある町である政党の支持率を調査したところ、100 人中 15 人が支持をした．もしこの町の人全員について、この政党の支持率が p であるとすると、ランダムに調査した 100 人のうち 15 人が支持する確率は概ね

$$_{100}C_{15} p^{15} (1-p)^{85}$$

となる．この支持率 p について検討することとした．100 人中 15 人が支持をするという現象が最も起こりやすい p を求めよ．つまり，上記の確率が最大となる p を求めよ．

（ヒント：上記の関数を直接考えるのではなく，対数を取ったものについて最大となる p を求めた方が簡単である.）

{ 第 9 章 }

積分

積分は，関数が表す領域の面積，関数の累積量，確率の計算等に使われる重要な計算法である．ここでは，様々な積分の計算法について紹介する．

▶ 9.1 原始関数とは

原始関数とは微分の逆の操作をしたものであり，次のように定義される．

定義 9.1

関数 $f(x)$ の**原始関数**とは

$$F'(x) = f(x)$$

を満たす関数 $F(x)$ のことである．

なぜこのような関数を考えるかは後述することとし，ここでは原始関数の計算法について紹介する．微分の定義より定数 C の微分は $(C)' = 0$ となる．よって，関数 $f(x)$ の原始関数の 1 つを $F(x)$ とすると，$(F(x) + C)' = F'(x) = f(x)$ となるので，$F(x) + C$ も $f(x)$ の原始関数となる．逆に，$F(x)$ と $G(x)$ がともに $f(x)$ の原始関数であるとき，$F(x)$ と $G(x)$ の差は定数のみとなる．

よって，$f(x)$ の原始関数 $F(x)$ が一つ得られたとき，$f(x)$ のすべての原始関数は $F(x) + C$ という形で表すことができ，これを $\int f(x)dx$ と表す（定数 C を積

分定数という）．また，微分の性質より原始関数について次の定理が示せる．

> **定理 9.1**
>
> 関数 $f(x)$ と $g(x)$ に対し，次が成り立つ．
>
> 1. $\int af(x)dx = a\int f(x)dx$ （a は定数)
> 2. $\int(f(x)+g(x))dx = \int f(x)dx + \int g(x)dx$
> 3. $\int(f(x)-g(x))dx = \int f(x)dx - \int g(x)dx$

表 8.1 の微分の一覧より，次の原始関数の一覧が得られる（原始関数を微分すると，1 段目の関数になることが確認できる）．

表 9.1　原始関数の一覧（積分定数は省略）

$f(x)$	$x^k\ (k\neq -1)$	$1/x$	e^x	a^x
$\int f(x)dx$	$\dfrac{1}{k+1}x^{k+1}$	$\log|x|$	e^x	$\dfrac{1}{\log a}a^x$

$f(x)$	$\sin x$	$\cos x$	$\dfrac{1}{\cos^2 x}$	$\dfrac{1}{\sqrt{1-x^2}}$	$-\dfrac{1}{\sqrt{1-x^2}}$	$\dfrac{1}{1+x^2}$
$\int f(x)dx$	$-\cos x$	$\sin x$	$\tan x$	$\mathrm{Arcsin}\, x$	$\mathrm{Arccos}\, x$	$\mathrm{Arctan}\, x$

例 9.1

$$\int 3dx = 3x + C$$

$$\int (3x^3 + 2x)dx = 3\int x^3 dx + 2\int x dx$$

$$= \frac{3}{4}x^4 + x^2 + C$$

$$\int \frac{x^2+3}{x}dx = \int x dx + 3\int x^{-1}dx$$

$$= \frac{1}{2}x^2 + 3\log|x| + C$$

$$\int (e^x + \sqrt{x})dx = \int e^x dx + \int x^{1/2}dx$$

$$= e^x + \frac{2}{3}x^{3/2} + C$$

$$\int (\sin x + \sqrt{3}\cos x)dx = \int \sin x dx + \sqrt{3}\int \cos x dx$$
$$= -\cos x + \sqrt{3}\sin x + C$$

（C はすべて積分定数である）

9.2 定積分と原始関数

まず，定積分の定義について説明する．

定義 9.2

連続関数 $f(x)$ の $x=a$ から $x=b$ の**定積分**（ただし，$a<b$）とは，$x=a$ から $x=b$ の範囲において，$f(x)$ と x 軸で囲まれた範囲の面積のことである．ただし，$f(x)>0$ の範囲の面積は正，$f(x)<0$ の範囲の面積は負として計算する．この面積（定積分）を $\int_a^b f(x)dx$ と表す．$f(x)$ を被積分関数といい，dx の d の横にある変数を積分変数という（定積分では，積分変数のみを変数とみなして積分を行う）．また，$\int_b^a f(x)dx = -\int_a^b f(x)dx$ と定義する．

たとえば，図 9.1 において，$x=a$ から $x=b$ の範囲で $f(x)>0$ の範囲の面積は A, B であり，$f(x)<0$ の範囲の面積は C である．よって，$f(x)$ の $x=a$ から $x=b$ の定積分は，

$$\int_a^b f(x)dx = A + B - C$$

となる．また，不連続な点が有限個の関数 $f(x)$ における定積分は，連続な部分の定積分の和として定義する．たとえば，$x=a$ から $x=b$ の定積分（ただし，$a<b$）を考える場合，$x=c$ で関数 $f(x)$ が不連続であるとする（ただし，$a<c<b$）．このとき，$\int_a^b f(x)dx = \int_a^c f(x)dx + \int_c^b f(x)dx$ として定積分を定義する．

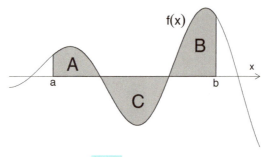

図 9.1 定積分の例

例 9.2 $\int_1^7 (0.5x - 1.5)dx$ について考える．この被積分関数 $0.5x - 1.5$ は，$x = 1$ から $x = 3$ の範囲で負，$x = 3$ から $x = 7$ の範囲で正となる（図 9.2 参照）．それぞれの範囲の面積は，$(2 \times 1)/2 = 1$，$(4 \times 2)/2 = 4$ なので，

$$\int_1^7 (0.5x - 1.5)dx = 4 - 1 = 3$$

となる．

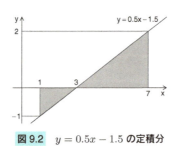

図 9.2 $y = 0.5x - 1.5$ の定積分

例 9.2 のように 1 次式の定積分であれば簡単に求められるが，1 次式以外の定積分はどのように求めればよいだろうか．一般的な関数の定積分を計算するには次の定理が用いられる．

> **定理 9.2**
>
> 関数 $f(x)$ の原始関数を $F(x)$ とする．このとき，$f(x)$ の $x = a$ から $x = b$ の定積分は
>
> $$\int_a^b f(x)dx = F(b) - F(a) \ (= [F(x)]_a^b と表す．)$$
>
> として計算される．

例 9.3 $f(x) = 0.5x - 1.5$ の $x = 1$ から $x = 7$ での積分を定理 9.2 を用いて計算すると，

$$\begin{aligned}\int_1^7 (0.5x - 1.5)dx &= \left[\frac{1}{4}x^2 - \frac{3}{2}x\right]_1^7 \\ &= \left(\frac{1}{4} \times 7^2 - \frac{3}{2} \times 7\right) - \left(\frac{1}{4} - \frac{3}{2}\right) \\ &= \frac{7}{4} + \frac{5}{4} \\ &= 3\end{aligned}$$

となり，例 9.2 の結果と一致する．

例 9.4

$$\begin{aligned}\int_0^2 2e^x dx &= [2e^x]_0^2 \\ &= 2e^2 - 2\end{aligned}$$

（グラフについては図 9.3 参照）

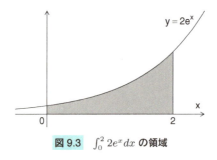

図 9.3 $\int_0^2 2e^x dx$ の領域

以下では,様々な積分の性質について説明する.

定理 9.3

関数 $f(x)$ が偶関数とする(つまり,$f(x) = f(-x)$ とする).このとき,

$$\int_{-a}^{a} f(x)dx = 2\int_0^a f(x)dx$$

となる.また,関数 $g(x)$ が奇関数とする(つまり,$g(x) = -g(-x)$ とする).このとき,

$$\int_{-a}^{a} g(x)dx = 0$$

となる.

定理 9.4

関数 $f(x)$ と $g(x)$ に対し,区間 $[a,b]$ 上で $f(x) \geq g(x)$ が成り立つとき,$\int_a^b (f(x) - g(x))dx$ は $x = a, x = b, f(x), g(x)$ で囲まれた部分の面積を表す(図 9.4 参照).

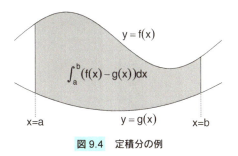

図 9.4 定積分の例

定理 9.5

定積分について，次の 3 つの性質が成り立つ．

1. 関数 $f(x)$ に対し，

$$\int_a^b f(x)dx + \int_b^c f(x)dx = \int_a^c f(x)dx$$

が成り立つ．また，$\int_a^a f(x)dx = 0$ であることから，$\int_a^b f(x)dx = -\int_b^a f(x)dx$ となる．

2. 関数 $f(x)$ に対し，

$$\left|\int_a^b f(x)dx\right| \leq \int_a^b |f(x)|dx$$

が成り立つ．

3. 関数 $f(x)$ が区間 $[a,b]$ 上で $f(x) \geq 0$ とすると，

$$\int_a^b f(x)dx \geq 0$$

が成り立つ（$f(x)$ が連続関数の場合，積分の等号が成立するのは，$f(x)$ が $[a,b]$ 上で常に 0 であるときのみである）．また，連続関数 $f(x), g(x)$ が区間 $[a,b]$ 上で $f(x) \geq g(x)$ とすると，

$$\int_a^b f(x)dx \geq \int_a^b g(x)dx$$

が成り立つ（$f(x), g(x)$ が連続関数の場合，積分の等号が成立するのは，$[a,b]$ 上で常に $f(x) = g(x)$ であるときのみである）．

証明

1. $a \leq b \leq c$ であれば，定積分の定義より明らか．また，$a \leq b$ に対し，$\int_a^b f(x)dx = -\int_b^a f(x)dx$ であることを用いると，a,b,c が様々な関係にある場合も証明できる．

2. $x = a$ から $x = b$ の範囲で，$f(x)$ と x 軸との間の面積のうち，x 軸より上のものを A，x 軸より下のものを B とすると，

$$\left| \int_a^b f(x)dx \right| = |A - B|$$

$$\int_a^b |f(x)|dx = A + B$$

となる．また，$|A - B| \leq A + B$ より，

$$\left| \int_a^b f(x)dx \right| \leq \int_a^b |f(x)|dx$$

が成り立つ．

3. 定積分の定義より明らか． ∎

定理 9.6

関数 $f(x)$ について，定積分 $\int_a^b f(x)dx$ は

$$\int_a^b f(x)dx = \lim_{n \to \infty} \sum_{i=1}^n \frac{b-a}{n} f\left(a + (b-a)\frac{i}{n} \right)$$

としても計算される．この右辺は**リーマン和**と言われる．

> **注** リーマン和は，区間 $[a,b]$ を n 等分し，それぞれの区間で x 軸と $f(x)$ で囲まれる領域の面積を長方形で近似したものである．

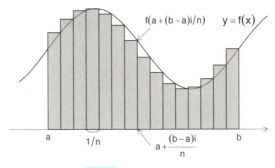

図 9.5 リーマン和の例

➤ 9.3 部分積分と置換積分

複雑な関数の積分を行う計算法として，部分積分と置換積分について紹介する．

定理 9.7

関数 $f(x), g(x)$ が区間 (a, b) 上で微分可能とする．このとき，次が成り立つ．

$$\int_a^b f'(x)g(x)dx = [f(x)g(x)]_a^b - \int_a^b f(x)g'(x)dx$$

この式変形を **部分積分** という．

また，関数 $f(x)$ の原始関数を $F(x)$ としたとき，

$$\int_a^b f(x)g(x)dx = [F(x)g(x)]_a^b - \int_a^b F(x)g'(x)dx$$

である．

証明 積の微分の公式より，

$$(f(x)g(x))' = f'(x)g(x) + f(x)g'(x)$$

なので，$f(x)g(x)$ は $f'(x)g(x) + f(x)g'(x)$ の原始関数である．よって，

$$\int_a^b (f'(x)g(x) + f(x)g'(x))dx = [f(x)g(x)]_a^b$$
$$\int_a^b f'(x)g(x)dx + \int_a^b f(x)g'(x)dx = [f(x)g(x)]_a^b$$
$$\int_a^b f'(x)g(x)dx = [f(x)g(x)]_a^b - \int_a^b f(x)g'(x)dx$$

となる． ■

例 9.5

$$\begin{aligned}
\int_0^2 xe^x dx &= \int_0^2 x(e^x)' dx \\
&= [xe^x]_0^2 - \int_0^2 (x)' e^x dx \\
&= 2e^2 - \int_0^2 e^x dx \\
&= 2e^2 - [e^x]_0^2 \\
&= e^2 + 1
\end{aligned}$$

この例のように，積分を行っても複雑にならない関数と，微分した方が簡単になる関数の積であれば，部分積分を使うことで積分を計算することができる．

例 9.6

$$\begin{aligned}
\int_1^2 \log x dx &= \int_1^2 (x)' \log x dx \\
&= [x \log x]_1^2 - \int_1^2 x(\log x)' dx \\
&= 2\log 2 - \int_1^2 1 dx \\
&= 2\log 2 - [x]_1^2 \\
&= 2\log 2 - 1
\end{aligned}$$

この例のように，対数関数は微分した方が簡単になるので，多項式と対数関数の積であれば，部分積分を使うことで積分を計算することができる．

> **定理 9.8**
>
> 区間 $[a,b]$ 上で関数 $f(x)$ の定積分を考える．このとき，関数 $g(t)$ が単調かつ，$a = g(\alpha), b = g(\beta)$ とする．このとき，$x = g(t)$ とすることで次が成り立つ．
>
> $$\int_a^b f(x)dx = \int_\alpha^\beta f(g(t))\frac{dx}{dt}dt = \int_\alpha^\beta f(g(t))g'(t)dt$$
>
> 一方，$\int_a^b f(h(x))dx$ に対して，$t = h(x)$ という変形を行う場合は
>
> $$\int_a^b f(h(x))dx = \int_{h(a)}^{h(b)} f(t)\frac{1}{dt/dx}dt = \int_{h(a)}^{h(b)} f(t)\frac{1}{h'(h^{-1}(t))}dt$$
>
> となる．これらの式変形を**置換積分**という．

証明 $f(x)$ の原始関数を $F(x)$ とする（つまり，$F'(x) = f(x)$ とする）．すると，合成関数の微分より，

$$(F(g(t)))' = F'(g(t))g'(t) = f(g(t))g'(t)$$

であることから

$$\begin{aligned}\int_\alpha^\beta f(g(t))g'(t)dt &= \int_\alpha^\beta F'(g(t))g'(t)dt \\ &= [F(g(t))]_\alpha^\beta \\ &= F(g(\beta)) - F(g(\alpha)) \\ &= F(b) - F(a) \\ &= [F(x)]_a^b \\ &= \int_a^b f(x)dx\end{aligned}$$

となり，置換積分が成り立つ．一方，$\int_a^b f(h(x))dx$ に対して，$t = h(x)$ という変形をするときは $x = h^{-1}(t)$ として上記の式を使うことで

$$\int_a^b f(h(x))dx = \int_{h(a)}^{h(b)} f(t)\frac{1}{h'(h^{-1}(t))}dt$$

が得られる. ■

　関数 $f(x)$ について $x = g(t)$ として積分する際，なぜ $g'(t)$ が必要となるのか図形的にイメージしてみる．ここで，関数 $f(x)$ を区間 $[0, 10]$ で積分することを考える．$x = 2t$ とし $f(x)$ のグラフと $f(2t)$ のグラフを考えると，後者は前者のグラフを x 軸方向に半分に圧縮したグラフとなる．つまり，面積も半分となるため，$\int_0^{10} f(x)dx = 2\int_0^5 f(2t)dt$ という関係が成り立つ．よって，積分変数に定数を掛けただけの変換であれば，積分したものに定数を掛けるだけでよい．複雑な変換 $x = g(t)$ を考える場合は，局所的に定数倍とみなすため微分 $g'(t)$ を掛けるという操作となる．

例 9.7 $\int_2^3 (2x-4)^3 dx$ の計算を行う．ここで，$t = 2x - 4$ とおくと，$x : 2 \to 3$ のとき，$t : 0 \to 2$ である．また，$\dfrac{dt}{dx} = 2$ となる（つまり，積分変数が形式的に $dx = dt/2$ と変形できると考えても差支えない）．よって，

$$\begin{aligned}\int_2^3 (2x-4)^3 dx &= \int_0^2 \frac{1}{2}t^3 dt \\ &= \frac{1}{8}[t^4]_0^2 \\ &= 2\end{aligned}$$

となる．ただし，このケースでは $(2x-4)^3$ の積分が $(2x-4)^4/8$ であることが分かっていれば，

$$\int_2^3 (2x-4)^3 dx = \frac{1}{8}[(2x-4)^4]_2^3 = 2$$

と部分積分を行わなくても計算できる．

例 9.8 $\int_0^2 3x^2 e^{x^3} dx$ の計算を行う。ここで、$t = x^3$ とおくと、$x : 0 \to 2$ のとき、$t : 0 \to 8$ である。また、$\dfrac{dt}{dx} = 3x^2$ となる（つまり、積分変数が形式的に $dx = dt/(3x^2)$ と変形できると考えても差支えない）。よって、

$$\int_0^2 3x^2 e^{x^3} dx = \int_0^8 3x^2 e^t \frac{1}{3x^2} dt$$
$$= \int_0^8 e^t dt$$
$$= [e^t]_0^8$$
$$= e^8 - 1$$

となる。

注 e^x は $\exp(x)$ とも表記される。また、積分でよくある間違いとして、合成関数の微分から $\{\exp(f(x))\}' = f'(x)\exp(f(x))$ となるので、$\exp(f(x))$ の積分を $\exp(f(x))/f'(x)$ としてしまうことである。これは合成関数の微分を行う際に、$f'(x)$ が出てくるのでそれを消すように逆数を掛けておくという考えから来ていると思われるが、逆に $\exp(f(x))/f'(x)$ を微分すると、$\exp(f(x)) + (1/f'(x))' \exp(f(x))$ という形となり、第2項のような余計なものが出てきてしまう。積分を行う場合は、逆に微分して元に戻るかどうかを確認したほうがよい。

9.4 広義積分

前節まで定積分は区間 $[a, b]$ 上で考えていたが、本節では図 9.6 の左図のように、$x = 0$ で定義できない関数について $x = 0$ から $x = 2$ までの面積を考えたり、図

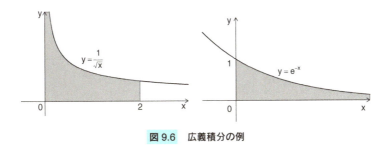

図 9.6　広義積分の例

9.6 の右図のように，$x = 0$ から $x \to \infty$ までの面積を考えたりする．これらのような場合は広義積分を考える必要がある．

> **定義 9.3**
>
> 関数 f の区間 $(a, b]$ 上での定積分を考える．ただし，$f(x)$ は $x = a$ で定義されていないとする．ここで，
>
> $$\lim_{x \to a} \int_x^b f(t)dt$$
>
> が存在するとき，この極限を $f(x)$ の $x = a$ から $x = b$ での広義積分といい，通常の定積分と同様に $\int_a^b f(x)dx$ と表す．また，関数 f の区間 $[a, \infty)$ での定積分については，
>
> $$\lim_{x \to \infty} \int_a^x f(t)dt$$
>
> が存在するとき，この極限を $f(x)$ の $x = a$ から $x = \infty$ での**広義積分**といい，$\int_a^\infty f(x)dx$ と表す．

例 9.9 図 9.6 の左図の広義積分については，

$$\int_0^2 \frac{1}{\sqrt{x}}dx = \int_0^2 x^{-1/2}dx$$
$$= [2x^{1/2}]_0^2$$
$$= 2\sqrt{2}$$

と計算される．

例 9.10 図 9.6 の右図の広義積分については，

$$\int_0^\infty e^{-x}dx = [-e^{-x}]_0^\infty$$
$$= -(\lim_{x \to \infty} e^{-x} - e^0)$$
$$= 1$$

と計算される．

上記の例のように，広義積分を計算する場合でも，その値を直接代入して計算すればよい．ただし，広義積分を計算する場合は，その値が発散することもある．広義積分の収束，発散については次の定理がある．

定理 9.9

関数 $f(x)$ が非負の関数であるとする．このとき，区間 $[a, \infty)$ 上で $f(x) \geq g(x)$ かつ $\int_a^\infty g(x)dx = \infty$ となる関数 $g(x)$ が存在する場合，$\int_a^\infty f(x)dx$ も発散する．また，区間 $[a, \infty)$ 上で $f(x) \leq g(x)$ かつ $\int_a^\infty g(x)dx < \infty$ となる関数 $g(x)$ が存在する場合，$\int_a^\infty f(x)dx$ もある値に収束する．

▶ 第 9 章　練習問題

9.1 時速 100 km（秒速 278 m）で走っている車に一定の力で急ブレーキをかけ，止まるまで 2 秒かかった．このとき，止まるまでに走った距離は

$$\int_0^2 (278 - 139t)dt$$

で計算される．この積分を求めよ．

9.2 あるアミューズメントストアでは，気温が上がると来客数が減る傾向があることが分かっている．気温が 20 度のときの週末の単位時間あたりの来客数は平均 $1000 - 10(t-4)^2$（人）である（t はオープン後の時間（$0 \leq t \leq 10$）である）．また，次の週末の気温の変動から，時刻 t において来客数が $\frac{1}{5}\sin(\pi t/12 - \pi/3)$ 程減ると想定されている．以上のことから，次の週末の総来客数は

$$\int_0^{10} \{200 - 2(t-4)^2\}(1 - \sin(\pi t/12 - \pi/3))dt$$

と考えられる．この積分を計算せよ．

9.3 多くの自然現象に関連する確率分布である標準正規分布に従う確率変数の平均は

$$\int_{-\infty}^{\infty} \frac{x}{\sqrt{2\pi}} e^{-x^2/2} dx$$

で計算される（14.5 節参照）．この広義積分を計算せよ．

{ 第10章 }

偏微分

偏微分とは,多変数関数に関する増加の程度を計算する手法である.ここでは,偏微分の直感的なイメージ,様々な偏微分の計算法および応用について紹介する.

▶ 10.1 偏微分と方向微分

偏微分について説明する前に,まずは偏微分が対象とする多変数関数と一変数関数の違いについて説明する.

一変数関数は,一つの変数 x によって一つの値 $f(x)$ が定められるルールのことである.一方,多変数関数とは二つ以上の変数 $x_1, \ldots, x_n$ によって一つの値 $f(x_1, \ldots, x_n)$ が定められるルールであり,特に,二変数関数とは二つの変数 x, y によって一つの値 $f(x, y)$ が定められるルールである.一変数関数のグラフは図 10.1 の左図のように曲線で表されるが,二変数関数のグラフは図 10.1 の右図のように曲面で表される.

一変数関数において,微分とは関数の増加の程度を表すものであった.では,二変数関数において微分をどのように考えればよいだろうか.曲面の場合,ある点において増加する向きと減少する向きをあわせ持つ場合もありえる.そのため,特定の向きに限定したうえで増加の程度を考えることとする.

そこで,曲面について特定の方向についての断面を考える.すると,曲面の断面は曲線となるので,一変数と同様に微分を計算することが可能となる.図 10.2 は,

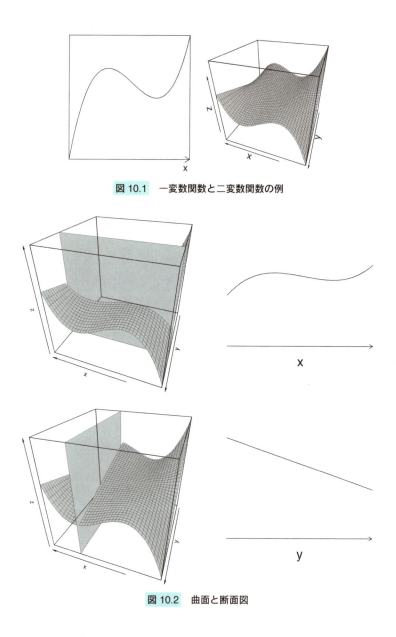

図 10.1　一変数関数と二変数関数の例

図 10.2　曲面と断面図

図 10.1 の右図の関数のある点において，x 軸と平行な方向と y 軸に平行な方向に関する断面を考えたものである（上段は x 軸と平行な方向に関する断面，下段は y 軸に平行な方向に関する断面である）．

このように，x 軸方向と平行な方向に関する曲線，y 軸方向と平行な方向に関する曲線についての微分を次のように考える．

定義 10.1

二変数関数 $f(x,y)$ について，$(x,y) = (a,b)$ での x に関する**偏微分**は，

$$\frac{\partial f}{\partial x}(a,b)(= f_x(a,b)) = \lim_{h \to 0} \frac{f(a+h,b) - f(a,b)}{h}$$

と定義され，y に関する偏微分は

$$\frac{\partial f}{\partial y}(a,b)(= f_y(a,b)) = \lim_{h \to 0} \frac{f(a,b+h) - f(a,b)}{h}$$

と定義される．これらの極限が存在するとき，それぞれ $f(x,y)$ は $(x,y) = (a,b)$ で x に関して偏微分可能，y に関して偏微分可能という．また，$f(x,y)$ の各点での x に関する偏微分を表す関数

$$\frac{\partial f}{\partial x}(x,y)(= f_x(x,y)) = \lim_{h \to 0} \frac{f(x+h,y) - f(x,y)}{h}$$

を $f(x,y)$ の x に関する**偏導関数**といい，$f(x,y)$ の各点での y に関する偏微分を表す関数

$$\frac{\partial f}{\partial y}(x,y)(= f_y(x,y)) = \lim_{h \to 0} \frac{f(x,y+h) - f(x,y)}{h}$$

を $f(x,y)$ の y に関する偏導関数という．

注 $f(x,y)$ を x で偏微分するとき，y については一定であるので，y を定数とみなし x のみの関数として微分を行う．また，y で偏微分するときは，x を定数とみなし y のみの関数として微分を行う．

例 10.1 次の二変数関数 $f(x,y)$ について，x に関する偏導関数 $f_x(x,y)$ と y に関する偏導関数 $f_y(x,y)$ を求める．

1. $f(x,y) = 3x^2 + xy^2 + y^3$
   x に関する偏導関数を考えるときは，y を定数とみなすので，$f_x(x,y) = 6x + y^2$ となる．同様に y に関する偏導関数は

$f_y(x, y) = 2xy + 3y^2$ となる．

2. $f(x, y) = xy \cos y$

   x に関する偏微分を考えるときは，$y \cos y$ は定数とみなすので，$f_x(x, y) = y \cos y$ となる．また，y に関する偏微分を考えるとき，積の微分となるので，$f_y(x, y) = x \cos y - xy \sin y$ となる．

3. $f(x, y) = e^{x^2 + 3y}$

   合成関数の微分を用いると，x に関する偏微分は $f_x(x, y) = 2xe^{x^2+3y}$ となり，y に関する偏微分は $f_y(x, y) = 3e^{x^2+3y}$ となる．

特定の方向の微分を考える際，x 軸方向と y 軸方向の微分を考えるのみでは不十分である．そこで，次に任意の方向 $\boldsymbol{u} = (\alpha, \beta)$ についての微分を考える．この $\boldsymbol{u}$ 方向への偏微分（方向微分）は次のように計算される．

定理 10.1

二変数関数 $f(x, y)$ の $(x, y) = (a, b)$ での $\boldsymbol{u} = (\alpha, \beta)(\neq (0, 0))$ 方向の偏微分 $f_{\boldsymbol{u}}(a, b)$ は

$$f_{\boldsymbol{u}}(a, b) = \lim_{h \to 0} \frac{f(a + h\alpha, b + h\beta) - f(a, b)}{h}$$
$$= \alpha f_x(a, b) + \beta f_y(a, b)$$

となる．

注 $(1, 0)$ 方向への偏微分は x に関する偏微分，$(0, 1)$ 方向への偏微分は y に関する偏微分である．また，任意の方向 $\boldsymbol{u} = (\alpha, \beta)$ への微分を考える際，$|\boldsymbol{u}| = \sqrt{\alpha^2 + \beta^2} = 1$ とした方が断面でのグラフの微分としてイメージしやすい．

$f(x, y)$ の $(x, y) = (a, b)$ での x 方向への偏微分と y 方向への偏微分から成るベクトル $(f_x(a, b), f_y(a, b))$ を $f(x, y)$ の $(x, y) = (a, b)$ での勾配 (gradient) という．勾配は，$f(x, y)$ が $(x, y) = (a, b)$ において最も急速に増大する方向を表す．

例 10.2 二変数関数 $f(x,y) = x^2 + xy + x + \sqrt{3}y$ について，原点で最も増加スピードが速い方向を考える．この関数の x と y に関する偏微分は $f_x(x,y) = 2x + y + 1, f_y(x,y) = x + \sqrt{3}$ なので，$f_x(0,0) = 1, f_y(0,0) = \sqrt{3}$ である．また，原点における任意の方向 $\boldsymbol{u} = (\cos\theta, \sin\theta)$ での偏微分は $f_{\boldsymbol{u}}(0,0) = \cos\theta + \sqrt{3}\sin\theta = 2\sin(\theta + \pi/6)$ となり，これは $\theta = \pi/3$ のときに最大となる．よって，$f(x,y)$ は原点において，$(1/2, \sqrt{3}/2) = (f_x(0,0), f_y(0,0))/2$ の方向の増加スピードが最も速い．

ここまで，二変数関数について特定の方向での断面を考えてきたが，平面上の断面に限定する必要は無い．そこで次は特定の曲線方向に関して断面を考えることとする．つまり，xy 平面上の曲線を $(g(t), h(t))$ で表し，二変数関数 $f(x,y)$ の $(x,y) = (g(t), h(t))$ 上での断面を考える．このとき，この断面の関数は $f(g(t), h(t))$ と表せる（図 10.3）．

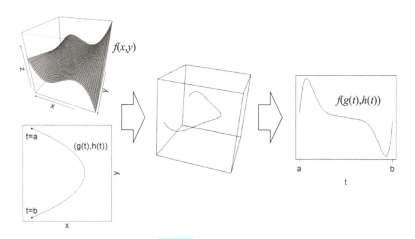

図 10.3 曲線上の断面

この関数 $f(g(t), h(t))$ の微分は次のように得られる．

定理 10.2

二変数関数 $f(x,y)$ について，xy 平面上の曲線 $(g(t), h(t))$ 上での微分は

$$(f(g(t), h(t)))' = f_x(g(t), h(t))g'(t) + f_y(g(t), h(t))h'(t)$$

となる．

例 10.3

二変数関数 $f(x,y) = x^3 \sin y$ について，$(x,y) = (2\sin t, e^t)$ での微分を考える．このとき，$f_x(x,y) = 3x^2 \sin y, f_y(x,y) = x^3 \cos y$ であり，$(2\sin t)' = 2\cos t, (e^t)' = e^t$ であるので，

$$\begin{aligned}(f(2\sin t, e^t))' &= f_x(2\sin t, e^t) \times 2\cos t + f_y(2\sin t, e^t) \times e^t \\ &= 12 \sin^2 t \sin e^t \times 2\cos t + 8\sin^3 t \cos e^t \times e^t \\ &= 24\sin^2 t \cos t \sin e^t + 8e^t \sin^3 t \cos e^t\end{aligned}$$

となる．この公式を使用しなくても，

$$f(2\sin t, e^t) = 8\sin^3 t \sin e^t$$

であるので

$$\begin{aligned}(f(2\sin t, e^t))' &= (8\sin^3 t \sin e^t)' \\ &= 24\sin^2 t \cos t \sin e^t + 8e^t \sin^3 t \cos e^t\end{aligned}$$

となり，上記の結果と一致する．どちらで計算してもよいが，一般に，$f(x,y)$ が複雑な場合や，$x = h(t), y = g(t)$ が複雑な場合は合成関数の微分の公式を使った方が楽なことが多い．

▶ 10.2 偏微分の応用

10.2.1 高階微分と極値

一変数関数のときと同様に，偏導関数の偏微分を考えることで，2 階偏微分，3 階

偏微分等の高階微分が定義できる．まず，記号の定義として，$f_x(x,y)$ について x で偏微分した偏導関数を $f_{xx}(x,y)$ または，$\dfrac{\partial^2 f(x,y)}{\partial x^2}$ とし，y で偏微分した偏導関数を $f_{xy}(x,y)$ または，$\dfrac{\partial^2 f(x,y)}{\partial y \partial x}$ と表す（f の右下に変数を書くときは，f に近い方から微分し，∂ で表す際には右側に記載した変数から微分する）．

例 10.4 二変数関数 $f(x,y) = x^3 + 2x^2 y - 3y^2 + \cos x$ について，2 階偏導関数を考える．まず，偏導関数は

$$f_x(x,y) = 3x^2 + 4xy - \sin x$$
$$f_y(x,y) = 2x^2 - 6y$$

となる．よって，2 階偏導関数は

$$f_{xx}(x,y) = \frac{\partial f_x(x,y)}{\partial x} = 6x + 4y - \cos x$$
$$f_{xy}(x,y) = \frac{\partial f_x(x,y)}{\partial y} = 4x$$
$$f_{yx}(x,y) = \frac{\partial f_y(x,y)}{\partial x} = 4x$$
$$f_{yy}(x,y) = \frac{\partial f_y(x,y)}{\partial y} = -6$$

となる．

注 一部の例外を除き，$f_{xy}(x,y) = f_{yx}(x,y)$ が成り立つ．

次に，二変数関数の極値について考える．一変数関数において極値とは，図 10.4 のようにまわりより小さい点やまわりより大きい点のことである．

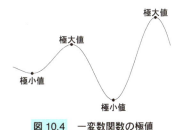

図 10.4 一変数関数の極値

一方，二変数関数においては図 10.5 の谷の底のような点 $f(x,y)$ を**極小値**，山の頂上のような点 $f(x,y)$ を**極大値**という．

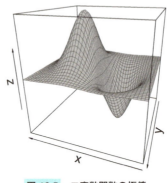

図 10.5 二変数関数の極値

ここで，$f(x,y)$ が $(x,y) = (a,b)$ で極小値を持つとき，$f(x,y)$ について $(x,y) = (a,b)$ を通る全ての方向の断面の曲線で極小値となり，$(x,y) = (c,d)$ で極大値を持つとき，$f(x,y)$ について $(x,y) = (c,d)$ を通る全ての方向の断面の曲線で極大値となる．このことから，次の定理が成り立つ．

定理 10.3

二変数関数 $f(x,y)$ が $(x,y) = (a,b)$ で極値を持つならば，$f_x(a,b) = f_y(a,b) = 0$ が成り立つ．

> 注 $f_x(a,b) = f_y(a,b) = 0$ であるからといって $f(x,y)$ が $(x,y) = (a,b)$ で極値を持つとは限らない．つまり，$f_x(a,b) = f_y(a,b) = 0$ の解はあくまで極値の候補であり，それらの点が極値かどうかを調べるにはさらなる検討が必要である．

極値の候補が極値か否かを調べるために，次の定理が用いられる．

定理 10.4

二変数関数 $f(x,y)$ について $(x,y) = (a,b)$ が極値の候補であるとする．つまり，$f_x(a,b) = f_y(a,b) = 0$ であるとする．このとき，次のような行列

$$H = \begin{pmatrix} f_{xx}(a,b) & f_{xy}(a,b) \\ f_{yx}(a,b) & f_{yy}(a,b) \end{pmatrix}$$

の行列式 $|H|$ について，$|H| > 0$ であれば，$(x,y) = (a,b)$ で極値を持ち，$|H| < 0$ であれば，$(x,y) = (a,b)$ で極値を持たない．また，$|H| > 0$ かつ，$f_{xx}(a,b) > 0$ であれば $(x,y) = (a,b)$ で極小値を持ち，$|H| > 0$ かつ，$f_{xx}(a,b) < 0$ であれば $(x,y) = (a,b)$ で極大値を持つ．$|H| = 0$ のときは，$(x,y) = (a,b)$ で極値を持つかどうかは不明である．

ここで出てきた全ての2階偏微分を成分に持つ行列 H を**ヘッセ行列**，行列式 $|H|$ を**ヘシアン**という．

注 この定理の結果は，極値の候補についてすべての方向への方向微分を調べ，極小値となっているか，または極大値となっているかを確認することから得られる．また，三変数以上の場合は行列式を使った簡単な判別法はなく，ヘッセ行列 H の全ての固有値が正か（または負か）を調べる必要がある．

例 10.5

1. $f(x,y) = x^2 + xy - 3x + y^2 - 3y$ とする．このとき，$f_x(x,y) = 2x + y - 3, f_y(x,y) = x + 2y - 3$ であるので，$f_x(x,y) = f_y(x,y) = 0$ を解くと，$(x,y) = (1,1)$ となる．

   また，$f_{xx}(x,y) = 2, f_{xy}(x,y) = 1, f_{yy}(x,y) = 2$ であるので，$(x,y) = (1,1)$ において，$|H| = 4 - 1^2 = 3 > 0$ であり極値を持つ．さらに，$f_{xx}(1,1) = 2 > 0$ であるので，$(x,y) = (1,1)$ において，$f(x,y)$ は極小値 -3 を持つ．

2. $f(x,y) = x^3 + 2xy + y^2 - x$ とする．このとき，$f_x(x,y) = 3x^2 + 2y - 1, f_y(x,y) = 2x + 2y$ であるので，$f_x(x,y) = f_y(x,y) = 0$ を解くと，$(x,y) = (-1/3, 1/3), (1, -1)$ となる．

   また，$f_{xx}(x,y) = 6x, f_{xy}(x,y) = 2, f_{yy}(x,y) = 2$ であるので，$|H| = 12x - 4$ である．$(x,y) = (-1/3, 1/3)$ のときは $|H| = -8 < 0$ なので，極値を持たない．$(x,y) = (1, -1)$ のときは $|H| = 8 > 0$ なので，極値を持つ．さらに，$f_{xx}(1,-1) = 6 > 0$ であるので，$(x,y) = (1,-1)$ において，

$f(x, y)$ は極小値 -1 を持つ．

10.2.2 数値最適化（ニュートン・ラフソン法）

二変数関数 $f(x, y)$ について，ある点 $(x, y) = (a, b)$ における $f(a, b)$ と $f(x, y)$ の差について考える．(x, y) と (a, b) を連続的につなぐ直線 $(g(t), h(t)) = (a + (x - a)t, b + (y - b)t)$ を考えると，$(g(0), h(0)) = (a, b)$，$(g(1), h(1)) = (x, y)$ となる．ここで，8.3.2 項のテイラー展開の 1 次の項までの近似を考えると，

$$\begin{aligned}
f(g(t), h(t)) &\doteqdot f(g(0), h(0)) + (f(g(t), h(t)))'_{t=0} t \\
&= f(a, b) + f_x(g(0), h(0))g'(0)t + f_y(g(0), h(0))h'(0)t \\
&= f(a, b) + f_x(a, b)(x - a)t + f_y(a, b)(y - b)t
\end{aligned}$$

となる．ここで，$t = 1$ とすることで，

$$f(x, y) \doteqdot f(a, b) + f_x(a, b)(x - a) + f_y(a, b)(y - b)$$

という近似式が得られる．この近似式を使い，二変数関数 $f(x, y)$ の極値を数値的に求めるアルゴリズムを考える．

ある点 (x_n, y_n) に基づいて (x_{n+1}, y_{n+1}) を求めるとき，(x_{n+1}, y_{n+1}) が極値となる点であることが望ましい．そこで，$f(x, y)$ が $(x, y) = (x_{n+1}, y_{n+1})$ で極値が得られているとする（つまり，$f_x(x_{n+1}, y_{n+1}) = f_y(x_{n+1}, y_{n+1}) = 0$ とする）．ここで，先ほどの近似式を用いることで，

$$\begin{aligned}
\begin{pmatrix} 0 \\ 0 \end{pmatrix} &= \begin{pmatrix} f_x(x_{n+1}, y_{n+1}) \\ f_y(x_{n+1}, y_{n+1}) \end{pmatrix} \\
&\approx \begin{pmatrix} f_x(x_n, y_n) + f_{xx}(x_n, y_n)(x_{n+1} - x_n) + f_{xy}(x_n, y_n)(y_{n+1} - y_n) \\ f_y(x_n, y_n) + f_{yx}(x_n, y_n)(x_{n+1} - x_n) + f_{yy}(x_n, y_n)(y_{n+1} - y_n) \end{pmatrix} \\
&= \begin{pmatrix} f_x(x_n, y_n) \\ f_y(x_n, y_n) \end{pmatrix} + \begin{pmatrix} f_{xx}(x_n, y_n) & f_{xy}(x_n, y_n) \\ f_{yx}(x_n, y_n) & f_{yy}(x_n, y_n) \end{pmatrix} \begin{pmatrix} x_{n+1} - x_n \\ y_{n+1} - y_n \end{pmatrix}
\end{aligned}$$

が得られる．これを変形し，

$$\begin{pmatrix} x_{n+1} \\ y_{n+1} \end{pmatrix} = \begin{pmatrix} x_n \\ y_n \end{pmatrix} - \begin{pmatrix} f_{xx}(x_n, y_n) & f_{xy}(x_n, y_n) \\ f_{yx}(x_n, y_n) & f_{yy}(x_n, y_n) \end{pmatrix}^{-1} \begin{pmatrix} f_x(x_n, y_n) \\ f_y(x_n, y_n) \end{pmatrix}$$

によって，(x_n, y_n) から (x_{n+1}, y_{n+1}) を求めていけば，極値に近づいていくことが期待される．また，ここで出てきた逆行列は定理 10.4 で現れたヘッセ行列 H の逆行列となる．このようなアルゴリズムによって極値を求める方法をニュートン・ラフソン法という．以下に**ニュートン・ラフソン法**の具体的なアルゴリズムを示す．

ニュートン・ラフソン法

1. 初期値 (x_0, y_0) を定める．
2. $$\begin{pmatrix} x_{n+1} \\ y_{n+1} \end{pmatrix} = \begin{pmatrix} x_n \\ y_n \end{pmatrix} - H(x_n, y_n)^{-1} \begin{pmatrix} f_x(x_n, y_n) \\ f_y(x_n, y_n) \end{pmatrix}$$
とする $(n = 0, 1, 2, \ldots)$．ここで，$H(x_n, y_n)$ をヘッセ行列

$$H(x_n, y_n) = \begin{pmatrix} f_{xx}(x_n, y_n) & f_{xy}(x_n, y_n) \\ f_{yx}(x_n, y_n) & f_{yy}(x_n, y_n) \end{pmatrix}$$

とする．
3. 終了条件（$\sqrt{f_x(x_{n+1}, y_{n+1})^2 + f_y(x_{n+1}, y_{n+1})^2} < 10^{-5}$ や $\sqrt{(x_n - x_{n+1})^2 + (y_n - y_{n+1})^2} < 10^{-5}$ など）を満たせば反復を終了し，$f(x_{n+1}, y_{n+1})$ を極値とする．終了条件を満たさなければ，$n+1$ を n としてステップ 2 に戻る．

例 10.6 3 つの関数 $f(x, y) = (x^2 + 2xy + 3y^2)/5$，$g(x, y) = x^4 + 2x^2 y^2 + 3y^6$，$h(x) = \exp(x^2 + y^2)$ について，それぞれ初期値を $(x_0, y_0) = (1, 1)$ として最適値 $(0, 0)$ を探す．

$f(x, y) = (x^2 + 2xy + 3y^2)/5$ のときは，どのような初期値でも次のステップで最適値に達するので，$(x_1, y_1) = (0, 0)$ となる（図 10.6 左図）．

$g(x, y) = x^4 + 2x^2 y^2 + 3y^6$ のときは，$(x_1, y_1) = (0.6, 0.8), (x_2, y_2) = (0.339, 0.642), (x_3, y_3) = (0.175, 0.517), (x_4, y_4) = (0.081, 0.416), (x_5, y_5) = (0.034, 0.334), (x_6, y_6) = (0.014, 0.268), (x_7, y_7) = (0.006, 0.215)$ となり，最適値を取る点 $(0, 0)$ に収束していく（図 10.6 中図）．

$h(x) = \exp(x^2 + y^2)$ のときは，$(x_1, y_1) = (0.8, 0.8), (x_2, y_2) = (0.542, 0.542), (x_3, y_3) = (0.234, 0.234), (x_4, y_4) = (0.024, 0.024),$

$(x_5, y_5) = (0.000, 0.000)$ となり,5ステップでほぼ最適値 $(0, 0)$ に収束している(図 10.6 右図).これらのケースでは安定して収束している様子が確認できるが,必ずしも収束するわけではないことに注意が必要である(収束するかどうかは関数や初期値に依存する).

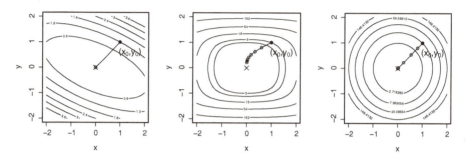

図 10.6 様々な関数におけるニュートン法の収束の様子

10.2.3 ラグランジュの未定乗数法

10.2.1 項では二変数関数 $f(x, y)$ そのものの概形について考えてきた.本項では xy 平面上の曲線 $g(x, y) = 0$ に制約した上での $f(x, y)$ の極値を考える.図 10.7 のように,曲線 $g(x, y) = 0$ 上での $f(x, y)$ は曲線となる.曲線 $g(x, y) = 0$ を媒介変数表示 $(x, y) = (h(t), k(t))$ のように表すことができれば,図 10.3 のように一変数関数として扱えるが,ここでは別のアプローチとして,**ラグランジュの未定乗数法**を紹介する.

定理 10.5

二変数関数 $f(x, y)$ が曲線 $g(x, y) = 0$ 上において $(x, y) = (a, b)$ で極値を取るならば,

$$F(x, y, \lambda) = f(x, y) - \lambda g(x, y)$$

に対して,

$$F_x(a, b, \lambda) = F_y(a, b, \lambda) = F_\lambda(a, b, \lambda) = 0$$

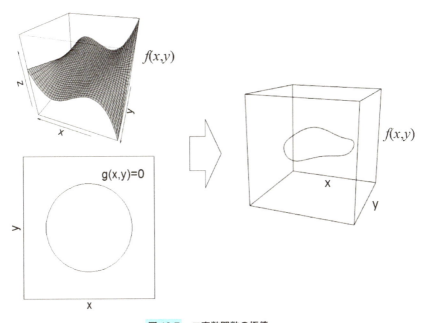

図 10.7　二変数関数の極値

を満たす定数 λ が存在する.

注 ラグランジュの未定乗数法では，$f(x,y)$ の $g(x,y)$ 上での極値の候補を見つけることができるだけであり，実際に極値かどうかを判定することはできない．しかし，次の定理を用いることで，ラグランジュの未定乗数法を有用に使うことができる．

定理 10.6

もし，曲線 $g(x,y) = 0$ が有界であれば（つまり，曲線 $g(x,y) = 0$ が特定の領域内に納まれば），二変数関数 $f(x,y)$ は曲線 $g(x,y) = 0$ 上で最大値と最小値を持つ.

注 二変数関数 $f(x,y)$ の曲線 $g(x,y) = 0$ 上での最大値と最小値はそれぞれ，極大値，極小値となる．よって，$g(x,y) = 0$ が有界であれば，ラグランジュの未定乗数法で得られた極値の候補のうち，$f(x,y)$ が最大となる点は最大値かつ極大値であり，$f(x,y)$ が最小となる点は最小値かつ極小値となる．また，極値かどうかを判断する別の方法として，縁付きヘシアンと呼ばれる行列式を用いる方法もあるが，ここでは説明を省略する．

例 10.7

1. $f(x,y) = x^2 + 4y$ について曲線 $x^2 + 4y^2 = 1$ 上での最大値，最小値を求める．このとき，この曲線は $x^2 + 4y^2 - 1 = 0$ と表すことが出来る．また，この曲線は楕円の式であり有界である．ここで，

$$F(x,y,\lambda) = x^2 + 4y - \lambda(x^2 + 4y^2 - 1)$$

とおき，

$$F_x(x,y,\lambda) = 2x - 2\lambda x = 0$$
$$F_y(x,y,\lambda) = 4 - 8\lambda y = 0$$
$$F_\lambda(x,y,\lambda) = -x^2 - 4y^2 + 1 = 0$$

を解く．すると，1式目より $(1-\lambda)x = 0$ より，$x = 0$ または $\lambda = 1$ である．$x = 0$ であれば，$y = \pm 1/2$ であり，$\lambda = 1$ であれば，$y = 1/2$ より $x = 0$ となる．よって，極値の候補は $(x,y) = (0, \pm 1/2)$ である．また，$f(0, \pm 1/2) = \pm 2$ である．

以上より，$(x,y) = (0, 1/2)$ のとき，最大値 $f(0, 1/2) = 2$，$(x,y) = (0, -1/2)$ のとき，最小値 $f(0, -1/2) = -2$ をとる．

2. $f(x,y) = x$ について曲線 $x^2 + y^2 - 1 = 0$ 上での最大値，最小値を求める．この曲線は円の式であり有界である．ここで，

$$F(x,y,\lambda) = x - \lambda(x^2 + y^2 - 1)$$

とおき，

$$F_x(x,y,\lambda) = 1 - 2\lambda x = 0$$
$$F_y(x,y,\lambda) = -2\lambda y = 0$$
$$F_\lambda(x,y,\lambda) = -x^2 - y^2 + 1 = 0$$

を解く．2式目より，$y = 0$ または $\lambda = 0$ であるが，$\lambda = 0$ は1式目を満たさない．$y = 0$ であれば，$x = \pm 1$ となる．よって，極値の候補は $(x,y) = (\pm 1, 0)$ である．また，$f(\pm 1, 0) = \pm 1$

である．

以上より，$(x, y) = (1, 0)$ のとき，最大値 $f(1, 0) = 1$，$(x, y) = (-1, 0)$ のとき，最小値 $f(-1, 0) = -1$ をとる．

3. $f(x, y) = \exp(-x^2 - y^2)$ について，曲線 $y = x + 2$ 上での最大値を考える．$f(x, y)$ は常に正であり，かつ，$y = x + 2$ 上で $x \to \pm\infty$ で $f(x, y) \to 0$ となる．よって，$f(x, y)$ は $y = x + 2$ 上で最大値を持つ．ここで，

$$F(x, y, \lambda) = \exp(-x^2 - y^2) - \lambda(x - y + 2)$$

とおき，

$$F_x(x, y, \lambda) = -2x \exp(-x^2 - y^2) - \lambda = 0$$
$$F_y(x, y, \lambda) = -2y \exp(-x^2 - y^2) + \lambda = 0$$
$$F_\lambda(x, y, \lambda) = -x + y - 2 = 0$$

を解く．1 式目と 2 式目より，$\lambda = -2x \exp(-x^2 - y^2) = 2y \exp(-x^2 - y^2)$ であるので，$y = -x$ である．これを 3 式目に代入することで，$x = -1, y = 1$ を得る．よって，$(x, y) = (-1, 1)$ のとき，最大値 $f(-1, 1) = \exp(-2)$ をとる．

10.2.4 ベクトル微分

これまで，2 変数関数に関する偏微分を考えてきたが，ここではさらに変数が多い場合の偏微分の表記法および簡単な計算について説明する．ベクトル $\bm{x} = (x_1, x_2, \ldots, x_m)^T$ による関数 $f(\bm{x}) = f(x_1, x_2, \ldots, x_m)$ を考え，この偏微分について考える．たとえば，$f(\bm{x}) = x_1 + x_2^2 + x_3^3 + \cdots + x_m^m$ とする．このとき，$f(\bm{x})$ の偏微分は x_1 に関するものから x_m に関するものまで m とおり考えられる．ここで，これらの偏微分を並べたベクトル $(\partial f(\bm{x})/\partial x_1, \ldots, \partial f(\bm{x})/\partial x_m)^T$ を $\partial f(\bm{x})/\partial \bm{x}$ と表記する．つまり，この例では，

$$\frac{\partial f(\boldsymbol{x})}{\partial \boldsymbol{x}} = \begin{pmatrix} \frac{\partial f(\boldsymbol{x})}{\partial x_1} \\ \frac{\partial f(\boldsymbol{x})}{\partial x_2} \\ \vdots \\ \frac{\partial f(\boldsymbol{x})}{\partial x_m} \end{pmatrix} = \begin{pmatrix} 1 \\ 2x_2 \\ \vdots \\ mx_m^{m-1} \end{pmatrix}$$

となる.また,$\partial^2 f(\boldsymbol{x})/\partial x_i \partial x_j$ を (i,j) 成分にもつ行列を $\partial f(\boldsymbol{x})/\partial \boldsymbol{x} \partial \boldsymbol{x}^T$ と表記する.つまり,

$$\frac{\partial^2 f(\boldsymbol{x})}{\partial \boldsymbol{x} \partial \boldsymbol{x}^T} = \begin{pmatrix} \frac{\partial^2 f(\boldsymbol{x})}{\partial x_1^2} & \frac{\partial^2 f(\boldsymbol{x})}{\partial x_1 \partial x_2} & \cdots & \frac{\partial^2 f(\boldsymbol{x})}{\partial x_1 \partial x_m} \\ \frac{\partial^2 f(\boldsymbol{x})}{\partial x_2 \partial x_1} & \frac{\partial^2 f(\boldsymbol{x})}{\partial x_2^2} & \ddots & \frac{\partial^2 f(\boldsymbol{x})}{\partial x_2 \partial x_m} \\ \vdots & \vdots & \ddots & \vdots \\ \frac{\partial^2 f(\boldsymbol{x})}{\partial x_m \partial x_1} & \frac{\partial^2 f(\boldsymbol{x})}{\partial x_m \partial x_2} & \cdots & \frac{\partial^2 f(\boldsymbol{x})}{\partial x_m^2} \end{pmatrix}$$
$$= \begin{pmatrix} 0 & 0 & \cdots & 0 \\ 0 & 2 & \cdots & 0 \\ \vdots & \vdots & \ddots & \vdots \\ 0 & \cdots & 0 & m(m-1)x_m^{m-2} \end{pmatrix}$$

となる(この行列はヘッセ行列を表す).ここで,いくつかの関数に対する**ベクトル微分**について紹介する.

定理 10.7

変数 $\boldsymbol{x} = (x_1, x_2, \ldots, x_m)^T$ の関数 $f(\boldsymbol{x})$ のベクトル微分について,次の性質が成り立つ.

1. あるベクトル $\boldsymbol{a} = (a_1, a_2, \ldots, a_m)^T$ に対し,$f(\boldsymbol{x}) = \boldsymbol{x}^T \boldsymbol{a} (= \boldsymbol{a}^T \boldsymbol{x})$ であるとき,
$$\frac{\partial f(\boldsymbol{x})}{\partial \boldsymbol{x}} = \boldsymbol{a}$$
が成り立つ.

2. ある正方行列 $A = (a_{ij})$ に対し,$f(\boldsymbol{x}) = \boldsymbol{x}^T A \boldsymbol{x}$ であるとき,
$$\frac{\partial f(\boldsymbol{x})}{\partial \boldsymbol{x}} = (A + A^T)\boldsymbol{x}, \quad \frac{\partial f(\boldsymbol{x})}{\partial \boldsymbol{x} \partial \boldsymbol{x}^T} = A + A^T$$

が成り立つ．特に，A が対称行列であれば，

$$\frac{\partial f(\boldsymbol{x})}{\partial \boldsymbol{x}} = 2A\boldsymbol{x}, \quad \frac{\partial f(\boldsymbol{x})}{\partial \boldsymbol{x} \partial \boldsymbol{x}^T} = 2A$$

となる．

証明

1. $f(\boldsymbol{x}) = \boldsymbol{x}^T \boldsymbol{a} = \sum_{j=1}^m a_j x_j$ より，$\partial f(\boldsymbol{x})/\partial x_i = a_i$ であるので，

$$\frac{\partial f(\boldsymbol{x})}{\partial \boldsymbol{x}} = \boldsymbol{a}$$

が成り立つ．

2. $f(\boldsymbol{x}) = \boldsymbol{x}^T A \boldsymbol{x} = \sum_{i,j=1}^m a_{ij} x_i x_j$ であるので，

$$\frac{\partial f(\boldsymbol{x})}{\partial x_i} = \sum_{j=1}^m (a_{ij} + a_{ji}) x_j$$

$$\frac{\partial f(\boldsymbol{x})}{\partial x_j \partial x_i} = a_{ij} + a_{ji}$$

であるので，

$$\frac{\partial f(\boldsymbol{x})}{\partial \boldsymbol{x}} = (A + A^T)\boldsymbol{x}, \quad \frac{\partial f(\boldsymbol{x})}{\partial \boldsymbol{x} \partial \boldsymbol{x}^T} = A + A^T$$

が成り立つ．

例 10.8

1. n 次元ベクトル $\boldsymbol{y}$，$n \times p$ 行列 A，p 次元ベクトル $\boldsymbol{\beta}$ に対し，

$$||\boldsymbol{y} - X\boldsymbol{\beta}|| = \boldsymbol{y}^T \boldsymbol{y} - 2\boldsymbol{\beta}^T X^T \boldsymbol{y} + \boldsymbol{\beta}^T X^T X \boldsymbol{\beta}$$

を最小とするベクトル $\boldsymbol{\beta}$ を求める．よって，この式をベクトル $\boldsymbol{\beta}$ で微分したものを 0 とする方程式を解く．つまり，

$$\frac{\partial ||\boldsymbol{y} - X\boldsymbol{\beta}||}{\partial \boldsymbol{\beta}} = -2X^T \boldsymbol{y} + 2X^T X \boldsymbol{\beta} = \boldsymbol{0}$$

を解けばよいので，$X^T X$ が正則であれば，

$$\boldsymbol{\beta} = (X^T X)^{-1} X^T \boldsymbol{y}$$

が得られる．
2. $p \times p$ 対称行列 A と p 次元ベクトル $\boldsymbol{x}$ について，$\boldsymbol{x}^T \boldsymbol{x} = 1$ という条件の下で，$\boldsymbol{x}^T A \boldsymbol{x}$ の最大値および最小値を求める．これは，ラグランジュの未定乗数法を用いて，

$$F(\boldsymbol{x}, \lambda) = \boldsymbol{x}^T A \boldsymbol{x} - \lambda(\boldsymbol{x}^T \boldsymbol{x} - 1)$$

をベクトル $\boldsymbol{x}$ と λ について微分したものを 0 とする方程式を解けばよい．つまり，

$$\frac{\partial F(\boldsymbol{x}, \lambda)}{\partial \boldsymbol{x}} = 2A\boldsymbol{x} - 2\lambda \boldsymbol{x} = \boldsymbol{0}$$
$$\frac{\partial F(\boldsymbol{x}, \lambda)}{\partial \lambda} = -(\boldsymbol{x}^T \boldsymbol{x} - 1) = 0$$

を解くこととなる．

ここで，1 式目は $A\boldsymbol{x} = \lambda \boldsymbol{x}$ より，$\boldsymbol{x}$ が行列 A の固有値であることを意味しており，2 式目は $\boldsymbol{x}$ の大きさが 1 であることを示している．また，これらの式より，$\boldsymbol{x}^T A \boldsymbol{x} = \lambda \boldsymbol{x}^T \boldsymbol{x} = \lambda$ と変形できるので，λ が最大となる $\boldsymbol{x}$ のとき $\boldsymbol{x}^T A \boldsymbol{x}$ が最大となり，λ が最小となる $\boldsymbol{x}$ のとき $\boldsymbol{x}^T A \boldsymbol{x}$ が最小となる．

よって，$\boldsymbol{x}$ が行列 A の最大固有値に対する大きさ 1 の固有ベクトルのとき，$\boldsymbol{x}^T A \boldsymbol{x}$ を最大とし，$\boldsymbol{x}$ が行列 A の最小固有値に対する大きさ 1 の固有ベクトルのとき，$\boldsymbol{x}^T A \boldsymbol{x}$ を最小とする．

▶ 第 10 章　練習問題

10.1 ある商品について，1 品あたりのコストを x 円とし，販売額を y 円とする．品質を上げるほどコストが上がるが，販売数は増える傾向にある．一方，販売額が上がれば上がるほど，販売数は減る傾向にある．

これらをまとめて，販売数が $10000x/(0.01y+1)^4$ であるとすると，利益は $10000x(y-x)/(0.01y+1)^4$ と計算される（ただし，$x>0, y>0, x<y$ である）．利益が最大となるようなコスト x と販売額 y およびそのときの利益を求めよ．

10.2 関数 $f(x,y)$ について，特定の点 (x_0, y_0) を定め，(x_0, y_0) での様々な方向微分を計算し，最も傾きが小さい方向（最も減少量が多い方向）に (x_1, y_1) を設定し，これを繰り返すことで $f(x,y)$ の最小値を見つける方法を最急降下法という．$f(x,y) = x^2 + 2xy + 3y^2$ について，$(x,y) = (1,0)$ での $(\alpha, \beta) = (\cos\theta, \sin\theta)$ 方向への方向微分を計算し，その方向微分が最小となる方向 $(\cos\theta, \sin\theta)$ を求めよ．

10.3 いくつかのある点 $(x_1, y_1), \ldots, (x_n, y_n)$ と直線 $y = a + bx$ について，y_i と $a + bx_i$ のずれの二乗の和が最も小さくなるような直線を求める方法を最小二乗法という．$(1,3), (2,4), (7,5)$ とのずれが最も小さくなるような直線を求めよ．つまり，

$$(3-a-b)^2 + (4-a-2b)^2 + (5-a-7b)^2$$

が最小となるような (a,b) を求めよ．

第11章

重積分

二変数関数において重積分とは体積を計算するための手法である．ここでは，重積分の直感的なイメージ，様々な重積分の計算法について紹介する．

▶ 11.1 逐次積分

一変数関数での積分は x 軸と $f(x)$ に囲まれる面積を計算したものであった．これを二変数関数へ自然と拡張させたものが重積分であり，次のように定義される．

定義 11.1

二変数関数 $f(x,y)$ について，領域 R に関する**重積分**は，xy 平面と領域 R の境界と関数 $f(x,y)$ が表す曲面に囲まれる体積として定義する．ただし，$f(x,y) > 0$ の部分の体積は正として，$f(x,y) < 0$ の部分の体積は負として足し合わせることとする．この体積の和を $\iint_R f(x,y)dxdy$ と表す．

図 11.1 は重積分 $\iint_R f(x,y)dxdy$ が表す体積部分を示している．一変数関数の定積分と二変数関数の重積分の大きな違いは積分領域の複雑さにある．一変数関数の定積分では積分区間はある区間 $[a,b]$ を考えれば十分だったが，二変数関数の重積分の場合，積分領域は xy 平面上の自由な領域となる．複雑な領域となればなるほど重積分の計算も複雑となる．

まず，最も単純な領域である長方形領域 $I = [a,b] \times [c,d] = \{(x,y) | a \leq x \leq$

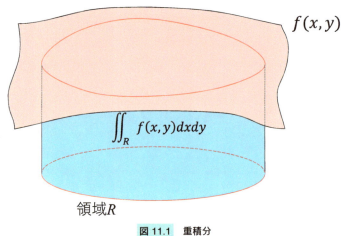

図 11.1 重積分

$b, c \leq y \leq d\}$ 上での重積分を考える．長方形領域の重積分の求め方（体積の計算方法）として，y 軸方向に平行にスライスする（図 11.2）．

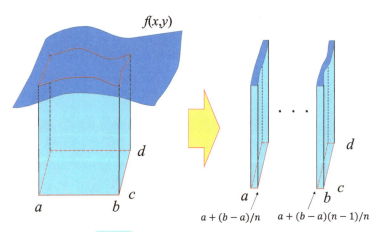

図 11.2 長方形領域上での重積分の考え方

このスライスを細かくしていったときに各スライスの体積の和を重積分の値と考える．この各スライスの体積は (各 x での $f(x,y)$ の断面の面積)$\times (b-a)/n$ と考えられ，1 変数関数の定積分におけるリーマン和の考え方から，

$$\iint_I f(x,y)dxdy = \int_a^b (各\ x\ での\ f(x,y)\ の断面の面積)dx$$

となる．また，（各 x での $f(x,y)$ の断面の面積）$= \int_c^d f(x,y)dy$ であるので，

$$\iint_I f(x,y)dxdy = \int_a^b \left(\int_c^d f(x,y)dy \right) dx$$

が得られる．ここでは y 軸方向に平行にスライスしたが，x 軸方向に平行にスライスしても同様なので，次の定理が得られる．

定理 11.1

二変数関数 $f(x,y)$ の長方形領域 $I = [a,b] \times [c,d]$ 上での重積分は

$$\iint_I f(x,y)dxdy = \int_c^d \left(\int_a^b f(x,y)dx \right) dy = \int_a^b \left(\int_c^d f(x,y)dy \right) dx$$

として計算され，その結果は積分の順序によらない．また，このように変数一つずつ順番に積分する方法を**逐次積分**という．

例 11.1

1. $f(x,y) = xy^2$ の $I = [0,1] \times [0,2]$ 上での重積分を 2 つの順序によって計算する．

$$\begin{aligned}
\iint_I f(x,y)dxdy &= \int_0^2 \left(\int_0^1 xy^2 dx \right) dy \\
&= \int_0^2 \left[\frac{1}{2}x^2 y^2 \right]_{x=0}^1 dy \\
&= \int_0^2 \frac{1}{2}y^2 dy \\
&= \left[\frac{1}{6}y^3 \right]_0^2 \\
&= \frac{4}{3}
\end{aligned}$$

$$\iint_I f(x,y)dxdy = \int_0^1 \left(\int_0^2 xy^2 dy \right) dx$$
$$= \int_0^1 \left[\frac{1}{3}xy^3 \right]_{y=0}^2 dx$$
$$= \int_0^1 \frac{8}{3}x dx$$
$$= \left[\frac{4}{3}x^2 \right]_0^1$$
$$= \frac{4}{3}$$

となり，積分の順序を問わずに同じ結果となる．

2. $f(x,y) = xe^{xy}$ の $I = [0,1] \times [0,1]$ 上での重積分を考える．y から積分すると

$$\iint_I f(x,y)dxdy = \int_0^1 \left(\int_0^1 xe^{xy} dy \right) dx$$
$$= \int_0^1 [e^{xy}]_{y=0}^1 dx$$
$$= \int_0^1 (e^x - 1) dx$$
$$= [e^x - x]_0^1$$
$$= e - 2$$

が得られる．この関数は x から積分することは困難である．

二変数関数の重積分において，特殊なケースでは次のように計算が簡単になる．

定理 11.2

二変数関数 $f(x,y)$ が $f(x,y) = g(x)h(y)$ と x に関する関数と y に関する関数の積で表されるとき，その関数の長方形領域 $I = [a,b] \times [c,d]$ 上での重積分は

$$\iint_I f(x,y)dxdy = \int_a^b g(x)dx \times \int_c^d h(y)dy$$

と別々の積分の積として表される.

長方形領域上での重積分は，各変数で順番に積分するだけなのでそれほど複雑ではない．では，長方形領域でない場合はどうなるだろうか．ここで，新たに縦線領域と横線領域という領域について説明する．

定義 11.2

x に関する二つの関数 $g_1(x), g_2(x)$（ただし，$g_1(x) \leq g_2(x)$）を用いて，領域 R が

$$R = \{(x,y) | a \leq x \leq b, g_1(x) \leq y \leq g_2(x)\}$$

と表されるとき，領域 R を**縦線領域**という．また，y に関する二つの関数 $h_1(y), h_2(y)$（ただし，$h_1(y) \leq h_2(y)$）を用いて，領域 R が

$$R = \{(x,y) | h_1(y) \leq x \leq h_2(y), c \leq y \leq d\}$$

と表されるとき，領域 R を**横線領域**という．

例 11.2

1. 領域 $R = \{(x,y) | x^2 + y^2 \leq 1\}$ は縦線領域かつ横線領域である (図 11.3 の左図)．これを縦線領域として表すと $R = \{(x,y) | -1 \leq x \leq 1, -\sqrt{1-x^2} \leq y \leq \sqrt{1-x^2}\}$ であり，横線領域として表すと $R = \{(x,y) | -\sqrt{1-y^2} \leq x \leq \sqrt{1-y^2}, -1 \leq y \leq 1\}$ である．

2. 縦線領域 $R = \{(x,y) | 0 \leq x \leq 1, 0 \leq y \leq x\}$ について，これを横線領域として表すと $R = \{(x,y) | y \leq x \leq 1, 0 \leq y \leq 1\}$ となる (図 11.3 の中図)．領域を正しく把握するためには一度図示するとよい．

3. 縦線領域 $R = \{(x,y) | 0 \leq x \leq 1, x \leq y \leq x+1\}$ について，横線領域で表すことを考える (図 11.3 の右図)．この領域は

$R = \{(x,y) | 0 \leq x \leq y, 0 \leq y \leq 1\} \cup \{(x,y) | y-1 \leq x \leq 1, 1 \leq y \leq 2\}$ と表すことができる．この領域も縦線領域かつ横線領域ではあるが，横線領域で表すときに $y < 1$ と $y \geq 1$ で関数の形が変わるので2つの領域に分けた方が表しやすい．

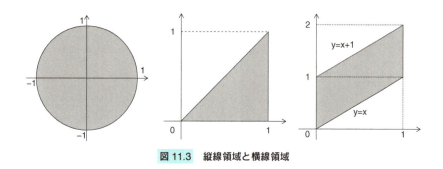

図 11.3 縦線領域と横線領域

縦線領域や横線領域上での重積分はどうすればよいだろうか．まず二変数関数 $f(x,y)$ の縦線領域 $R = \{(x,y) | a \leq x \leq b, g_1(x) \leq y \leq g_2(x)\}$ 上での重積分を考える．この場合は対象を y 軸方向に平行にスライスする（図 11.4）．

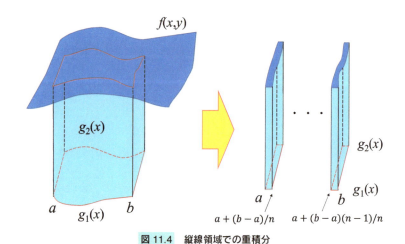

図 11.4 縦線領域での重積分

長方形領域のときと同様，このスライスを細かくしていったときの各スライスの体積の和を重積分の値と考える．よって，

$$\iint_R f(x,y)dxdy = \int_a^b (各 x での f(x,y) の断面の面積)dx$$

となるが，長方形領域のときと異なる点として，x によって積分区間が変わり（各 x での $f(x,y)$ の断面の面積）$= \int_{g_1(x)}^{g_2(x)} f(x,y)dy$ となる．よって，

$$\iint_R f(x,y)dxdy = \int_a^b \left(\int_{g_1(x)}^{g_2(x)} f(x,y)dy\right) dx$$

が得られる．横線領域の場合は x 軸方向に平行にスライスすることで重積分が計算できる．これらをまとめると次の定理が得られる．

定理 11.3

二変数関数 $f(x,y)$ の縦線領域 $R_1 = \{(x,y)|a \leq x \leq b, g_1(x) \leq y \leq g_2(x)\}$ 上での重積分は

$$\iint_{R_1} f(x,y)dxdy = \int_a^b \left(\int_{g_1(x)}^{g_2(x)} f(x,y)dy\right) dx$$

として計算される．また，横線領域 $R_2 = \{(x,y)|h_1(y) \leq x \leq h_2(y), c \leq y \leq d\}$ 上での重積分は

$$\iint_{R_2} f(x,y)dxdy = \int_c^d \left(\int_{h_1(y)}^{h_2(y)} f(x,y)dx\right) dy$$

として計算される．

注 縦線領域かつ横線領域であれば積分の順序交換は可能であるが，単純に順番を変えるだけではなく，領域を正しく書き換える（縦線領域→横線領域，または横線領域→縦線領域）ことが重要となる．

例 11.3

1. 縦線領域 $R = \{(x,y)|0 \leq x \leq 1, 0 \leq y \leq x\}$ 上での $f(x,y) = xy^2$ の重積分を考える．これは

$$\iint_R xy^2 dxdy = \int_0^1 \left(\int_0^x xy^2 dy \right) dx$$
$$= \int_0^1 \left[\frac{1}{3}xy^3 \right]_{y=0}^x dx$$
$$= \int_0^1 \frac{1}{3}x^4 dx$$
$$= \left[\frac{1}{15}x^5 \right]_0^1$$
$$= \frac{1}{15}$$

と計算される．一方，この領域を横線領域として表すと $R = \{(x,y) | y \leq x \leq 1, 0 \leq y \leq 1\}$ となるので，

$$\iint_R xy^2 dxdy = \int_0^1 \left(\int_y^1 xy^2 dx \right) dy$$
$$= \int_0^1 \left[\frac{1}{2}x^2 y^2 \right]_{x=y}^1 dy$$
$$= \int_0^1 \frac{1}{2}(y^2 - y^4) dy$$
$$= \left[\frac{1}{6}y^3 - \frac{1}{10}y^5 \right]_0^1$$
$$= \frac{1}{15}$$

となる．

2. 縦線領域 $R = \{(x,y) | 0 \leq x \leq 1, x \leq y \leq x+1\}$ 上での $f(x,y) = xy$ の重積分を考える．これは

$$\iint_R xy dxdy = \int_0^1 \left(\int_x^{x+1} xy dy \right) dx$$
$$= \int_0^1 \left[\frac{1}{2}xy^2 \right]_{y=x}^{x+1} dx$$
$$= \int_0^1 \frac{1}{2}\{x(x+1)^2 - x^3\} dx$$

$$
\begin{aligned}
&= \int_0^1 \frac{1}{2}(2x^2 + x)dx \\
&= \left[\frac{1}{3}x^3 + \frac{1}{4}x^2\right]_0^1 \\
&= \frac{7}{12}
\end{aligned}
$$

と計算される．一方，この領域を横線領域として表すと，$R = R_1 \cup R_2$ ($R_1 = \{(x,y)|0 \leq x \leq y, 0 \leq y \leq 1\}, R_2 = \{(x,y)|y-1 \leq x \leq 1, 1 \leq y \leq 2\}$) と表現できるので，

$$
\begin{aligned}
\iint_R xydxdy &= \iint_{R_1} xydxdy + \iint_{R_2} xydxdy \\
&= \int_0^1 \left(\int_0^y xydx\right) dy + \int_1^2 \left(\int_{y-1}^1 xydx\right) dy \\
&= \int_0^1 \left[\frac{1}{2}x^2 y\right]_{x=0}^y dy + \int_1^2 \left[\frac{1}{2}x^2 y\right]_{x=y-1}^1 dy \\
&= \int_0^1 \frac{1}{2}y^3 dy + \int_1^2 \frac{1}{2}(2y^2 - y^3)dy \\
&= \left[\frac{1}{8}y^4\right]_0^1 + \left[\frac{1}{3}y^3 - \frac{1}{8}y^4\right]_1^2 \\
&= \frac{1}{8} + \frac{7}{3} - \frac{15}{8} \\
&= \frac{7}{12}
\end{aligned}
$$

となる．このように，縦線領域かつ横線領域の場合，積分順序によって計算の難易度は変わってくる．一般に，簡単な関数で領域を表せるケースの方が計算が簡単になるが，例 11.1 の 2 のように積分が計算できない順序も存在するので，適切な積分順序を選ぶことが重要となる．

11.2 広義重積分と変数変換

11.2.1 広義重積分

一変数関数 $f(x)$ において広義積分 $\int_a^\infty f(x)dx$ は $\lim_{t\to\infty}\int_a^t f(x)dx$ として定義された．二変数関数 $f(x,y)$ に関しても同様に広義重積分を考えることができるだろうか．

たとえば，$R = \{(x,y)|0 \leq x, 0 \leq y\}$ を考えるとき，R に近づく領域は $R_{1n} = \{(x,y)|0 \leq x \leq n, 0 \leq y \leq n\}$ や $R_{2n} = \{(x,y)|0 \leq x, 0 \leq y, x^2+y^2 \leq n^2\}$ など複数考えられる．つまり，一変数のときと異なり領域の作り方が様々あるため，一般に二変数関数で広義重積分を考えることは簡単ではない．しかし，データサイエンスで重積分を考えるときは被積分関数 $f(x,y)$ は非負であることが多い．非負の関数であれば**広義重積分**は次の定理によって計算できる．

> **定理 11.4**
>
> 二変数関数 $f(x,y)$ が非負であるとする ($f(x,y) \geq 0$). このとき，領域 R に近づくある領域の列 R_n ($n = 1, 2, \ldots$) に対して $\lim_{n\to\infty}\iint_{R_n} f(x,y)dxdy$ が収束するならば，二変数関数 $f(x,y)$ は R 上で広義重積分可能であり，その収束値が広義重積分の値となる．

例 11.4 二変数関数 $f(x,y) = \exp(-x-y)$ について $R = \{(x,y)|x \geq 0, y \geq 0\}$ 上の広義重積分を求める．このとき，$R_n = \{(x,y)|0 \leq x \leq n, 0 \leq y \leq n\}$ とすると，R_n は R に近づき

$$\begin{aligned}
\iint_R f(x,y)dxdy &= \lim_{n\to\infty}\iint_{R_n} \exp(-x-y)dxdy \\
&= \lim_{n\to\infty}\int_0^n \exp(-x)dx \int_0^n \exp(-y)dy \\
&= \lim_{n\to\infty}[-\exp(-x)]_0^n \times [-\exp(-y)]_0^n \\
&= \lim_{n\to\infty}(1-\exp(-n))^2 \\
&= 1
\end{aligned}$$

となる.

11.2.2 変数変換

一変数関数 $f(x)$ の積分の際,変数変換(置換積分)を行うには変換の関数の微分が必要となる.では二変数関数 $f(x,y)$ の重積分において変数変換を行うにはどうすればよいかを考える.そこでまず,最も簡単なケースについて説明する.具体的には,$f(x,y)=1$ の $I=[0,1]\times[0,1]$ 上での重積分を考える.このとき,重積分は1辺の長さが1の立方体の体積なので,

$$\iint_I 1 dxdy = 1$$

である.ここで,(x,y) を (s,t) に変換する.変換についても簡単な例として1次変換

$$\begin{pmatrix} s \\ t \end{pmatrix} = \begin{pmatrix} a & b \\ c & d \end{pmatrix} \begin{pmatrix} x \\ y \end{pmatrix}$$

を考える.この変換を行うと,$I=[0,1]\times[0,1]$ の領域は $(0,0),(a,c),(b,d),(a+b,c+d)$ を頂点とする平行四辺形となる(図 11.5).

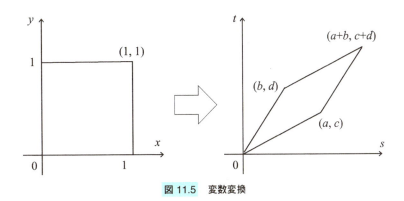

図 11.5 変数変換

この平行四辺形の領域を R とすると,$\iint_R 1 dxdy = |ad-bc|$ となる.つまり,

$$\iint_I 1 dxdy = \iint_R \frac{1}{|ad-bc|} dxdy$$

が成り立つ．これは被積分関数も変数変換も単純なケースだったが，関数が複雑になり，変換が複雑になったとしても，局所的には関数自体も変換自体も微分を用いて1次式で近似できるので次の定理が示される．

定理 11.5

二変数関数 $f(x,y)$ のある領域 R 上での重積分 $\iint_R f(x,y)dxdy$ について $x = u(s,t), y = v(s,t)$ という変換を考える（ただし，この変換は逆変換が存在する（(x,y) に対し，(s,t) がただ一つ定まる）ものとする）．このとき，

$$\frac{\partial(x,y)}{\partial(s,t)} = \begin{pmatrix} \dfrac{\partial x}{\partial s} & \dfrac{\partial x}{\partial t} \\ \dfrac{\partial y}{\partial s} & \dfrac{\partial y}{\partial t} \end{pmatrix}$$

とする（この行列を**ヤコビ行列**という）．この行列式（**ヤコビ行列式**という）を J とすると，(x,y) の領域 R を (s,t) の領域に置き換えた R' を用いて，

$$\iint_R f(x,y)dxdy = \iint_{R'} f(u(s,t), v(s,t))|J|dsdt$$

と表すことができる．ここで，$|J|$ は行列 $\dfrac{\partial(x,y)}{\partial(s,t)}$ の行列式の絶対値を表すものとする．一方，$\iint_R f(w(x,y), z(x,y))dxdy$ に対して，$s = w(x,y), t = z(x,y)$ という変形を行う場合は

$$\iint_R f(w(x,y), z(x,y))dxdy = \iint_{R'} f(s,t)|J'|^{-1}dsdt$$

となる．ここで，$|J'|$ は行列

$$\frac{\partial(s,t)}{\partial(x,y)} = \begin{pmatrix} \dfrac{\partial s}{\partial x} & \dfrac{\partial s}{\partial y} \\ \dfrac{\partial t}{\partial x} & \dfrac{\partial t}{\partial y} \end{pmatrix}$$

の行列式の絶対値である．ただし，J' を (s,t) の関数にする必要があることに注意する．

> **例 11.5**

1. 二変数関数 $f(x,y) = x + 2y$ の $R = \{(x,y) | 0 \leq x - y \leq 1, 0 \leq x + y \leq 1\}$ 上での重積分を考える．ここで，$s = x - y, t = x + y$ とすると，$R' = \{(s,t) | 0 \leq s \leq 1, 0 \leq t \leq 1\}$ となり積分領域が長方形区間となる．この変換について，

$$\left|\frac{\partial(s,t)}{\partial(x,y)}\right| = \left|\begin{array}{cc} \frac{\partial s}{\partial x} & \frac{\partial s}{\partial y} \\ \frac{\partial t}{\partial x} & \frac{\partial t}{\partial y} \end{array}\right| = \left|\begin{array}{cc} 1 & -1 \\ 1 & 1 \end{array}\right| = 2$$

となる（形式的に $\partial(s,t)$ を $dsdt$, $\partial(x,y)$ を $dxdy$ と見ることで $dxdy = (1/2)dsdt$ という変換とみなすことができる）．また，$x = (s+t)/2, y = (t-s)/2$ となるので，$f((s+t)/2, (t-s)/2) = \frac{3}{2}t - \frac{1}{2}s$ となる．以上より，

$$\begin{aligned}
\iint_R (x+2y)dxdy &= \iint_{R'} \left(\frac{3}{2}t - \frac{1}{2}s\right)\frac{1}{2}dsdt \\
&= \int_0^1 \left\{\int_0^1 \left(\frac{3}{4}t - \frac{1}{4}s\right)dt\right\}ds \\
&= \int_0^1 \left[\frac{3}{8}t^2 - \frac{1}{4}st\right]_{t=0}^1 ds \\
&= \int_0^1 \left(\frac{3}{8} - \frac{1}{4}s\right)ds \\
&= \left[\frac{3}{8}s - \frac{1}{8}s^2\right]_0^1 \\
&= \frac{1}{4}
\end{aligned}$$

となる．このケースでは変数変換を行うことで積分領域が単純になっている．

2. 二変数関数 $f(x,y) = \log(x+y)$ の $R = \{(x,y) | 0 \leq x \leq 1, 1 \leq y \leq 2\}$ 上での重積分を考える．ここで，$s = x+y, t = y$ とする．この変換について，

$$\left|\frac{\partial(s,t)}{\partial(x,y)}\right| = \left|\begin{array}{cc}\frac{\partial s}{\partial x} & \frac{\partial s}{\partial y} \\ \frac{\partial t}{\partial x} & \frac{\partial t}{\partial y}\end{array}\right| = \left|\begin{array}{cc}1 & 1 \\ 0 & 1\end{array}\right| = 1$$

となる(形式的に $dxdy = dsdt$ となることが分かる).また,$x = s - t, y = t$ より,積分領域は $R' = \{(s,t)|0 \le s - t \le 1, 1 \le t \le 2\} = \{(s,t)|t \le s \le t+1, 1 \le t \le 2\}$ となり,被積分関数は $f(s - t, t) = \log s$ となる.以上より,

$$\begin{aligned}\iint_R \log(x+y)dxdy &= \iint_{R'} \log s\, dsdt \\ &= \int_1^2 \left\{\int_t^{t+1} \log s\, ds\right\} dt \\ &= \int_1^2 [s\log s - s]_{s=t}^{t+1} dt \\ &= \int_1^2 \{(t+1)\log(t+1) \\ &\quad -t\log t - 1\}dt \\ &= \int_1^2 \{\frac{1}{2}((t+1)^2)'\log(t+1) \\ &\quad -\frac{1}{2}(t^2)'\log t\}dt - 1 \\ &= \left[\frac{1}{2}(t+1)^2\log(t+1) - \frac{1}{2}t^2\log t\right]_1^2 \\ &\quad -\int_1^2 \frac{1}{2}dt - 1 \\ &= \frac{9}{2}\log 3 - 4\log 2 - \frac{3}{2}\end{aligned}$$

となる.このケースでは変数変換を行うことで被積分関数が単純になっている.

例 11.6 $\int_{-\infty}^{\infty} \exp(-x^2/2)dx$ を考える．ここで，この積分値を A とするとその二乗は

$$A^2 = \int_{-\infty}^{\infty} \exp(-x^2/2)dx \times \int_{-\infty}^{\infty} \exp(-y^2/2)dy$$
$$= \iint_R \exp(-(x^2+y^2)/2)dxdy$$

となる．ただし，$R = \{(x,y)|-\infty < x < \infty, -\infty < y < \infty\}$ とする．この積分領域は xy 平面全体であるので，広義重積分により計算を行う．ここで，$R_n = \{(x,y)|x^2 + y^2 \leq n^2\}$ とすると，被積分関数は非負なので，

$$A^2 = \lim_{n\to\infty} \iint_{R_n} \exp(-(x^2+y^2)/2)dxdy$$

となる．さらに，$x = r\cos\theta, y = r\sin\theta$ と変数変換を行うと

$$\left|\frac{\partial(x,y)}{\partial(r,\theta)}\right| = \left|\begin{array}{cc} \dfrac{\partial x}{\partial r} & \dfrac{\partial x}{\partial \theta} \\ \dfrac{\partial y}{\partial r} & \dfrac{\partial y}{\partial \theta} \end{array}\right| = \left|\begin{array}{cc} \cos\theta & -r\sin\theta \\ \sin\theta & r\cos\theta \end{array}\right|$$
$$= r(\cos^2\theta + \sin^2\theta) = r$$

となる（形式的に $dxdy = rdrd\theta$ となることが分かる）．また，被積分関数は $\exp(-r^2/2)$ となり，積分領域は $R'_n = \{(r,\theta)|0 < r \leq n, 0 \leq \theta < 2\pi\}$ となる．以上より，

$$A^2 = \lim_{n\to\infty} \iint_{R'_n} \exp(-r^2/2)rdrd\theta$$
$$= \lim_{n\to\infty} \left(\int_0^n r\exp(-r^2/2)dr \times \int_0^{2\pi} 1d\theta\right)$$
$$= \lim_{n\to\infty} 2\pi[-\exp(-r^2/2)]_{r=0}^n$$
$$= \lim_{n\to\infty} 2\pi(1-\exp(-n^2/2))$$
$$= 2\pi$$

となり，$A = \sqrt{2\pi}$ となることが分かる．

第11章 練習問題

11.1 あるエリアにおいて，1 日の単位面積あたりの降水量が $f(x,y) = 40(-0.01x^2 + 0.4x + 30)(-0.01y + 1)$ であった（ただし，$0 \leq x \leq 100, 0 \leq y \leq 100$ とする）．このとき，このエリアでの総雨量は

$$\iint_{[0,100]\times[0,100]} f(x,y)dxdy$$

として計算される．この重積分を計算せよ．

11.2 標準正規分布に従う 2 つの独立な確率変数 X, Y があるとき，$X^2 + Y^2 \leq 1$ となる確率は

$$\iint_R \frac{1}{2\pi}\exp(-(x^2+y^2)/2)dxdy$$

で計算される（標準正規分布については 14.5 節参照）．ここで，R は $R = \{(x,y)|x^2+y^2 \leq 1\}$ である．この重積分を計算せよ．

第 III 部

確　率

Introduction to Data Science

第12章

確率の概念

12.1 順列と組合せ

　この節では，確率を実際に計算するにあたって必要となる順列と組み合わせについて説明する．

　具体的な例から始めよう．今，四つの異なる数字，1, 2, 3, 4 を並べ替えることを考えてみる．何通りの並べ方があるだろうか．すべての並べ方を漏れがないように数え上げるには，でたらめに思いついた並べ方を数えるのではなく，何らかのルールに従って数え上げていくのが大事である．一つのやり方として，次のようなルールを考えてみる．まず，一番小さな数字である 1 を先頭に固定して，残りの 2, 3, 4 の並べ方をすべて数え上げる．

1. 残りの三つの数字の中で一番小さな数字である 2 を二番目の位置に固定して，残りの 3, 4 の並べ方をすべて数え上げる．
2. 残りの三つの数字の中で二番目に小さな数字である 3 を二番目の位置に固定して，残りの 2, 4 の並べ方をすべて数え上げる．
3. 残りの三つの数字の中で三番目に小さな数字である 4 を二番目の位置に固定して，残りの 2, 3 の並べ方をすべて数え上げる．

これで，先頭が 1 である並べ方は全て数え上げた．具体的には次のような 6 通りの並べ方がある．

$$1234, 1243, 1324, 1342, 1423, 1432$$

この考え方を続けて，今度は 2 を先頭に固定した場合どうなるだろうか．まったく同じように 6 通りの並べ方があるのがすぐ分かる．先頭が 3 でも 4 でも同じである．

よって，全ての並べ方は $4 \times 6 = 24$ 通りとなる．先頭の数字が何であっても，まったく同じ並べ方の数があることがポイントである．よって，ある一つの場合について考えればよく，その場合の並べ方の数（今の場合は 6 通り）に先頭の数の候補となる場合の数（今の場合は 4 通り）を掛ければ答えを得る．

この考え方を繰り返していくと，実は次のようにして数えあげれば良いことが分かる．先頭をまず一つ決める，次に二番目を決める，次に三番目を決める（このとき最後の数字は自動的に決まる）という順番を考えて，それぞれの決め方に何通りあるかを考えて掛け算する．具体的には，

$$4 \times 3 \times 2 \times 1$$

となる．最後の 1 は掛けても掛けなくても同じであるが，最後は 1 で終わるというルールを明確にしておく方が分かりやすいので掛けることにする．

この考え方を一般の場合に広げるのは簡単である．n 個の異なるものを並べた場合，何通りの並べ方があるかは，次のような計算の仕方で良いことが分かる．

$$n \times (n-1) \times (n-2) \times \cdots \times 2 \times 1 \tag{12.1}$$

この計算のことを n の**階乗**とよび，$n!$ で表す．すなわち，

$$n! = n \times (n-1) \times (n-2) \times \cdots \times 2 \times 1 \tag{12.2}$$

である．ものを並べたときに，その一つ一つの並び方を数学では**順列**と呼ぶ．よって次のように言い換えても同じである．

n 個の相異なるものの順列の数は，$n!$ である．

ここから，二つの応用を考えてみる．一つは，n 個の相異なるものを「すべて」並べるのではなく，そのうちの一部，例えば r 個（ただし，$1 \leq r \leq n$）並べると，その並べ方は何通りあるのだろうか．これは，(12.1) と同じ考え方で，先頭から始めて順番に何通りの選択肢があるかを掛け算していき，r 個めで終わりにすればよいので，結果的に

$$n \times (n-1) \times \cdots \times (n-r+2) \times (n-r+1)$$

となることが分かる．これを，記号 $_n\mathrm{P}_r$ で表す（英語で順列を意味する permutation

の頭文字からきている）ことにすると，結果的に次の式がなりたつ．

$$_n\mathrm{P}_r = n \times (n-1) \times \cdots \times (n-r+1) = \frac{n!}{(n-r)!} \qquad (12.3)$$

もう一つの応用として，n 個のうち，同じものがいくつかあった場合にどうなるかを考えてみる．例えば，赤玉，白玉がそれぞれ n_1 個，n_2 個あり，それらをすべて並べたとき何通りの並べ方があるだろうか．このようなときは，あえて同じものを区別すると話が簡単になる．赤 1, 赤 2 から赤 n_1 まで，白 1, 白 2 から白 n_2 までというように，各玉に番号を付けておくと，これら総数 $n = n_1 + n_2$ 個の玉を全て並べるやり方は全部で $n!$ 通りある．しかし，実際には色でしか区別しないので，同じ並べ方を重複して数えていることになる．例えば，ある並べ方の赤 1 と赤 2 を入れ替えても，色の視点からは，同じ並び方である．よく考えると，赤玉だけを並べ替えても，白玉だけを並べ替えても，結局同じ並べ方となる．結局，全ての玉を異なったものとして並べた場合に，その一つの場合と色の視点から同じ並べ方は，赤玉だけの並べ替えと白玉だけの並べ替えそれぞれの場合の数を掛けたもの，すなわち，$n_1!\,n_2!$ 個だけ作れることが分かる．逆に考えると，色の視点から同じ並べ替えが $n_1!\,n_2!$ 通り重複して，全て区別した場合の $n!$ 通りの並べ方に含まれているのである．従って，色による区別だけを行う本来の並べ方の場合の数は，

$$\frac{n!}{n_1!\,n_2!} \qquad (12.4)$$

になる．さらに一般化して，同じ種類のものが，それぞれ $n_1, \ldots, n_r$ 個，合計で $n = n_1 + \cdots + n_r$ 個あるとき，それらをすべて並べる並べ方は，全部で

$$\frac{n!}{n_1!\,n_2!\cdots n_r!} = \frac{n!}{\prod_{i=1}^{r} n_i!} \qquad (12.5)$$

だけある．上の二つ目の表現で用いた記号 $\prod$ は，記号の右にくるものを指定された範囲で（例えば，上の場合なら $i = 1, \ldots, r$）掛けなさいという記号で，一般に $a < b$ に対して

$$\prod_{i=a}^{b} x_i = x_a \times x_{a+1} \times \cdots \times x_b \qquad (12.6)$$

となる．

最後に組合せの数について考える．n 個の違ったものから，r 個選ぶとき，組合せとして何通りあるのだろうか．これは，記号として，${}_n\mathrm{C}_r$ を使うことにする（英語の組み合わせを意味する combination の頭文字からきているが，教科書によっては，$\binom{n}{r}$ という記号もよく使われる）．さきほど考えた，n 個の異なるもののうち r 個を並べるという行為は，実はまず，n 個の違ったものから r 個選び，次にそれらをすべて並べるという二段階の行為に分解できる．それぞれの段階で何通りあるかを考えると，一段階目が今考えている ${}_n\mathrm{C}_r$ 通り，二段階目は先に考えたように，$r!$ 通りである．よって，

$$ {}_n\mathrm{P}_r = {}_n\mathrm{C}_r \times r! $$

となる．これから，

$$ {}_n\mathrm{C}_r = \frac{{}_n\mathrm{P}_r}{r!} = \frac{n!}{(n-r)!\, r!} \tag{12.7} $$

となる．

例 12.1

a から z までの 26 のアルファベットの小文字，および 0 から 9 までの 10 の数字，これらから自由に選んで（同じ文字や数字を何度選んでも構わない）6 桁の暗証番号をつくる．ただし，アルファベットだけ，数字だけの暗証番号は認めない．何通りの暗証番号が作れるかを考えてみる．

小文字と数字あわせて，36 の文字がある．アルファベットだけ，数字だけの暗証番号もとりあえず含めて考えると，同じ文字・数字を何度でも選べるので，最初の桁が 36 通り，次の桁も 36 通りとなり，結局

$$ \underbrace{36 \times 36 \times \cdots \times 36}_{6\ 回掛ける} = 36^6 $$

通りあることになる．このうち，すべてアルファベット，すべて数字の暗証番号は，それぞれ 26^6 通り，10^6 通りあるので，答えは

$$ 36^6 - 26^6 - 10^6 = 1866866560 $$

18 億以上の相異なる暗証番号ができることになる．

例 12.2 上の例で，もし同じ文字や数字が二回以上出てくる暗証番号も許されないとすると，何通りの番号があるかを考えてみる．

アルファベットだけ，数字だけの暗証番号もとりあえず含めて考えると，これは 36 の相異なる記号を 6 つ並べる並べ方になるので，${}_{36}P_6$ 通りある．同様に，アルファベットだけ，数字だけの暗証番号は，${}_{26}P_6$ 通り，${}_{10}P_6$ 通りとなり，答えは

$$\begin{aligned}
&{}_{36}P_6 - {}_{26}P_6 - {}_{10}P_6 \\
&= 36 \times 35 \times \cdots \times 31 - 26 \times 25 \times \cdots \times 21 \\
&\quad - 10 \times 9 \times \cdots \times 5 = 1236493440
\end{aligned}$$

であり，12 億以上の暗証番号がある．

例 12.3 佐々木氏は，自分の名前のローマ字表記の文字（sasaki）と誕生日 10 月 07 日の数字（1007）を並べ替えて，10 桁の暗証番号を作っているらしい．考えられる暗証番号は何通りあるだろうか．

登場する文字や数字として，s が 2 個，a が 2 個，k が 1 個，i が 1 個，1 が 1 個，0 が 2 個，7 が 1 個ある．したがって，(12.5) より，

$$\frac{10!}{2!\,2!\,1!\,1!\,1!\,2!\,1!} = 453600$$

通りとなる．

これまでの例が示すように，順列や組合せの数は巨大な数になることがしばしばある．そのことから生じる我々の直観との乖離を示すのが，**誕生日問題**としてよく知られた次の例である．

例 12.4 今，25 人の人がこの場にいるとして，誕生日が一致する人が出現するのは，珍しいことであろうか．次のように考えてみる．話を簡単にするために，うるう年の 2 月 29 日に生まれた場合を考えないとすると，一人一人について，365 通りの誕生日があるので，25 人分がとりうるすべての誕生日を列挙した場合，全部で 365^{25} 通りあることになる．その中で，誕生日が一致する人が出現する場合はどれくら

いの割合なのであろうか．誕生日が一致する人が出現するといっても様々な場合があり，それらを分類して数え上げるのは大変なので，逆に 25 人全員の誕生日が違う場合を数えて，これを 365^{25} から引くことにする．25 人全員の誕生日が違う場合の数は，365 個の数字を 25 個並べる場合の数，すなわち $_{365}P_{25}$ に等しいので，求める数は

$$365^{25} - {}_{365}P_{25} = (11.4109\cdots) \times 10^{63} - (4.9215\cdots) \times 10^{63}$$
$$= (6.4894\cdots) \times 10^{63}$$

である．この数は，可能性のある 25 人全体の誕生日の数 $365^{25} = (11.4109\cdots) \times 10^{63}$ に対して，どれくらいの割合かというと，

$$\frac{(6.4894\cdots) \times 10^{63}}{(11.4109\cdots) \times 10^{63}} \fallingdotseq \frac{6.4894}{11.4109} \fallingdotseq 0.57$$

である（$\fallingdotseq$ は，「ほぼ等しい」という意味の記号である）．この割合からすると，誕生日が一致する人が出現することは決して珍しくないことが分かる．この割合は，人数が増えるとさらに増加する．例えば，40 人なら 0.89，60 人なら 0.99 となる．60 人いれば，ほぼ必ず誕生日が一致する人が出現するといってもよい．この結果はわれわれの直観からするとやや意外に思われるかもしれない．例えば 25 人の人が集まった時に，目の前で A さんと B さんの誕生日がともに 1 月 9 日で一致したとしよう．我々はびっくりする．なぜなら，A さんの誕生日が 1 月 9 日である「確率」（これは次節で改めて定義するが，今は直観的に理解して欲しい）は，1/365 であり，これは B さんも同じである．よって，この二人がともに 1 月 9 日生まれである確率は，$(1/365)^2 \fallingdotseq 0.75 \times 10^{-5}$ であるから，極めて珍しいことである．これ自体の計算は間違っていないが，このような非常に低い確率の出来事でも，その数が増えると総体として大きな確率になることを，我々は見逃しがちである．「誕生日が一致する人が出現する」といっても，実はそこに非常に沢山の場合が含まれているのである．別に A さんと B さんでなくてもよい，C さんと D さんでもよいし，場合によっては三人の誕生日が一致する場合もある．また，先の例では 1 月 9 日としたが，別に一年のどの日でもかまわない．こ

のような様々な場合をすべて足していくと，最終的に 0.57 といった大きな数字につながるわけである．

12.2 集合と確率

直観的ではあるが，次のように考えてみる．具体的な物でもいいし，抽象的な概念でもいいが，これ以上分解できない，あるいは分解しても意味がないという最小単位を考える．これを**要素**と呼ぶことにし，その集まりを**集合**と呼ぶことにする．そうすると，ある**要素**（アルファベットの小文字 $a, b, \ldots$ で表すことにする）は，ある**集合**（アルファベットの大文字 $A, B, \ldots$ で表すことにする）に属しているか，していないかのどちらかになる．これを

$$a \in A \quad (a \text{ は}, A \text{ に属している}) \quad a \notin B \quad (a \text{ は}, B \text{ に属していない})$$

という記号で表す．また特殊な集合として，要素がまったくない「空」の集合を**空集合**と呼んで ϕ という記号で表すことにする．

A と B という二つの集合から，次のようにして新しい集合を作ることができる．一つは，A と B 両方に属している要素を集めて作った集合（**積集合**と呼ばれる）で，$A \cap B$ で表す．もし A と B に共通の要素がなければ，これは空集合になる．記号で表現すると

$$A \cap B = \phi$$

であり，このとき「集合 A と B は**互いに疎**である」という言い方をする．一方で，A と B どちらかに属している（両方に属している場合を含む）要素を集めて作った集合（**和集合**と呼ばれる）を，$A \cup B$ で表すことにする．

さらに，一般に k 個の集合 $A_i, i = 1, \ldots, k$ について，そのすべての和集合や積集合を考えることもできる．集合 $A_i, i = 1, \ldots, k$ のうち，最低どれか一つには属している要素を集めて作った集合を，$A_i, i = 1, \ldots, k$ の**和集合**と呼び，

$$\bigcup_{i=1}^{k} A_i$$

で表す．特に，集合 $A_i, i = 1, \ldots, k$ のうち，どの二つも互いに疎である，すなわち $A_i \cap A_j = \phi, i \neq j$ であるとき，$\bigcup_{i=1}^{k} A_i$ は，集合 $A_i, i = 1, \ldots, k$ に**分割**さ

れるという言い方をする．また，集合 $A_i, i = 1, \ldots, k$ の全てに属している要素を集めて作った集合を，$A_i, i = 1, \ldots, k$ の**積集合**と呼び，

$$\bigcap_{i=1}^{k} A_i$$

で表す．

集合に対して確率を定義する．確率をどう定義するかについては，さまざまな方法があるが，ここでは，次のように定義する．上で考えた「要素」を集めて一つの集合を作り，これを**全体集合**と名付け，S で表すことにする．S に属する要素を e_i $(i = 1, 2, \ldots, k)$ とする（無限個あってもよい．その時は，$k = \infty$）．一つ一つの要素 e_i には，一つの値 $P(e_i)$ が与えられていて，次のような約束事（数学の言葉では**公理**）が守られているとする．

$$0 \leq P(e_i) \leq 1, \quad i = 1, 2, \ldots, k \tag{12.8}$$

$$\sum_{i=1}^{k} P(e_i) = 1 \tag{12.9}$$

このとき，S の部分集合 A（ある集合に含まれる要素のいくつかを集めて作った集合を部分集合と呼ぶ）に対して，その確率 $P(A)$ を次のように定義する．

$$P(A) = \sum_{e_i \in A} P(e_i)$$

ただし，$\displaystyle\sum_{e_i \in A}$ は，$e_i \in A$ である e_i，すなわち A に属している要素をすべて集めて，右にある値（この場合は，$P(e_i)$）を足すという意味の記号である．空集合に関しては，$P(\phi) = 0$ とする．(12.8) と (12.9) から，任意の集合 A に対して次のことが分かる．

$$0 \leq P(A) \leq 1 \tag{12.10}$$

特に，全体集合 S に関しては，(12.9) は

$$P(S) = 1 \tag{12.11}$$

を意味する．また，e_j という一つの要素だけからなる集合（これを $\{e_j\}$ と書く）に

関しては，
$$P(\{e_j\}) = P(e_j) \tag{12.12}$$
となる．このように確率が定義された集合のことを，以降は**事象**と呼ぶことにする．

今の確率の定義に関して二点注意しておく．一つは，確率は S の部分集合（部分事象）にのみ定義されていること．S に属さない要素から作られた集合には，確率が定義されていない．これは，S を構成する要素以外は，今は考えないでおきましょうということである．つまり，確率を考えるとき，とりあえず今考えるべき範囲（= 全体集合）をまず設定することが，最初の一歩になる．逆に言えば，全体集合のとりかたによって，確率は変わってくることになる．二点目は，確率の与え方は一通りでないことである．最初に個々の要素 e_i に与えられた値 $P(e_i)$ は，二つの公理 (12.8)，(12.9) を満たしていれば，どんな値でもかまわない．確率はあくまで主観にすぎないという言い方があるが，これは人によってこの $P(e_i)$ の値が異なることを強調した言い方である[*1]．

例 12.5 3×3 の表に 9 個の数字が次のようにならんでいる．

1	2	3
4	5	6
7	8	9

ここから，数字を一つ選ぶ．このときに選ばれる数字についての確率を定義する．まず，一つ一つの要素は，「選ばれる数字が i」であり，簡単にこれを
$$e_i, \quad i = 1, \ldots, 9$$
と書く．全体集合はこれらの集まり，すなわち
$$S = \{e_1, \ldots, e_9\}$$
として定義する．

次に，一つ一つの要素に $P(e_i)$ という値を，公理 (12.8) と (12.9)

[*1] しかしながら，この値を具体的に決めないと話が先に進まない場合もあるので，その際は，「常識的な」値を前提に話をすすめる．

を満たすように，決めなければならない．$P(e_i)$ は，結局 $P(\{e_i\})$，すなわち i が選ばれる確率なので，もし表のどのマスも均等に選ばれると考えるならば，

$$P(e_i) = 1/9, \quad i = 1,\ldots,9 \tag{12.13}$$

とすべきである．これによって確率が S の部分集合に定義される．例えば，$A = \{e_2, e_4, e_6, e_8\}$ という事象に対する確率は，

$$P(A) = \sum_{e_i \in A} P(e_i) = P(e_2) + P(e_4) + P(e_6) + P(e_8) = \frac{4}{9}$$

である．A という事象は，選ぶ数字が偶数であることと等しいから，偶数の数字が選ばれる確率が 4/9 だといってもよい．

例 12.6 上の例で，(12.13) とは別の値 $P(e_i)$ を指定したら，どのように確率は変化するだろうか．例えば，人はどうしても，真ん中にあるマスほど選びやすい傾向があるとすると，次のような値がふさわしいかもしれない．

$$\begin{aligned} P(e_1) = P(e_3) = P(e_7) = P(e_9) &= 1/15 \\ P(e_2) = P(e_4) = P(e_6) = P(e_8) &= 2/15 \\ p(e_5) &= 3/15 \end{aligned} \tag{12.14}$$

この時，上の例と同じ事象 A の確率は，

$$P(A) = \sum_{e_i \in A} P(e_i) = P(e_2) + P(e_4) + P(e_6) + P(e_8) = \frac{8}{15}$$

事象 A, B と，その和事象 $A \cup B$, 積事象 $A \cap B$ の確率に関して次のような公式が成り立つ．

公式 12.1　和事象の確率

$$\begin{aligned}
P(A \cup B) &= \sum_{e_i \in A \cup B} P(e_i) \\
&= \sum_{e_i \in A} P(e_i) + \sum_{e_i \in B} P(e_i) - \sum_{e_i \in A \cap B} P(e_i) \\
&= P(A) + P(B) - P(A \cap B)
\end{aligned} \quad (12.15)$$

二番目の等式の右辺は，A に属する e_i と B に属する e_i に関して，それぞれ足したものが第一項目と二項目であり，その際重複して数えてしまった分，すなわち $A \cap B$ に属する e_i の分を第三項目で引いている．もし，A と B が互いに疎であれば，$P(A \cap B) = P(\phi) = 0$ なので，

$$P(A \cup B) = P(A) + P(B). \quad (12.16)$$

これをさらに一般化すれば，次の公式が成り立つ．

公式 12.2　和事象の確率

事象 A_i, $i = 1, \ldots, k$ のうちどの二つの事象も互いに疎であれば，

$$P\left(\bigcup_{i=1}^{k} A_i\right) = \sum_{i=1}^{k} P(A_i) \quad (12.17)$$

A_i, $i = 1, \ldots, k$ は，$\bigcup_{i=1}^{k} A_i$ の分割であるので，「ある事象の確率は，分割された事象の確率の和に等しい」と解釈してもよい．

例 12.7　再び，例 12.5 に関して，考えてみよう．新たに，以下の事象 B, C を考える．

$$B = \{e_5\}, \quad C = \{e_3, e_6, e_9\}$$

事象 C は，選ばれた数が 3 の倍数であることに他ならない．また，$A \cap C$ は，選ばれた数が偶数かつ 3 の倍数ということになり，

$$A \cap C = \{e_6\}$$

A と C に，上の公式 (12.15) をあてはめると，

$$P(A \cup C) = P(A) + P(C) - P(A \cap C) = \frac{4}{9} + \frac{3}{9} - \frac{1}{9} = \frac{2}{3}$$

となる．$P(A \cup C)$ は，選ばれた数が偶数または3の倍数である確率であるが，これが 2/3 に等しいことが分かる．一方，A と B は共通の要素を持たない，すなわち互いに疎であるから，(12.16) より，

$$P(A \cup B) = P(A) + P(B) = \frac{4}{9} + \frac{1}{9} = \frac{5}{9}$$

すなわち，選んだ数字が偶数か5である確率は 5/9 となる．

例 12.8 ある県で住民登録をしている人（住民）を一人だけ選ぶことを考える．住民の総数を N，住民一人一人について，i 番目の人が選ばれるという事象を e_i, $i = 1, \ldots, N$，これら全ての事象の集まりを全体事象とする．もし，どの人も公平に選ばれるようなやり方で選ぶとした場合は，確率の公理 (12.8) と (12.9) を満たすために

$$P(e_i) = P(\{e_i\}) = 1/N$$

とするのが適切である．この時，A 市に住んでいる住民全体を世代別に分けて，10歳未満を A_1，10歳から19歳を $A_2, \cdots$，90歳から99歳を A_{10}，100歳以上を A_{11} とすると，これらの集合は，A 市の住民全体（A とする）の分割となっている．よって選ばれた人が A 市の住民である確率は，式 (12.17) より，

$$P(A) = P(A_1) + \cdots + P(A_{11}) \qquad (12.18)$$

で求まる．この場合，どの人も公平に選ばれるようなやり方で選ぶとしているので，A に属する人の人数を n，A_i に属する人の数を n_i とすれば，確率の定義より

$$P(A) = \sum_{e_j \in A} P(e_j) = \frac{n}{N}, \qquad P(A_i) = \sum_{e_j \in A_i} P(e_j) = \frac{n_i}{N}$$

なので，(12.18) の左辺は n/N，右辺は $n_1/N + \cdots + n_{11}/N$ となり，(12.18) は，
$$n = n_1 + \cdots + n_{11}$$
という自明のことがらに他ならない．しかし，今の場合と違って，必ずしも一人一人が同じ確率で選ばれないような選び方をした場合についても，同じ結果 (12.18) が成り立つことに注意して欲しい．

事象 A の**余事象**とは，A に属さない S の要素をすべて集めて作った集合であり，記号では $\bar{A}$ と書く．そうすると，すべての S の要素は，A あるいは $\bar{A}$ のどちらかに属しているので $S = A \cup \bar{A}$，しかも A と $\bar{A}$ は，互いに疎である．したがって (12.16) より，
$$P(S) = P(A \cup \bar{A}) = P(A) + P(\bar{A}) = 1$$
これから，次の公式が成り立つ．

公式 12.3　余事象の確率

$$P(\bar{A}) = 1 - P(A) \tag{12.19}$$

が得られる．

例 12.9　太郎君があるゲーム（勝ちと負けの二つだけ存在する）を 100 回続けて行った結果について，確率を導入する．一つ一つの要素 e_i は，100 回全ての記録である．例えば，ある e_i は，勝ちを W，負けを L と記すと次のようになる．

$$e_i : \underbrace{W, W, L, \ldots, W, L}_{\text{全部で 100 個}}$$

すべての可能性のある結果（全部で $N = 2^{100}$ 通りある）を集めて全体集合 $S = \{e_1, \ldots, e_N\}$ とする．2 勝以上する（事象として A で表すことにする）確率を求めたい．2 勝から 100 勝まで，勝利数で分類すると A の分割になるので，式 (12.17) を適用することもで

きるが，非常にたくさんの確率を計算する必要があり，面倒である．そこで，余事象の公式を使うことにする．$\bar{A}$ は，一度も勝てないか（A_0），一度だけ勝つか（A_1）の二つに分割されるので，

$$P(A) = 1 - P(\bar{A}) = 1 - (P(A_0) + P(A_1))$$

となる．二つの確率 $P(A_0)$, $P(A_1)$ だけ計算すればよいので，こちらの方がはるかに楽である．$P(A_0)$ と $P(A_1)$ の具体的な値は，一つ一つの要素 e_i に与える値 $P(e_i)$ によって決まってくる．

➤ 12.3 一般的な事象に対する確率

これまで，確率を集合に対して定義した．最初に，集合の要素 e_i に対して値 $P(e_i)$ を付与して，それを足し合わせたものとして，集合の確率を定義した．このように確率の定義された集合を**事象**と呼んだ．しかし，世の中で我々が目にする出来事をすべて集合（要素の集まり）として考えるのは難しい．集合として考えにくいものでも，それに対して確率を考えることができると大変便利である．確率の対象となるもの，すなわち「事象」とは何かについて数学的に厳密な議論をするには，測度論と呼ばれる知識が必要になるので，ここでは深入りせず，「事象」とは何らかの出来事だと考える程度にしておく．そして，事象の間に次のような演算（ある事象から別の事象を作る規則）が定義されていると考える（事象を以前と同じくアルファベットの大文字 A, B 等で表現することにする）．

$A \cup B$：事象 A と事象 B のどちらかが生じる（両方生じる場合も含む）という事象
$A \cap B$：事象 A と事象 B の両方が生じるという事象
　$\bar{A}$：事象 A でないという事象

$A \cup B$ を A と B の**和事象**，$A \cap B$ を**積事象**，$\bar{A}$ を**余事象**と呼ぶことにする．さらに一般化して，事象 A_i, $i = 1, 2, \ldots, k$（個数は無限でもよい．このときは，$k = \infty$）に対して，その和事象と積事象をそれぞれ次の様に定義する．

$$\bigcup_{i=1}^{k} A_i : \text{事象 } A_i \text{ のうち，最低どれか一つが生じる．}$$

$$\bigcap_{i=1}^{k} A_i : 事象 A_i の全てが生じる.$$

抽象的で考えにくいが，**空事象**という中身がなにもない事象も一つの事象として考え，これを ϕ で表す．事象 A と B が同時に起こりえないときに，この二つは**互いに疎**であるという言い方をするが，これを空事象を使って表すと，$A \cap B = \phi$ となる．また，事象 B が生じるならば，事象 A も必ず生じるという関係があるとき，事象 B を事象 A の**部分事象**と呼ぶことにする．例えば，A, B, $A \cap B$ は，いずれも $A \cup B$ の部分事象である．空事象は，すべての事象の部分事象であると考える．

事象 A に対する確率を次のように定義する．**全体事象**と呼ばれる事象 S があり，S のいくつかの部分事象 A に対して[*2]，$P(A)$ という値が与えられており，これが次のような3つの約束（公理）をみたすとき，この $P(A)$ を事象 A の確率という．

$$0 \leq P(A) \leq 1 \tag{12.20}$$

$$P(S) = 1, \quad P(\phi) = 0 \tag{12.21}$$

事象 A_i, $i = 1, 2, \ldots, k$ （$k = \infty$ の場合も含む）のどの二つも互いに疎の時

$$P\Big(\bigcup_{i}^{k} A_i\Big) = \sum_{i=1}^{k} P(A_i) \tag{12.22}$$

このようにして定義した確率に対しても，前節で導いた公式 (12.15), (12.16), (12.17), (12.19) がすべて成立する．

▶ 12.4　条件付き確率

話を明確にするために，再び前々節と同じアプローチ（集合に対する確率）で確率を定義することにしよう．要素をいくつか集めて，それを全体集合 S と命名し，各要素に公理を満たすように割り当てた値 $P(e_i)$ をもとにして，S の部分集合（事象）に確率を定義した．

今，一つの事象，すなわち S の部分集合 B を考えて，これを全体集合としたと

[*2] 「いくつかの」という曖昧な書き方をしたが，どの程度の数（種類）の部分事象を用意するかには，選択の余地がある．詳しくは測度論の知識が必要になるので，ここでは深入りしないが，和事象，積事象，余事象といった我々がよく扱う種類の事象は，常に確率付与の対象となる．

き，どのように確率が変わるかを考えてみよう．ただし，$0 < P(B) < 1$ を仮定しておく．B に属する一つ一つの e_i には，S を全体集合として確率を導入した際に対応する値 $P(e_i)$ が与えられている．この値をそのまま使って，全体集合を B としたときの B の部分集合 A の確率（以前の確率と区別するために $\tilde{P}(A)$ という記号を使う）を

$$\tilde{P}(A) = \sum_{e_i \in A} P(e_i)$$

で定義したい．しかし，困ったことにこれでは，

$$\tilde{P}(B) = \sum_{e_i \in B} P(e_i) = P(B) < 1$$

となり公理 (12.9) と同値である (12.11) が満たされないことが分かる．そこで，次のように妥協してみる．一つ一つの要素 $e_j (\in B)$ に与える値は以前と変わっても，二つの要素の比は変えないようにする．e_j に新しく与える値を $\tilde{P}(e_j)$ とすると，この要請は，全ての $e_i, e_j (\in B)$ について

$$\frac{\tilde{P}(e_i)}{\tilde{P}(e_j)} = \frac{P(e_i)}{P(e_j)}$$

となることであり，これは，B に属するすべての e_i に関して，ある正の定数 c によって，

$$\tilde{P}(e_i) = c P(e_i)$$

と書けることに他ならない．これが，(12.11) を満たすためには，

$$\sum_{e_i \in B} \tilde{P}(e_i) = c \sum_{e_i \in B} P(e_i) = 1$$

となるので，結果的に

$$c = \frac{1}{\sum_{e_i \in B} P(e_i)} = \frac{1}{P(B)}$$

となる．同時に，この c の値であれば，$\tilde{P}(e_i)$ は，(12.8) も満たしていることが分かる．このようにして与えられた $\tilde{P}(e_i)$ を使って，B の部分集合 A に確率を定義すると，

$$\tilde{P}(A) = \sum_{e_i \in A} \tilde{P}(e_i) = \frac{1}{P(B)} \sum_{e_i \in A} P(e_i) = \frac{P(A)}{P(B)}$$

となることが分かる．すなわち，新しく与えられた確率は，S を全体事象としたときの確率を，新しい全体事象 B の確率で割ったものになる．これを，「事象 B を与えた時の A の条件付き確率」と呼び，記号 $P(A|B)$ で表す．つまり，任意の S の任意の部分集合 B と，さらにその部分集合 A に関して，

$$P(A|B) = \frac{P(A)}{P(B)}$$

となる．A が必ずしも B の部分集合ではない場合も，$A \cap B$ が B の部分集合になり，「事象 B を与えた時の $A \cap B$ の条件付き確率」が定義されるので，これを使って「事象 B を与えた時の A の条件付き確率」とする．

定義 12.1 条件付き確率

S の任意の部分集合 A，B（ただし，$P(B) > 0$）に対して，事象 B を与えた時の A の**条件付き確率**は次のように定義される．

$$P(A|B) = \frac{P(A \cap B)}{P(B)} \tag{12.23}$$

この定義は，集合 A，B に関する確率として導いたが，必ずしも集合とは限らない一般的な事象 A，B に関する確率（前節参照）においても，この定義をそのまま使うことにする．

この定義から，A と B が互いに疎，すなわち同時に生じることがないとき，$P(A \cap B) = P(\phi) = 0$ となるので，

$$P(A|B) = 0$$

となることが分かる．

条件付き確率の定義から，次の乗法公式と呼ばれるものが導かれる．

公式 12.4　乗法公式

$$P(A \cap B) = P(B)P(A|B) \qquad (12.24)$$

　この乗法公式は，二つの事象が共に起こる確率 $P(A \cap B)$ を考えるときに，とりあえずまず B が起こり，その後に A が起こるという二段階に分けて考え，後者は既に B が起こったという「条件」のもとで考えるので，条件付き確率が出てくるのだと考えると理解しやすいかもしれない．

　条件付き確率と関連したものとして，独立の概念がある．二つの事象 A と B が独立であるとは，

$$P(A|B) = P(A)$$

が成り立つことである．乗法公式から，このことは

$$P(A \cap B) = P(A)P(B)$$

あるいは，$P(B|A) = P(B)$ と同じことであることが分かる．

例 12.10　もう一度，例 12.5 のマス目について考えてみる．今度は 9 つのマスから一つ数字を選ぶ行為を二度繰り返すことにする．この時，ビンゴゲームのように，一度選んだ数字は選べないことにする．ただし，一回目も二回目も残っているマスの中で，どのマスも選ばれる確率は全て等しいことにする．この時，選んだ 2 個の数字の和が 10 になる事象を A，二回目の数字が 7 である事象を B としたとき，条件付き確率 $P(B|A)$ はいくつになるだろうか．また，事象 A と B は独立であろうか．

　集合に対する確率として考えてみよう．二回選ばれた数字の順列の一つ一つを要素 e_i とすると，これは 9 個の相異なるものを順番に 2 個並べたものと同じなので，全部で $n = {}_9\mathrm{P}_2 = 72$ 通りある．$e_i, i = 1, \ldots, n$ 全てを集めて作ったものを全体集合とする．一回目も二回目も，残っているマスの中でどのマスも選ばれる確率は全て等しいという前提があるので，$P(e_i), i = 1, \ldots, n$ はすべて等しいはずである．よって，公理 (12.8) と (12.9) を満たすためには，

$$P(e_i) = P(\{e_i\}) = \frac{1}{n} = \frac{1}{72}$$

となる．選んだ数字の合計が 10 になる要素は，次の 8 つである．

(一回目の数字, 二回目の数字)
$= (1,9), (2,8), (3,7), (4,6), (6,4), (7,3), (8,2), (9,1)$

したがって，確率の定義より

$$P(A) = \sum_{e_i \in A} P(e_i) = \frac{8}{72} = \frac{1}{9}$$

また，$A \cap B$ は，一回目が 3 で二回目が 7 であることに他ならないから，この順列 (3, 7) 単独からなる事象の確率である

$$P(A \cap B) = \sum_{e_i \in A \cap B} P(e_i) = \frac{1}{72}$$

に等しい．よって条件付き確率の定義より，

$$P(B|A) = \frac{P(A \cap B)}{P(A)} = \frac{1/72}{1/9} = \frac{1}{8}$$

となる．一方で，B に属する要素は，

$(1,7), (2,7), (3,7), (4,7), (5,7), (6,7), (8,7), (9,7)$

の 8 個なので，確率の定義より

$$P(B) = \sum_{e_i \in B} P(e_i) = \frac{8}{72} = \frac{1}{9}$$

である．$P(B|A) \neq P(B)$ なので，A と B は，独立でない．

例 12.11 引き続き，上の例について考える．一回目に選ばれた数字も，二回目で選択可能であるというルールにすると，$P(B|A)$ の値や，A と B の独立性はどう変わるだろうか．ただし，一回目も二回目も，ど

のマスも選ばれる確率は全て等しいというルールは変えないことにする.

今回は，二回選ばれる数字の順列として，(i,i), $1 \leq i \leq 9$ というものも含まれるので，要素の数はすべてで $n = 9 \times 9 = 81$ 個になり，どのマスも常に同じ確率で選ばれるという前提のもとでは，

$$P(e_i) = P(\{e_i\}) = \frac{1}{n} = \frac{1}{81}$$

となる．選んだ数字の合計が 10 になる要素は，(一回目の数字，二回目の数字) で表すと，次の 9 つである．

$(1,9), (2,8), (3,7), (4,6), (5,5), (6,4), (7,3), (8,2), (9,1)$

したがって，確率の定義より

$$P(A) = \sum_{e_i \in A} P(e_i) = \frac{9}{81} = \frac{1}{9}$$

$$P(A \cap B) = \sum_{e_i \in A \cap B} P(e_i) = \frac{1}{81}$$

結果的に

$$P(B|A) = \frac{P(A \cap B)}{P(A)} = \frac{1/81}{1/9} = \frac{1}{9}$$

となる．一方で，B に属する要素は，

$(1,7), (2,7), (3,7), (4,7), (5,7), (6,7), (7,7), (8,7), (9,7)$

の 9 個なので，

$$P(B) = \sum_{e_i \in B} P(e_i) = \frac{9}{81} = \frac{1}{9}$$

である．$P(B|A) = P(B)$ なので，A と B は，独立である．

➤ 12.5 ベイズの定理

ベイズの定理は，統計学で最もよく使われる定理の一つであり，ベイズ統計学とよばれる統計分析方法の出発点でもある．ここでは，ベイズの定理の導出とその簡単な応用について述べる．

まず抽象的にベイズの定理を導出する．事象 A と k 個の事象 $B_1,\ldots,B_k$ を考える．ただし，$A \cap B_i$, $i=1,\ldots,k$ は，A の分割，すなわち，

$$A = \bigcup_{i=1}^{k} A \cap B_i, \qquad A \cap B_i,\ i=1,\ldots,k \text{ のどの二つも互いに疎}$$

と仮定する．条件付き確率の定義，あるいは乗法公式を何度も使うと，次のようなやり方で，$P(B_1|A)$ を書き直すことができる．

$$\begin{aligned} P(B_1|A) &= \frac{P(A \cap B_1)}{P(A)} \\ &= \frac{P(A \cap B_1)}{P(A \cap B_1) + \cdots + P(A \cap B_k)} \\ &= \frac{P(A|B_1)P(B_1)}{P(A|B_1)P(B_1) + \cdots + P(A|B_k)P(B_k)} \end{aligned} \qquad (12.25)$$

二番目の等号は，$A \cap B_i$, $i=1,\ldots,k$ が A の分割であることを利用して，式 (12.17) を適用している．$P(B_2|A)$ から $P(B_k|A)$ についても，同様の表現が可能であり，これを一般的に表現したものが，次の**ベイズの定理**である．

定理 12.1 ベイズの定理

$A \cap B_i$, $i=1,\ldots,k$ が A の分割であるとき，全ての i $(1 \leq i \leq k)$ について次式が成り立つ．

$$P(B_i|A) = \frac{P(A|B_i)P(B_i)}{P(A|B_1)P(B_1) + \cdots + P(A|B_k)P(B_k)} \qquad (12.26)$$

ここで，ベイズの定理の一つの解釈の仕方を述べておく．「ある結果は，ある状況のもとで生まれた」というような考え方を我々はするが，ここでは，A を結果，

$B_i, i = 1, \ldots, k$ を状況（幅広い意味での原因といってもよい）として考えてみる．ただし，$A \cap B_i, i = 1, \ldots, k$ は，A の分割でなければいけないので次のように想定する．A が生じる状況としては，$B_i, i = 1, \ldots, k$ の k 通りしかなく，しかもそのどの二つも同時には起こらない，つまり，$B_i, i = 1, \ldots, k$ のうち，どれか一つだけが生じていると想定する．このように考えると，$P(B_i), i = 1, \ldots, k$ は，それぞれの状況 B_i が生じる確率であり，$P(A|B_i), i = 1, \ldots, k$ は，状況 B_i が生じているという条件のもとで，A が起こる確率となる．我々は，この $2k$ 個の確率をすべて知っているとする．この時，実際に A が生じたとすると，この結果を生んだ状況は，$B_i, i = 1, \ldots, k$ のうち，どれだったのであろうか．すでに A は起こってしまっているので，A という条件下で B_i が生じている確率，すなわち $P(B_i|A)$ を考える必要があるが，これをベイズの定理から計算することができるのである．ベイズの定理の右辺に出現する確率をすべて我々は知っているからである．ある j に関して，$P(B_j|A)$ が圧倒的に高ければ，状況（原因）として B_j が疑わしいと考えることができる．ベイズの定理の左辺と右辺で，条件付き確率の事象（| の前）と条件（| の後ろ）が入れ替わっていることに注意して欲しい．

ここからは，具体的な例を通して，ベイズの定理の使い方・有用性を学ぶことにする．

例 12.12 ある工場が火災で全焼したが，その原因として三つの原因が考えられる．一つが漏電であり，二つ目がタバコの不始末，三つ目が放火である．これらのうち，二つが同時に起こることは，ほぼないと考えられる．一般的に，漏電が工場で起こる確率は $1/10^3$，タバコの不始末の確率が $1/10^4$，放火の確率は $1/10^6$ である．また，漏電があったときに全焼する確率は $1/10^4$，タバコの不始末から全焼する確率は $1/10^3$，放火から全焼にいたる確率は $1/4$ である．これらの状況から判断して，三つのうちどれが火災の原因である可能性が高いかをベイズの定理を使って考えてみる．

記述を省略して書くと，我々が知っている確率は次のようになる．

$P(漏電) = 1/10^3, \ P(タバコ) = 1/10^4, \ P(放火) = 1/10^6$

$P(全焼 | 漏電) = 1/10^4, \ P(全焼 | タバコ) = 1/10^3,$

$P(全焼 | 放火) = 1/4$

ベイズの定理を使うと，次のようになる（スペースの節約のために，さらに記号を省力して，「漏電」を「漏」のように先頭の一文字で記すことにする）．

$$P(漏 \mid 全) = \frac{P(全 \mid 漏)P(漏)}{P(全 \mid 漏)P(漏) + P(全 \mid タ)P(タ) + P(全 \mid 放)P(放)}$$
$$= \frac{10^{-4} \times 10^{-3}}{10^{-4} \times 10^{-3} + 10^{-3} \times 10^{-4} + (1/4) \times 10^{-6}}$$
$$= \frac{10^{-7}}{10^{-7} + 10^{-7} + (1/4)10^{-6}} = \frac{1}{1 + 1 + 2.5} = \frac{2}{9}$$

$$P(タ \mid 全) = \frac{P(全 \mid タ)P(タ)}{P(全 \mid 漏)P(漏) + P(全 \mid タ)P(タ) + P(全 \mid 放)P(放)}$$
$$= \frac{10^{-7}}{10^{-7} + 10^{-7} + (1/4)10^{-6}} = \frac{1}{1 + 1 + 2.5} = \frac{2}{9}$$

$$P(放 \mid 全) = \frac{P(全 \mid 放)P(放)}{P(全 \mid 漏)P(漏) + P(全 \mid タ)P(タ) + P(全 \mid 放)P(放)}$$
$$= \frac{(1/4)10^{-6}}{10^{-7} + 10^{-7} + (1/4)10^{-6}} = \frac{2.5}{1 + 1 + 2.5} = \frac{5}{9}$$

この結果から，一番可能性が高いのは，放火ということになる．ベイズの定理を導出した (12.25) の二番目の等式，あるいは上の計算過程から分かるが，三つの原因の条件付き確率の比は，原因が生じなおかつ全焼になる確率の比と等しい．すなわち，

$$\frac{P(タ \mid 全)}{P(漏 \mid 全)} = \frac{P(タ \cap 全)}{P(漏 \cap 全)} = 1, \qquad \frac{P(放 \mid 全)}{P(漏 \mid 全)} = \frac{P(放 \cap 全)}{P(漏 \cap 全)} = 2.5$$

なぜ，放火自体の起こる確率は極めて小さいのに，放火が原因となった可能性が他の原因より 2.5 倍も高いのだろうか．それは，放火から全焼にいたる可能性が 1/4 で，他のものに比べて非常に高いからに他ならない．

例 12.13 ある河川で大量に魚が死んでいるのが発見された．原因と思われる汚染物質は，A, B, C の三つであった（ただし，同時に二つの汚染物資が関与している可能性はない）．それぞれの物質が河川に流れ込む危険性は，それぞれ $1/10, 1/10^3, 1/10^4$ であった．一方，汚染物資が流れ込んだ場合に，大規模な魚の死亡にいたる確率は，それぞれ $1/100, 1/5, 1/2$ であった．三つの物質のどれが原因である可能性が高いのだろうか．

魚が大量に死んだという事象を D とすると，ベイズの定理より，

$$P(A|D) = \frac{(1/10)(1/100)}{(1/10)(1/100) + (1/10^3)(1/5) + (1/10^4)(1/2)}$$
$$= \frac{10}{10 + 2 + 0.5} = \frac{20}{25}$$
$$P(B|D) = \frac{2}{10 + 2 + 0.5} = \frac{4}{25}$$
$$P(C|D) = \frac{0.5}{10 + 2 + 0.5} = \frac{1}{25}$$

となり，原因として一番疑わしいのは A である．毒性からいえば，物質 A はその他の物質に比べて低い（$P(D|A) = 1/100$）が，相対的に川に流れ込む可能性が高い（$P(A) = 1/10$）ために，このような結果になっているのが分かる．例 12.12 の放火とは，ちょうど逆の理由で，原因となる確率が高くなっていることに注意して欲しい．

最後の例は，よく知られた例（モンティ・ホール問題）であるが，確率の世界における直観の不正確さやベイズの定理の有用性がよく伝わる例である．

例 12.14 三つの扉があり，その後ろの一つには商品となる車が置かれている．一つの扉を選んで，その背後に車があれば，その車をもらえるというゲームを行う．ただし，ゲームの参加者が，最初に扉を選んだあとで，ゲームの司会者が，残りの二つの扉のうち，車がない方の扉を開けてくれる．参加者は，ここで最終的な選択として，最初に選んだ扉のままにするか，それとも残りの扉に変更するかを選ぶことができる．確率的にどちらが商品を手に入れる確率が高いだろうか．

ここで，扉を区別するために，参加者が最初に選んだ扉を A，司会

者が明けた扉をB，残りの扉をCと呼ぶことにする．今の状況（司会者が扉Bを開けた）をEという記号で表すことにする．まず，ゲームの開始前にA，B，Cのどの扉の後ろに車を置くかは，参加者の選択前なので，特に差はないはずである．よって，これらはいずれも1/3である．これを省略して，$P(車はA) = P(車はB) = P(車はC) = 1/3$と記すことにする．次に，車が扉Aの後ろにある時に，現在の状況E，すなわち扉Bが開かれているという状況が生まれる確率は，1/2である．なぜなら，司会者としては，扉Bと扉Cどちらの後ろにも車がないので，どちらを選んでも同じである．これを，条件付き確率で表現すると，$P(E|車はA) = 1/2$となる．車が扉Bの背後にある場合は，$P(E|車はB) = 0$である．なぜなら，車がBの後ろにあるときには，必ず扉Cを開けるからである．最後に車がCの背後にあるときはどうか．この場合，$P(E|車はC) = 1$である．車のない扉はBしかないからである．これらをベイズの定理にあてはめると，以下のようになる．

$$P(車はA|E) = \frac{1/3 \times 1/2}{1/3 \times 1/2 + 1/3 \times 0 + 1/3 \times 1} = \frac{1}{1+0+2} = \frac{1}{3}$$

$$P(車はB|E) = \frac{1/3 \times 0}{1/3 \times 1/2 + 1/3 \times 0 + 1/3 \times 1} = \frac{0}{1+0+2} = 0$$

$$P(車はC|E) = \frac{1/3 \times 1}{1/3 \times 1/2 + 1/3 \times 0 + 1/3 \times 1} = \frac{2}{1+0+2} = \frac{2}{3}$$

結果的に，参加者が選択をAからCに変えた方が，2倍も車を手に入れる確率が高くなることが分かる．このゲームは，実際にアメリカの番組で行われていたゲームショー（司会者の名前がモンティ・ホール）で，直観的に多くの人が，AをんでもCを選んでも勝つ確率に差はないと考えたので，この結論をめぐって多くの議論が巻き起こったということである．

最後に，もう少し直観的にベイズの定理を理解する方法（あるいは簡便な計算方法）を紹介しておく．この節の最初の例12.12を使って説明しよう．仮定から，漏電・タバコの不始末・放火の生じる割合は，それぞれ$1/10^3 : 1/10^4 : 1/10^6 = 1000 : 100 : 1$なので，一年間に全国の工場で，十万件の漏電，一万件のタバコの不始末，百件の

放火が起きているとしよう．漏電があったときに全焼する確率は $1/10^4$ なので，十万件の漏電のうち，全焼にいたるものは，10 件である．また，タバコの不始末から全焼する確率は $1/10^3$ なので一万件のタバコの不始末のうち，全焼にいたるものは，10 件である．最後に，放火から全焼にいたる確率は $1/4$ なので，百件の放火のうち，全焼にいたるものは 25 件である．結局，全焼に至った工場の数は，合計で $10+10+25=45$ 件であり，そのうち原因が漏電，タバコの不始末，放火であったものがそれぞれ 10 件，10 件，25 件なので，

$$P(漏電 \mid 全焼) = \frac{10}{45} = \frac{2}{9}$$

$$P(タバコ \mid 全焼) = \frac{10}{45} = \frac{2}{9}$$

$$P(放火 \mid 全焼) = \frac{25}{45} = \frac{5}{9}$$

となる．この例からも分かるとおり，ベイズの定理で重要なのは，各「状況（原因）」（今の例では，漏電，タバコの不始末，放火）の生じる割合であり，個々の確率（$P(漏電)$，$P(タバコの不始末)$，$P(放火)$）が分からなくても，割合さえ分かれば実際の計算ができる．このことは，ベイズの定理 (12.26) の右辺の分子と分母に出てくる $P(B_i)$，$i = 1, \ldots, k$ 全てに同じ定数を掛けても，結果は同じであることからも分かる．

▶ 第 12 章 練習問題

12.1 高校のあるクラスは全員で 25 人であるが，そのうち自宅生が 14 人，寮生が 11 人となっている．クラス会の議長 1 名，副議長 2 名，書記 2 名を選出したいが，議長と副議長が，全員自宅生か全員寮生となるのは避けたい．何通りの選び方があるか．

12.2 条件付き確率についても，通常の確率と同じ次のような性質が成り立つことを証明せよ．
(1) $0 \leq P(A|B) \leq 1$.
(2) $P(A_1 \cup A_2 | B) = P(A_1|B) + P(A_2|B) - P(A_1 \cap A_2|B)$.
(3) 事象 A_i，$i = 1, \ldots, k$ のうちどの二つも互いに疎であれば，

$$P\Bigl(\bigcup_{i=1}^{k} A_i \,\Big|\, B\Bigr) = \sum_{i=1}^{k} P(A_i|B).$$

(4) $P(\bar{A}|B) = 1 - P(A|B)$.

12.3 事象 A と B が独立ならば，A と $\bar{B}$，$\bar{A}$ と B，$\bar{A}$ と $\bar{B}$ はすべて独立であることを証明せよ．

> **コラム：ベン図**　12.2 節では，確率の付与された集合を事象と呼んだ．集合は円や四角で表現すると，その関係が説明しやすい．これをベン図と呼ぶが，その集合に付与された確率を，その図形の面積で表現すると，この章で学んだ多くの確率に関する法則を直観的に理解できて大変便利である．（実は，この面積による確率の表現は，確率をより数学的に厳密に定義するときの基本となっている．）

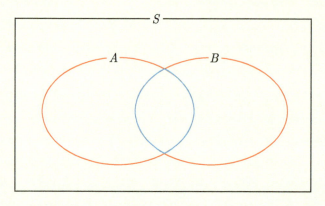

上図では，全体事象 S を外側の大きな四角，事象 A と B を楕円形で表している．公理の (12.21) にある通り，$P(S) = 1$ なので，大きな四角の面積を 1 にしておく．このとき，他の公理，例えば $0 \leq P(A) \leq 1$ なども明らかに成立している．空集合の確率を 0 にするというのも，面積の観点からは自然な約束ごとになる．公式 12.1 の和事象の公式も，直観的に理解できる．すなわち，$A \cup B$（赤いラインで囲まれた部分）の面積を求める際に，A と B の面積をそれぞれ足すと，重なりの部分（青い枠線）の面積，すなわち $P(A \cap B)$ がダブっているので，それを引くという操作が，和事象の公式に他ならない．

{ 第 **13** 章 }

確率変数と確率分布

▶ 13.1 確率変数と確率分布

やや抽象的になるが，X がいくつかの値 x_i, $i = 1, \ldots, k$ をとる，つまり変化する数（変数）だとしよう．とりうる値の数 k は，無限でもよくこの場合は，$k = \infty$ とする．この時，前章の 12.2 節で集合に確率を定義したやり方で，確率を定義しよう．まず，要素 e_i を「$X = x_i$」，つまり X が x_i になることとする．e_i, $i = 1, 2, \ldots, k$ をすべて集めたものを S として，$P(X = x_i) = P(e_i)$ の値を公理 (12.8) と (12.9) を満たすように定める．こうした定められた X に関する確率を，X の**確率分布**と呼ぶ（今後は，単に分布と呼ぶこともある）．また一方で，何らかの確率分布を付与された変数 X のことを**確率変数**と呼ぶことにする．

例 13.1 例 12.5 において X を選ばれる数字を示す変数とすると，X は確率変数であり，その確率分布は (12.13) で与えられている．また，例 12.6 では，その確率分布は (12.14) で与えられている．

確率変数は「変数」なので，たった一つの値しかとらない「定数」の場合は厳密には該当しないことになるが，この場合もあえて確率変数とすることにしておくと，のちのち便利である（例えば例 13.2 参照）．

確率分布は，$P(e_i)$ によって与えられたが，$P(e_i)$ は結局 $P(\{e_i\})$，すなわち $X = x_i$ の確率のことである．さらに省略して $P(x)$ を

$$P(x) = P(X = x) \tag{13.1}$$

と定義すると，

$$P(e_i) = P(x_i), \ i = 1, 2, \ldots, k$$

となり，$P(x)$ によって確率分布は決まることになる．x の関数として考えられた $P(x)$ を**確率関数**と呼ぶ．$P(e_i)$ に関する二つの公理 (12.8) と (12.9) から，確率関数が

$$0 \leq P(x) \leq 1 \tag{13.2}$$

$$\sum_x P(x) = 1 \tag{13.3}$$

を満たしていなければならないことがすぐ分かる（ただし，$\sum_x$ は，すべてのとりうる値 x に渡っての足し算を意味する記号である）．前章で考えたような確率の構成を経ず，より直接的・直観的に，「確率変数 X とは，そのとりうる値 x に対して関数 $P(x)$ が与えられており，それらが公理 (13.2), (13.3) を満たすもの」，そして「確率関数とは，その $P(x)$ のこと」と定義しても，応用面においては同じことである．

今後混乱しないように，確率変数とその「実現値」の区別もしておこう．確率変数自体は，確率分布をもつ変数であり，それがとる具体的な値とは切り離して考える．記号としては，もっぱらアルファベットの大文字 X, Y 等を使うことにする．一方で確率変数がとる具体的な値は，**実現値**と呼ぶことにして，こちらはアルファベットの小文字で，x, y 等と書くことにする．上の例 13.1 でみると，確率変数 X は実際に数字を選ぶ前の抽象的な概念として，実現値 x は選んだ後の具体的な値で，$x = 1, 2, \ldots, 9$ の九つあると考えればよい．

例 13.2 通常のサイコロを一回ふった時にでる目の数を X とする．これは，次の様にして，確率変数となる．X の実現値 x は 1 から 6 までの 6 つの整数であり，次のように確率関数 $P(x)$ を定める．

$$P(1) = P(2) = \cdots = P(6) = \frac{1}{6}$$

つまり，どの目も出る確率は等しいという確率分布である．この確率分布が上の公理 (13.2), (13.3) を満たしていることは明らかである．もし，6 の目が 1 に代えられたサイコロであれば，同様に定義された確率変数 X の実現値は，$x = 1, 2, \ldots, 5$ となり，確率関数は

$$P(1) = \frac{1}{3}, \quad P(2) = P(3) = \cdots = P(5) = \frac{1}{6}$$

とすればよい．この場合も二つの公理が満たされているのは，明らかである．さらに，全ての目が1になっているサイコロの場合は，実現値は $x=1$ のみ，確率関数は，

$$P(1) = 1$$

となる．先にふれたように，この場合は X は定数であるが，確率変数とみなすことにする．

確率変数の実現値の個数は，有限でなくてもかまわないが，次の例がそれに該当する．

例 13.3 1の目が最初にでるまでに何回サイコロをふったかを X とする．今回は，X がとりうる値は，$x=1,2,3,\ldots$，という整数だが，どんな大きな数もとりうる（理論的には，1万回ふっても1の目がでないことはありうる）．確率分布に関しては，

$$P(x) = \left(\frac{5}{6}\right)^{(x-1)} \frac{1}{6}, \qquad x=1,2,\ldots,\infty \quad (13.4)$$

とすることが考えられる．これは，ある回に投げたサイコロの目に関する事象と，それ以前の回のサイコロの目に関する事象が，互いに独立だというルールを繰り返し適用することで出てくる．これも二つの公理を満たしているが，(13.3) の方は，無限等比級数の和の公式

$$a + ar + ar^2 + \cdots = \sum_{i=1}^{\infty} ar^{i-1} = \frac{a}{1-r} \quad \text{ただし，} r<1$$

において，$a=1/6, r=5/6$ とすればよい．

前章の 12.2 で見た方法で，確率関数 $P(x)$ から，X に関する事象 A（要素の集まりとしての集合）についての確率も定義されることになる．すなわち，

$$P(A) = \sum_{x \in A} P(x) \qquad (13.5)$$

である．ただし，$\sum_{x \in A}$ は A という事象に属する x（より正確には，$X = x$ に対応する e_i が A に属するような x）についてすべて足しなさいという意味の記号である．これらについても，(12.10), (12.11), (12.15), (12.16), (12.17), (12.19) が成り立つ．

例 13.4 例 13.3 について再び考えてみる．「X が偶数」という事象を A，「X が 3 の倍数」という事象を B とするとき，確率 $P(A \cup B)$ と $P(\bar{A})$ はいくつになるだろうか．要素の集まった集合（事象）に対する確率の定義から，

$$P(A) = \sum_{x \text{ が偶数}} P(x) = P(2) + P(4) + P(6) + \cdots$$
$$= \frac{5}{36} + \frac{5}{36}\frac{25}{36} + \frac{5}{36}\left(\frac{25}{36}\right)^2 + \cdots$$

となるが，これは初項が 5/36 で公比が 25/36 の等比級数の無限和なので，先の公式より，

$$P(A) = \frac{5}{36} \frac{1}{1 - 25/36} = \frac{5}{11}$$

となる．同様にして，

$$P(B) = \sum_{x \text{ が 3 の倍数}} P(x) = P(3) + P(6) + P(9) + \cdots$$
$$= \frac{25}{216} + \frac{25}{216}\frac{125}{216} + \frac{25}{216}\left(\frac{125}{216}\right)^2 + \cdots$$
$$= \frac{25}{216} \frac{1}{1 - 125/216}$$
$$= \frac{25}{91}$$

一方，$A \cap B$ は「X は偶数」かつ「X は 3 の倍数」なので，「X は 6 の倍数」という事象に等しい．よって，

$$P(A \cap B) = \sum_{x \text{ が 6 の倍数}} P(x) = P(6) + P(12) + P(18) + \cdots$$
$$= \frac{5^5}{6^6} + \frac{5^5}{6^6}\frac{5^6}{6^6} + \frac{5^5}{6^6}\left(\frac{5^6}{6^6}\right)^2 + \cdots$$

$$= \frac{5^5}{6^6} \frac{1}{1-(5/6)^6}$$
$$= \frac{5^5}{6^6 - 5^6}$$
$$= \frac{3125}{31031}$$

以上のことから，

$$P(A \cup B) = P(A) + P(B) - P(A \cap B) = \frac{5}{11} + \frac{25}{91} - \frac{3125}{31031}$$
$$= \frac{19524505}{31062031} \fallingdotseq 0.63$$

余事象の公式より，

$$P(\bar{A}) = 1 - P(A) = 1 - \frac{5}{11} = \frac{6}{11}$$

である．$\bar{A}$ は，X が奇数であるという事象に他ならないので，これから直接求めると

$$P(\bar{A}) = \sum_{x \text{ が奇数}} P(x) = P(1) + P(3) + P(5) + \cdots$$
$$= \frac{1}{6} + \frac{1}{6}\frac{25}{36} + \frac{1}{6}\left(\frac{25}{36}\right)^2 + \cdots$$
$$= \frac{1}{6}\frac{1}{1-25/36}$$
$$= \frac{6}{11}$$

　これまで，確率変数として，その実現値が $x = 1, 2, \ldots, k$（ただし，$k = \infty$ となる場合も含む）のように，整数の値をとるものを考えてきた．実現値が（整数に限らず）とびとびの値，例えば1.3の次は1.4で中間の値がないというようなタイプの確率変数を**離散型確率変数**と呼ぶ．それに対して，**連続型確率変数**と呼ばれるものがあり，こちらは実現値としてどんなに細かな値，例えば，1.34でも1.346でも，さらに細かい値でも取りうるタイプの確率変数である．離散型確率変数では，X に

関する確率を構築するのに，前章の 12.2 のやり方，すなわち集合の要素（$X = x$ というかたちの要素）に対する確率をまず与えて（確率関数によって与えられた），そこから集合（事象）の確率を定義するという方法をとった．しかし，連続型確率変数では，このやり方では数学的にうまく確率を構築できないことが分かっている．そこで前章の 12.3 でみたように，事象に直接確率を割りあてるやり方で，確率を構成する．

連続型の確率変数 X に関する確率を導入する際に，事象としてどのようなものを考えるかについての深い議論については，測度論の知識が必要になるが，次のような形の事象が基本となる．

$$a \leq X \leq b \tag{13.6}$$

ここで，a, b は $a \leq b$ であるようなある実数だが，特別な場合として $a = -\infty$ や $b = \infty$ も含む（ただし，この場合は等号はいれず，$a \leq X < \infty$，あるいは単に $a \leq X$ といった記載をする）．全体事象としては，$a = -\infty, b = \infty$ の場合，すなわち

$$-\infty < X < \infty$$

を考える．これは，X がどんな値でもよいということに他ならない．ただし，確率の二番目の公理 (12.21) より，$P(-\infty < X < \infty) = 1$ とならなければいけない．

X に関する確率を構築するためには，すべての a, b（ただし，$-\infty \leq a \leq b \leq \infty$）に，$P(a \leq X \leq b)$ を決める必要がある．さらに (13.6) のような形で書ける事象のみならず，それらから $\cap$ や $\cup$ のような演算，あるいは余事象の演算で生み出される全ての事象について，公理 (12.20), (12.21), (12.22) を満たさなければならない．連続型確率変数の場合，a や b がどんな値でもとれるので，これは簡単ではない．しかし，大変便利な方法が一つあることが分かっている．次のような関数 $f(x)$ を考える．

$$f(x) \geq 0, \quad -\infty < x < \infty \tag{13.7}$$

$$\int_{-\infty}^{\infty} f(x)\,dx = 1 \tag{13.8}$$

(13.7) は，$f(x)$ の値が非負であることを要求している．非負の関数を a から b まで積分することは，$y = f(x)$ のグラフと x 軸（$y = 0$ の直線）の間の $x = a$ から $x = b$ までの面積（図 13.1 でいうと，灰色の部分の面積）を求めることになる．

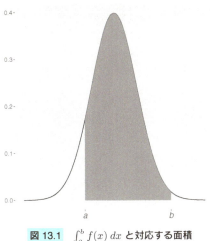

図 13.1 $\int_a^b f(x)\,dx$ と対応する面積

従って，(13.8) は，$y = f(x)$ のグラフと x 軸の間の総面積がちょうど 1 になることを求めている．このような関数を用意して，$P(a \leq X \leq b)$ を

$$P(a \leq X \leq b) = \int_a^b f(x)\,dx \tag{13.9}$$

で定義する．こうすると，$a \leq X \leq b$ という形でかける X の事象のみならず，そこから和事象，積事象，あるいは余事象の操作等で生まれるすべての事象について，公理 (12.20)，(12.21)，(12.22) が満たされることが分かっている．例えば，どんな区間についても積分，すなわち面積の性質から，

$$0 \leq P(a \leq X \leq b) = \int_a^b f(x)\,dx \leq \int_{-\infty}^{\infty} f(x)\,dx = 1$$

という不等式が成り立つことから，(12.20) が $a \leq X \leq b$ という形の事象については成立することがすぐ分かる．結局，この関数 $f(x)$ があれば，そこから全ての X に関する確率が計算できる．別の言い方をすれば，この関数を決めれば，X に関する全ての確率が決まることになる．この便利な関数のことを，**確率密度関数**（あるいは，省略して**密度関数**）と呼ぶ．また，このようにして決まる X に関する確率のことを，離散型の場合と同じ様に X の**確率分布**と呼ぶ．連続型の確率変数に関して注意すべきことが一つある．密度関数から積分（面積）を用いて，確率を決めることにすると任意の点 a に対して，次のような結論になる．

$$P(X = a) = P(a \leq X \leq a) = \int_a^a f(x)\,dx = 0$$

つまり，連続型確率変数の場合は，特定の値になる確率は常にゼロである．これは，離散型確率変数との大きな違いで，最初はやや戸惑うところだが，連続型確率変数に関する確率は，特定の値（一点）で考えても意味はなく，区間で考えるようにしなければいけないことになる．

X に関する事象に確率を導入する際の出発点となる $P(a \leq X \leq b)$ のうち，特に $a = -\infty$ を固定して，b を x に置き換えたものは，確率の世界で重要な役割を果たす．これを x の関数として考え，**確率分布関数**（あるいは，（累積）分布関数）と呼び，$F(x)$ で表す．すなわち，

$$F(x) = P(X \leq x) = \int_{-\infty}^{x} f(t)\,dt \tag{13.10}$$

である．実は，この関数を決めるだけでも，X に関する確率は一意に定まることが分かっている．また，確率分布関数を微分すると確率密度関数になることが知られている．すなわち，

$$\frac{dF(x)}{dx} = f(x)$$

である．

例 13.5 X は，連続型の確率変数で，つぎのような密度関数をもつ．

$$f(x) = \begin{cases} 1/2, & -1 \leq x \leq 1 \\ 0, & それ以外 \end{cases} \tag{13.11}$$

この確率変数に関して，$P(0.3 \leq X \leq 0.6)$ と $P(-1.3 \leq X \leq -0.5)$ の値はどうなるかを考えてみる．確率密度関数と確率の関係 (13.9) から，

$$P(0.3 \leq X \leq 0.6) = \int_{0.3}^{0.6} f(x)\,dx$$
$$= \int_{0.3}^{0.6} \frac{1}{2}\,dx$$

となるが，これは図 13.2 の灰色の部分の面積に他ならないので，長

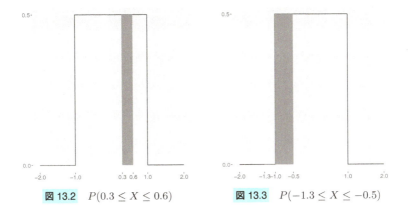

図 13.2 $P(0.3 \leq X \leq 0.6)$　　**図 13.3** $P(-1.3 \leq X \leq -0.5)$

方形の面積の公式から，$(0.6 - 0.3) \times 0.5 = 0.15$ である．また，

$$P(-1.3 \leq X \leq -0.5) = \int_{-1.3}^{-0.5} f(x)\,dx$$
$$= \int_{-1.3}^{-1.0} 0\,dx + \int_{-1.0}^{-0.5} \frac{1}{2}\,dx$$
$$= \int_{-1.0}^{-0.5} \frac{1}{2}\,dx$$

となるが，これは図 13.3 の灰色の部分の面積に他ならないので，長方形の面積の公式から，$(-0.5 + 1.0) \times 0.5 = 0.25$ である．確率密度関数が 0 である範囲 $-1.3 \leq X \leq -1.0$ の面積がないので，確率に寄与していないことに注意して欲しい．

　離散型確率変数の場合は確率関数 $P(x)$，連続型確率変数の場合は密度関数 $f(x)$ を決めることで，確率変数に関する確率が構築されることをみた．実は，より広い数学的な道具立てのもとでは，両者は本質的に同一のものであるが，最初は「離散型確率変数と確率関数」，「連続型確率変数と密度関数」というペアリングのもとで区別して扱った方が分かりやすいので，今後は両者を区別して説明する．

　最後に確率変数 X をもとにして，別の確率変数 Y を作る方法を考える．$T(x)$ という関数があり，この x に確率変数 X を代入したものを $Y = T(X)$ とすると，

この Y に関する様々な事象は，X に関する事象でもあるので[*1]，この Y に関する確率分布は既に与えられていることになる．X が離散型であれば，Y も離散型であるが，果たしてその既に与えられている Y の確率分布に対応するような Y 自身の確率関数は存在するのだろうか．存在するとすれば，具体的にどんな形になるだろうか．また，X が連続型の場合，Y も連続型であるが，すでに与えられている Y の確率分布に適合するような Y の密度関数は存在するのか，存在するとすれば，どのような形になるだろうか．

まず，離散型の場合を考えてみる．Y の可能性のある実現値を $y_j, j = 1, \ldots, m$ ($m = \infty$ の場合も含む) としよう．この時，

$$A_j = \{x | T(x) = y_j\}, \quad j = 1, \ldots, m \tag{13.12}$$

と定義する．これは，$Y = y_j$ という事象に属する x を集めたものである．関数 $T(x)$ が一対一（単射）であれば，A_j に属する x の数は一つだが，そうでない場合，A_j に属する x の数は複数になる．Y の確率関数が存在するとして，それを $P_Y(y)$ と書くことにする．これは，次の式を満たさなければいけない．

$$\begin{aligned}&P_Y(y_j)\\&= P(Y = y_j) = P(A_j) = \sum_{x \in A_j} P_X(x), \quad j = 1, \ldots, m\end{aligned} \tag{13.13}$$

ただし，$P_X(x)$ は X の確率関数であり，最後の等式は (13.5) による．改めて，(13.13) で確率関数 $P_Y(y)$ を定義することにすると，これは明らかに公理 (13.2) を満たしている．また，公理 (13.3) が満たされていることは，次のようにして分かる．

$$\sum_y P_Y(y) = \sum_{j=1}^m P_Y(y_j) = \sum_{j=1}^m P(A_j) = P(S) = 1$$

最後から二番目の等式は，$A_j, j = 1, \ldots, m$ が S の分割になっていることから成立する．これによって，X から導かれた確率分布に適合するような Y の確率関数が存在すること，その具体的な形は，(13.13) で与えられることが分かった．

今度は，連続型の場合について考えてみるが，話を簡単にするために，$y = T(x)$

[*1] $T(x)$ が非常に「癖のある関数」だと，実はこのことが成立しないが，ここでは，滑らかな関数を考えておくことにする．

が単調増加関数で，微分可能な逆関数 $x = T^{-1}(y)$ が存在する場合を考えてみる[*2]. 仮に Y の密度関数が存在するとして，それを $f_Y(y)$ と書き，一方 X の密度関数を $f_X(x)$ と書くことにする．式 (13.9) より

$$\int_a^b f_Y(y)\,dy = P(a \leq Y \leq b) = P(a \leq T(X) \leq b)$$
$$= P(T^{-1}(a) \leq X \leq T^{-1}(b)) = \int_{T^{-1}(a)}^{T^{-1}(b)} f_X(x)\,dx$$
$$= \int_a^b f_X(T^{-1}(y))\frac{dT^{-1}(y)}{dy}\,dy$$

となる．最後の等式は，置換積分の公式（「第 II 部 微分積分」定理 9.8）を用いている．結局任意の $-\infty \leq a \leq b \leq \infty$ について，

$$\int_a^b f_Y(y)\,dy = \int_a^b f_X(T^{-1}(y))\frac{dT^{-1}(y)}{dy}\,dy \tag{13.14}$$

となるが，これは

$$f_Y(y) = f_X(T^{-1}(y))\frac{dT^{-1}(y)}{dy} \tag{13.15}$$

を意味する．この式で改めて密度関数 $f_Y(y)$ を定義することにしたいが，そのためには，この $f_Y(y)$ が (13.7), (13.8) を満たしていなければならない．(13.7) は， $T^{-1}(y)$ が y の単調増加関数であり，

$$\frac{dT^{-1}(y)}{dy} \geq 0$$

となることより，明らかである．また，(13.8) も

$$\int_{-\infty}^{\infty} f_Y(y)\,dy = \int_{-\infty}^{\infty} f_X(T^{-1}(y))\frac{dT^{-1}(y)}{dy}\,dy$$
$$= \int_{-\infty}^{\infty} f_X(x)\,dx = P(-\infty \leq X \leq \infty) = 1$$

より分かる．これより，X から導かれた確率分布に適合するような Y の密度関数が確かに存在すること，その具体的な形は (13.15) であることが分かった．

[*2] $T(x)$ が単調増加でなくても，局所的に滑らかな逆関数が存在していれば，以下と同様の議論が成り立つが，ここではふれないことにする．

13.2 期待値，分散，積率

確率変数 X の**期待値（平均）**（$E[X]$, あるいは μ_X, さらに省略して μ という記号で表現する）を次のように定義する．X が離散型の場合，

$$E[X] = \sum_x xP(x) = \sum_x xP(X=x) \tag{13.16}$$

ただし，$\sum_x$ は，可能性のある実現値すべてに関して足しなさいという意味である．もし，X の実現値が $x = 1, 2, \ldots, k$ （$k = \infty$ の場合を含む）であれば，

$$E[X] = \sum_{x=1}^{k} xP(x)$$

となる．一方，X が連続型の場合，

$$E[X] = \int_{-\infty}^{\infty} xf(x)\,dx \tag{13.17}$$

となる．$f(x) = 0$ であるような x の範囲では，積分はゼロになるので，$f(x) > 0$ である範囲で積分すればよい．例えば，(13.11) の密度関数であれば

$$E[X] = \int_{-1}^{1} xf(x)\,dx$$

となる．

例 13.6 例 12.5 で，X を選ばれた数字を示す確率変数としよう．X の期待値は，

$$E[X] = \sum_x xP(x) = \sum_{x=1}^{9} xP(x)$$
$$= \sum_{x=1}^{9} x\frac{1}{9} = \frac{1}{9}\sum_{x=1}^{9} x = \frac{1}{9}\frac{9\times(9+1)}{2} = 5$$

となる．最後から二番目の等式は，公式

$$\sum_{i=1}^{n} i = 1 + 2 + \cdots + n = \frac{n(n+1)}{2} \tag{13.18}$$

を用いている．X の確率が (12.14) によって与えられているときは，

$$\begin{aligned}E[X] &= \sum_x xP(x) = \sum_{x=1}^{9} xP(x) \\ &= (1+3+7+9) \times \frac{1}{15} + (2+4+6+8) \times \frac{2}{15} + 5 \times \frac{3}{15} \\ &= 5\end{aligned}$$

で，期待値は変わらないことが分かる．

例 13.7 例 13.5 の確率変数 X について，期待値 $E[X]$ を求めてみる．

$$\begin{aligned}E[X] &= \int_{-\infty}^{\infty} xf(x)\,dx = \int_{-1}^{1} xf(x)\,dx \\ &= \int_{-1}^{1} x\frac{1}{2}\,dx = \frac{1}{2}\int_{-1}^{1} x\,dx \\ &= \frac{1}{4}[x^2]_{-1}^{1} = 0\end{aligned}$$

Y が関数 $T(x)$ と X から作られた場合，すなわち $Y = T(X)$ のとき，Y の期待値はどうなるであろうか．まず，離散型の場合を見てみる．y の実現値を $y_j,\ j=1,\ldots,m$ とし，A_j を (13.12) とすると，

$$\begin{aligned}E[Y] &= \sum_y yP_Y(y) \qquad (P_Y(y) \text{ は，} Y \text{ の確率関数}) \\ &= \sum_{j=1}^{m} y_j P_Y(y_j) \\ &= \sum_{j=1}^{m} y_j \sum_{x \in A_j} P_X(x) \qquad (\text{式 (13.13) より}) \\ &= \sum_{j=1}^{m} \sum_{x \in A_j} T(x)P_X(x) \\ &= \sum_x T(x)P_X(x)\end{aligned}$$

となる．X の確率関数の通常の記号 $P(x)$ で書き直すと，

$$E[T(X)] = \sum_x T(x)P(x) \qquad (13.19)$$

連続型の場合，

$$\begin{aligned}
E[Y] &= \int_{-\infty}^{\infty} y f_Y(y)\, dy \\
&= \int_{-\infty}^{\infty} y f_X(T^{-1}(y)) \frac{dT^{-1}(y)}{dy}\, dy \quad \text{(式 (13.15) より)} \\
&= \int_{-\infty}^{\infty} T(x) f_X(x)\, dx
\end{aligned}$$

となる．X の密度関数の通常の記号で書き直すと，

$$E[T(X)] = \int_{-\infty}^{\infty} T(x) f(x)\, dx \qquad (13.20)$$

となる．このように，X から関数をとおして作った別の確率変数の期待値は，X の確率関数，あるいは密度関数から直接計算できることが便利である．

例 13.8

例 12.5 で，X を選ばれた数字を示す確率変数としたときに，X^2 の期待値は，次のように計算すればよい．$T(x) = x^2$ という関数を使うと

$$E[X^2] = E[T(X)] = \sum_x T(x)P(x)$$

$$= \sum_{x=1}^{9} x^2 \frac{1}{9} = \frac{1}{9} \sum_{x=1}^{9} x^2 = \frac{1}{9} \times \frac{9 \times (9+1) \times (2 \times 9 + 1)}{6} = \frac{95}{3}$$

となる．最後から二番目の等式は，公式

$$\sum_{i=1}^{n} i^2 = \frac{n(n+1)(2n+1)}{6}$$

による．もし，X の確率が (12.14) によって与えられているときは，

$$E[X^2] = E[T(X)] = \sum_x T(x)P(x)$$

$$= \sum_{x=1}^{9} x^2 P(x)$$
$$= (1^2 + 3^2 + 7^2 + 9^2) \times \frac{1}{15} + (2^2 + 4^2 + 6^2 + 8^2) \times \frac{2}{15} + 5^2 \times \frac{3}{15}$$
$$= \frac{140 + 240 + 75}{15} = \frac{455}{15} = \frac{91}{3}$$

例 13.9 例 13.5 の確率変数 X について，期待値 $E[X^2]$ を求めてみる．$T(x) = x^2$ という関数を使うと

$$E[X^2] = E[T(X)] = \int_{-\infty}^{\infty} T(x) f(x)\, dx = \int_{-1}^{1} x^2 f(x)\, dx$$
$$= \int_{-1}^{1} x^2 \frac{1}{2}\, dx = \frac{1}{2} \int_{-1}^{1} x^2\, dx = \frac{1}{6}[x^3]_{-1}^{1} = \frac{1}{3}$$

となる．

　期待値に関する基本的な公式を確認する．証明は，離散型確率変数に関して述べるが，連続型の場合もほぼ同じ様に証明できる．関数 $T(x)$, $U(x)$ に確率変数 X を代入して作った確率変数を $T(X)$, $U(X)$ とする．また，c は定数とする．

$$E[c] = c \tag{13.21}$$
$$E[cT(X)] = cE[T(X)] \tag{13.22}$$
$$E[U(X) + T(X)] = E[U(X)] + E[T(X)] \tag{13.23}$$

⟨(13.21) の証明⟩

$$E[c] = \sum_x cP(x) = c \sum_x P(x) = c$$

⟨(13.22) の証明⟩

$$E[cT(X)] = \sum_x cT(x)P(x) = c \sum_x T(x)P(x) = cE[T(X)]$$

⟨(13.23) の証明⟩

$$E[U(X) + T(X)] = \sum_x (U(x) + T(x))P(x)$$
$$= \sum_x U(x)P(x) + \sum_x T(x)P(x) = E[U(X)] + E[T(X)]$$

ここで，確率変数の一次変換と期待値の関係について述べておく．定数 a, b を使って，

$$Y = a + bX \qquad (13.24)$$

のような X から Y への変換を行うことを X の**一次変換**と呼ぶ．一次変換によって生まれた確率変数 Y の期待値は，上の公式を使うと，

$$E[Y] = E[a + bX] = E[a] + E[bX] = a + bE[X] \qquad (13.25)$$

となることが分かる．

確率変数に関する重要な情報を与えるものとして，期待値とならんで頻用されるものが**分散**である（記号としては，$V[X]$，あるいは σ_X^2，さらに省略して σ^2 を使う）．

まず，定義は以下のようになる．確率変数 X の期待値を μ とし，次のような関数

$$T(x) = (x - \mu)^2$$

を考える．μ は期待値であるので，もはや定数であることに注意して欲しい．この関数に X を代入して作った確率変数 $(X - \mu)^2$ の期待値を X の分散という．すなわち，

$$V[X] = E[T(X)] = E[(X - \mu)^2] \qquad (13.26)$$

である．X が期待値から離れているとき，$(X - \mu)^2$ は大きな値になるので，X が期待値から離れた値を頻繁にとると，分散が大きくなることが分かる．

X が離散型の場合，

$$V[X] = E[T(X)] = \sum_x T(x)P(x) = \sum_x (x - \mu)^2 P(x) \quad (13.27)$$

X が連続型の場合

$$V[X] = E[T(X)] = \int_{-\infty}^{\infty} T(x)f(x)\,dx$$
$$= \int_{-\infty}^{\infty} (x-\mu)^2 f(x)\,dx \qquad (13.28)$$

となる．

分散の正の平方根を**標準偏差**と呼び，σ_X，あるいは省略して σ で表す．すなわち，

$$\sigma_X = \sqrt{V[X]}$$

である．

分散の実際の計算には，次の公式を使うと便利なことが多い．

公式 13.1　分散の計算公式

$$V[X] = E[X^2] - (E[X])^2 \qquad (13.29)$$

この公式は，(13.21), (13.22), (13.23) を使って以下のように簡単に証明できる．

$$V[X] = E[(X-\mu)^2] = E[X^2 - 2\mu X + \mu^2]$$
$$= E[X^2] - 2\mu E[X] + \mu^2 = E[X^2] - 2(E[X])^2 + (E[X])^2$$
$$= E[X^2] - (E[X])^2$$

例 13.10 例 12.5 と例 12.6 で，X を選ばれた数字を示す確率変数としたとき，X の分散を計算する．最初に分散の定義 (13.26)，すなわち (13.27) から計算すると，例 12.5 の場合，

$$V[X] = \sum_{x=1}^{9}(x-\mu)^2 P(x) = \frac{1}{9}\sum_{x=1}^{9}(x-5)^2$$
$$= \frac{1}{9}\left((-4)^2 + (-3)^2 + \cdots + 4^2\right) = \frac{20}{3}$$

であり，例 12.6 の場合には，

$$V[X] = \sum_{x=1}^{9}(x-\mu)^2 P(x)$$

$$
\begin{aligned}
&= \left((-4)^2 + (-2)^2 + 2^2 + 4^2\right) \times \frac{1}{15} \\
&\quad + \left((-3)^2 + (-1)^2 + 1^2 + 3^2\right) \times \frac{2}{15} \\
&\quad + 0^2 \times \frac{3}{15} \\
&= \frac{40 + 40 + 0}{15} = \frac{16}{3}
\end{aligned}
$$

となる．例 12.5 の場合よりも，分散が小さくなっていることが分かる．

今度は，(13.29) を使って計算して見る．例 12.5 の場合，例 13.6 と例 13.8 の結果を利用して，

$$V[X] = E[X^2] - (E[X])^2 = \frac{95}{3} - 5^2 = \frac{20}{3}$$

である．また，例 12.6 の場合には，

$$V[X] = E[X^2] - (E[X])^2 = \frac{91}{3} - 5^2 = \frac{16}{3}$$

となる．

例 13.11 例 13.5 の確率変数 X について，分散を求める．(13.29) に，例 13.7 と例 13.9 の結果を代入すると，

$$V[X] = E[X^2] - (E[X])^2 = \frac{1}{3} - 0^2 = \frac{1}{3}$$

となる．

一次変換 (13.24) によって，分散はどう変化するだろうか．(13.25) より，$\mu_Y = a + b\mu_X$ なので，これを代入すると

$$
\begin{aligned}
V[Y] &= E[(Y - \mu_Y)^2] = E[(a + bX - a - b\mu_X)^2] \\
&= E[b^2(X - \mu_X)^2] = b^2 E[(X - \mu_X)^2] = b^2 \sigma_X^2 \quad (13.30)
\end{aligned}
$$

a は，結果にまったく関与していない点，b は b^2 となる点に注意して欲しい．標準

偏差で見ると
$$\sigma_Y = \sqrt{b^2}\sigma_X = |b|\sigma_X \tag{13.31}$$
となる．

一次変換の中でも，特に重要なものとして，**標準化**あるいは**基準化**と呼ばれるものがある．これは，
$$a = -\frac{\mu_X}{\sigma_X}, \qquad b = \frac{1}{\sigma_X}$$
の場合であり，標準化したあとの確率変数を Z とすると
$$Z = \frac{X - \mu_X}{\sigma_X} \tag{13.32}$$
になる．(13.25), (13.30) より，
$$E[Z] = 0, \qquad V[Z] = 1$$
となることが分かる．つまり標準化とは，期待値がゼロで，分散が１であるような確率変数に変換するための一次変換である．いろんな確率変数を比較するときに，期待値と分散が異なっていると比較が難しいので，とりあえず標準化してから，比較することが多い．

実は，期待値と分散は，**積率（モーメント）**と呼ばれるより一般的な概念の仲間である．確率変数 (X) の積率には二種類あり，一つは
$$\mu'_k = E[X^k], \qquad k = 1, 2, \ldots \tag{13.33}$$
で定義されるもので，μ'_k を「原点まわりの k 次の積率（モーメント）」と呼ぶ．もう一つは，
$$\mu_k = E[(X - \mu)^k], \qquad k = 1, 2, \ldots \tag{13.34}$$
で定義されるもので，μ_k を「期待値（平均）まわりの k 次の積率（モーメント）」と呼ぶ．明らかに，
$$E[X] = \mu'_1$$
であるが，期待値は頻繁に使うので，μ という簡単な記号が使われる．また，分散は２次の期待値まわりの積率，すなわち

$$V[X] = \mu_2$$

であるが，こちらも，μ_2 よりは，σ^2 の記号の方がよく使われる．

k が3以上の積率を，高次の積率と呼ぶが，これらは単独で用いられるより，分散との比で使われることが多い．特に**歪度**と**尖度**は，よく使われる．定義は以下の通りである．

$$\text{歪度} : \frac{\mu_3}{(V[X])^{3/2}}, \qquad \text{尖度} : \frac{\mu_4}{(V[X])^2} \tag{13.35}$$

ただし，「尖度 -3」のように3を引いたものを尖度と定義することもある．歪度は，確率分布が，その期待値の左右でどの程度非対称かを見る尺度である．図13.4, 13.5, 13.6には，三つの異なる確率密度関数が示してある．これらは，いずれもベータ分布と呼ばれる連続型の確率分布の密度関数である．ベータ分布の密度は，$0 < x < 1$ の範囲で

$$f(x) = \frac{1}{B(\alpha, \beta)} x^{\alpha-1}(1-x)^{\beta-1}$$

であり，それ以外ではゼロとなる．ただし，α と β は共に正の数で，これらの値を決めると，一つの確率分布が決まる．また，$B(\alpha, \beta)$ は，ベータ関数と呼ばれる関数であり，$f(x)$ を0〜1で積分したときに1になるための定数である．図13.4が，$\alpha = 2, \beta = 5$ のベータ分布，図13.5が $\alpha = \beta = 2$ のベータ分布，図13.6が $\alpha = 5, \beta = 2$ のベータ分布の密度関数を示している．これら三つのベータ分布の期待値と歪度を計算すると次のようになる．

$$E[X] = \frac{2}{7}, \quad \text{歪度} = \frac{4\sqrt{5}}{15} \doteqdot 0.6 \qquad \alpha = 2, \beta = 5 \text{ のとき}$$

$$E[X] = \frac{1}{2}, \quad \text{歪度} = 0 \qquad\qquad\quad \alpha = 2, \beta = 2 \text{ のとき}$$

$$E[X] = \frac{5}{7}, \quad \text{歪度} = -\frac{4\sqrt{5}}{15} \doteqdot -0.6 \qquad \alpha = 5, \beta = 2 \text{ のとき}$$

密度関数が山の様な形をしているときに，期待値の右側の裾野が左側に比べて長く続いているとき，歪度は正になる（図13.4）．逆に左側の裾野が長いときは，歪度が負の値になる（図13.6）．期待値を中心として，左右対称の形をしているとき，歪度はちょうどゼロになる（図13.5）．

尖度は，やや誤解を与える名称だが，密度関数が山型の場合，左右の裾野がどの

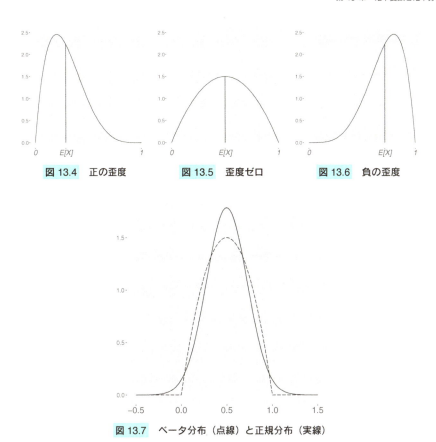

図 13.4 正の歪度　　図 13.5 歪度ゼロ　　図 13.6 負の歪度

図 13.7 ベータ分布（点線）と正規分布（実線）

程度厚みがあるかを示している．裾野が厚いと，山の頂上部分が尖ることが多いのでこの名前がついている．先に出てきた $\alpha = \beta = 2$ のベータ分布 (期待値が $1/2$, 分散が $1/20$ になる) と，次章以降で詳しく紹介する正規分布と呼ばれる確率分布の一つ (期待値が $1/2$, 分散 $1/20$ の正規分布) を比べてみる．それぞれの密度関数をグラフにしたのが，図 13.7 である．正規分布の方が，裾野が厚く，山の頂上が尖っているのが分かる．二つの分布の尖度は，

$$\text{ベータ分布の尖度} = \frac{15}{7} < \text{正規分布の尖度} = 3 \qquad (13.36)$$

となり，正規分布の方が尖度が大きい．

期待値，分散，積率は，確率変数 X (あるいは，その確率分布) のもつ特徴をピックアップしたものである．ある確率変数 X が与えられたとき，その特徴を知りた

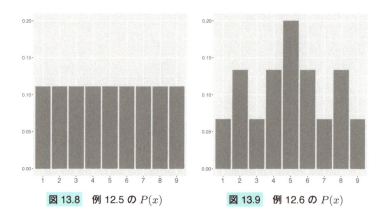

図 13.8 例 12.5 の $P(x)$　　**図 13.9** 例 12.6 の $P(x)$

い，伝えたいとすれば，まずその期待値（平均）が重要な情報になる．しかし，これだけでは情報が足りない場合がある．例 12.5 と例 12.6 を振り返ってみよう．この二つの場合の確率関数 $P(x)$ は，かなり異なっている（図 13.8 と 13.9 参照）．しかし，期待値は同じ 5 である（例 13.6）．そこで，さらに分散を比較してみると，図 13.9 の確率分布の方が，より分散が小さい（例 13.10）．また，尖度で比較した二つの分布，$\alpha = \beta = 2$ のベータ分布と，期待値が $1/2$，分散 $1/20$ の正規分布では，共に期待値が $1/2$，分散が $1/20$ で，一致している（図 13.7）．期待値と分散だけでは，この二つの確率分布は区別できない．しかし，より高次の積率，例えば，尖度を計算すると，(13.36) のように違いが生じる．

▶ 13.3　二つの確率変数の分布

これまで，一つの確率変数 X についてのみ考察してきたが，複数の確率変数を同時に扱うことが必要になることも多い．この節では，主に離散型である二つの確率変数の確率分布を考えることにしよう．連続型の場合は，計算や証明がやや難しいので，結果だけ紹介する．

変数 X と Y のとりうる値を，それぞれ $x_i, y_j, i = 1, \ldots, k, j = 1, \ldots, l$ とする（$k = \infty$ や $l = \infty$ の場合も含む）．X と Y を並べたベクトル (X, Y) を考え，このベクトルとしての実現値を，

$$e_{ij} = (x_i, y_j), \qquad i = 1, \ldots, k, \, j = 1, \ldots, l$$

と書くことにする．もし k と l が共に有限ならば，全部で kl 個の e_{ij} があることが分かる．すべての e_{ij} に対して，値

$$P(e_{ij}), \quad i=1,\ldots,k,\ j=1,\ldots,l \tag{13.37}$$

が与えられており，これが次の二つの公理を満たすとしよう．

$$0 \leq P(e_{ij}) \leq 1, \quad i=1,\ldots,k,\ j=1,\ldots,l \tag{13.38}$$

$$\sum_{i=1}^{k}\sum_{j=1}^{l} P(e_{ij}) = 1 \tag{13.39}$$

このとき，前章の 12.2 でみたやり方で，e_{ij} を一つ一つの要素，その全ての集まりを全体集合として，その部分集合に確率を定義できる．こうして定義された確率を X, Y の**同時確率分布**と呼ぶ．事象 e_{ij} は，「$X=x_i$ かつ $Y=y_j$」を意味しているから，$P(X=x, Y=y)$ あるいは，さらに省略した記号 $P(x,y)$ を，「$X=x$ かつ $Y=y$」という事象の確率を示す記号とすると，

$$P(x_i, y_j) = P(X=x_i, Y=y_j) = P(e_{ij}), \quad i=1,\ldots,k,\ j=1,\ldots,l$$

となる．2 変数 x と y の関数としてみた $P(x,y)$ を X と Y の**同時確率関数**と呼ぶ．一つの確率変数 X に関する確率分布が，確率関数 $P(x)$ で決まったように，X と Y の同時確率分布も，同時確率関数によって決まる．上の公理 (13.38), (13.39) は，それぞれ

$$0 \leq P(x_i, y_j) \leq 1, \quad i=1,\ldots,k,\ j=1,\ldots,l \tag{13.40}$$

$$\sum_{i=1}^{k}\sum_{j=1}^{l} P(x_i, y_j) = 1 \tag{13.41}$$

と同じことである．

X と Y を同時に考える場合と，前節までのように X や Y を個別に考える場合，この二つはどう結びつくのだろうか．実は，次のように考えることで，この二つが結びつく．「$X=x$」という事象は，互いに疎である l 個の事象「$X=x$ かつ $Y=y_j$」に分割できる．すなわち，

$$\lceil X=x \rfloor = \bigcup_{j=1}^{l} \lceil X=x \text{ かつ } Y=y_j \rfloor$$

であるので，前章の (12.17) より，

$$
\begin{aligned}
P(X=x) &= \sum_{j=1}^{l} P(X=x, Y=y_j) \\
&= \sum_{j=1}^{l} P(x, y_j) = \sum_{y} P(x, y)
\end{aligned}
\tag{13.42}
$$

となる．ただし，最後の $\sum_{y}$ は，Y の実現値すべてに関して足しなさいという意味の記号である．このように X に関する確率分布は，X と Y の同時確率分布から自然に導かれるが，これを X の**周辺分布**と呼ぶ（何故，「周辺」という言葉が使われているのかは後で説明する）．Y についても同様である．

それでは，このようにして導かれた周辺分布に適合するような X の確率関数 $P_X(x)$ は存在するのだろうか．もし，(13.42) で，X の確率関数 $P_X(x)$ を定義する，つまり

$$
P_X(x) = \sum_{y} P(x, y) \tag{13.43}
$$

と定義することにした場合，二つの公理 (13.2) と (13.3) が満たされていることは次のようにして分かる（下の右端の 2 つの等式が，(13.3) の証明になっていることに注意）．

$$
\begin{aligned}
0 \leq P_X(x) &= \sum_{y} P(x, y) \leq \sum_{x} \sum_{y} P(x, y) \\
&= \sum_{i=1}^{k} \sum_{j=1}^{l} P(x_i, y_j) = 1
\end{aligned}
$$

結局，周辺分布に適合するような X の確率関数は存在し，それは (13.43) で与えられる．同様にして，

$$
P_Y(y) = \sum_{x} P(x, y) \tag{13.44}
$$

とすると，これが周辺分布に適合した Y の確率関数となる．

例 13.12 X の実現値が $x = 1, 2$ であり，Y の実現値が $y = 1, 2, 3$ である．また，同時確率関数 $P(x, y)$ が次のような表で与えられている ((13.40) と (13.41) が満たされていることを確認せよ)．このときに，X と Y の周辺確率分布に関する確率関数は，どうなるかを考えてみる．

	$y=1$	$y=2$	$y=3$
$x=1$	1/12	3/12	4/12
$x=2$	2/12	1/12	1/12

まず，(13.43) より，

$$P_X(1) = \sum_{y=1}^{3} P(1, y) = 1/12 + 3/12 + 4/12 = 8/12 = 2/3$$

$$P_X(2) = \sum_{y=1}^{3} P(2, y) = 2/12 + 1/12 + 1/12 = 4/12 = 1/3$$

となる．一方，(13.44) より，

$$P_Y(1) = \sum_{x=1}^{2} P(x, 1) = 1/12 + 2/12 = 3/12$$

$$P_Y(2) = \sum_{x=1}^{2} P(x, 2) = 3/12 + 1/12 = 4/12$$

$$P_Y(3) = \sum_{x=1}^{2} P(x, 3) = 4/12 + 1/12 = 5/12$$

となる．表で見るとこれらは，縦方向，横方向の小計を行っていることと同じである．これらの小計は，

	$y=1$	$y=2$	$y=3$	$P_X(x)$
$x=1$	1/12	3/12	4/12	2/3
$x=2$	2/12	1/12	1/12	1/3
$P_Y(y)$	3/12	4/12	5/12	1

のように，表の「周辺」に書くので，周辺分布と呼ばれる．

連続型の確率変数 X と Y についても，詳細は省くが X, Y の**同時確率分布**が定義できる．こちらの分布は次の条件を満たす二変数の関数 $f(x, y)$

$$0 \leq f(x, y) \leq 1 \tag{13.45}$$

$$\int_{-\infty}^{\infty} \int_{-\infty}^{\infty} f(x, y) \, dx \, dy = 1 \tag{13.46}$$

を使って，

$$P(a \leq X \leq b, c \leq Y \leq d) = \int_{c}^{d} \int_{a}^{b} f(x, y) \, dx \, dy \tag{13.47}$$

という形で，確率分布が決定される．この $f(x, y)$ を X と Y の**同時確率密度関数**と呼ぶ．この同時確率分布から導かれる，X や Y の単独での確率分布（周辺分布）に適合する密度関数 $f_X(x)$, $f_Y(y)$ は，

$$f_X(x) = \int_{-\infty}^{\infty} f(x, y) \, dy$$

$$f_Y(y) = \int_{-\infty}^{\infty} f(x, y) \, dx$$

で与えられる．

X と Y の同時確率分布についても，期待値が次のように定義される．$T(x, y)$ を x と y の二つの変数をもつ関数とする．この時，離散型確率変数 X と Y を代入した $T(X, Y)$ も離散型の確率変数となる．その確率関数がどうなるかは省略するが，期待値については次のように計算すればよい．

$$\begin{aligned} E[T(X, Y)] &= \sum_{i=1}^{k} \sum_{j=1}^{l} T(x_i, y_j) P(x_i, y_j) \\ &= \sum_{x} \sum_{y} T(x, y) P(x, y) \end{aligned} \tag{13.48}$$

X と Y の同時確率分布のもとでも，(13.21), (13.22), (13.23) と同様の公式が成立する（証明はこれらの式とほぼ同じなので省略）．これらは，連続型の確率変数についても成立する．

$$E[c] = c \tag{13.49}$$

$$E[cT(X,Y)] = cE[T(X,Y)] \tag{13.50}$$
$$E[U(X,Y) + T(X,Y)] = E[U(X,Y)] + E[T(X,Y)] \tag{13.51}$$

ただし，c は定数である．

$T(x,y)$ が変数 y とは無関係，つまり $T(x)$ と書ける場合について考えてみよう．上の定義と (13.43) から，

$$\begin{aligned}
E[T(X)] &= \sum_{i=1}^{k}\sum_{j=1}^{l} T(x_i) P(x_i, y_j) \\
&= \sum_{i=1}^{k} T(x_i) \sum_{j=1}^{l} P(x_i, y_j) = \sum_{i=1}^{k} T(x_i) \sum_{y} P(x_i, y) \\
&= \sum_{i=1}^{k} T(x_i) P_X(x_i) = \sum_{x} T(x) P_X(x)
\end{aligned}$$

となり，X だけの世界での期待値の定義 (13.19) と一致することが分かる．このことから，次のことが分かる．$T(x,y) = x$ のときの期待値，$E[T(X,Y)] = E[X]$ を「X と Y の同時確率分布における X の期待値（平均）」として定義するが，これは「X の周辺分布での X の期待値」と一致する．よって，この二つを区別する必要はなく，同じ名称「X の**期待値**」で呼び，同じ記号 $E[X]$, μ_X 等で記すことにする．また，$T(x,y) = (x - \mu_X)^2$ の場合の，$T(X,Y)$ の期待値を，「X と Y の同時確率分布における X の分散」として定義するが，これも「X の周辺分布での分散」の定義と一致するので，いちいち区別せず，X の**分散**と呼ぶことにする．記号も $V[X]$ や σ_X^2 等を使用する．Y の期待値や分散についても同様である．以上の結論は，連続型の確率変数についても同じである．

X と Y の和や差，つまり $T(x,y) = x \pm y$ の場合の $T(X,Y)$ の期待値がよく使われるが，この場合（以下では，複合同順）

$$\begin{aligned}
E[X \pm Y] &= \sum_{x}\sum_{y} (x \pm y) P(x,y) = \sum_{x}\sum_{y} x P(x,y) \pm \sum_{x}\sum_{y} y P(x,y) \\
&= E[X] \pm E[Y] \tag{13.52}
\end{aligned}$$

となる．一方，X と Y の積，つまり $T(x,y) = xy$ の場合は，一般的には

$$E[XY] \neq E[X]E[Y]$$

であり，等号が成立するためには何らかの条件（例えば，後で述べる「独立」の条件）が必要になる．以上の和・差・積の期待値に関する結論は，連続型の確率変数についても同じである．

例 13.13 例 13.12 の同時確率分布について，$E[X], V[X], E[Y], V[Y], E[XY]$ を求めてみる．$E[X], V[X]$ は，X の周辺分布から計算すればよいので，例 13.12 の結果を使って，

$$E[X] = \sum_x x P_X(x) = 1 \times \frac{2}{3} + 2 \times \frac{1}{3} = \frac{4}{3}$$

$$E[X^2] = \sum_x x^2 P_X(x) = 1^2 \times \frac{2}{3} + 2^2 \times \frac{1}{3} = \frac{6}{3}$$

$$V[X] = E[X^2] - (E[X])^2 = \frac{6}{3} - \frac{16}{9} = \frac{2}{9}$$

分散の計算に関しては，公式 (13.29) を使った．同様にして，

$$E[Y] = \sum_y y P_Y(y) = 1 \times \frac{3}{12} + 2 \times \frac{4}{12} + 3 \times \frac{5}{12} = \frac{26}{12} = \frac{13}{6}$$

$$E[Y^2] = \sum_y y^2 P_Y(y) = 1^2 \times \frac{3}{12} + 2^2 \times \frac{4}{12} + 3^2 \times \frac{5}{12} = \frac{64}{12} = \frac{16}{3}$$

$$V[Y] = E[Y^2] - (E[Y])^2 = \frac{16}{3} - \frac{169}{36} = \frac{192 - 169}{36} = \frac{23}{36}$$

一方，(13.48) より，

$$E[XY] = \sum_{k=1}^{2} \sum_{l=1}^{3} kl P(k,l)$$

$$= \frac{1}{12} \times 1 \times 1 + \frac{3}{12} \times 1 \times 2 + \frac{4}{12} \times 1 \times 3$$

$$+ \frac{2}{12} \times 2 \times 1 + \frac{1}{12} \times 2 \times 2 + \frac{1}{12} \times 2 \times 3$$

$$= \frac{1 + 6 + 12 + 4 + 4 + 6}{12} = \frac{33}{12} = \frac{11}{4}$$

となる．

$$E[X]E[Y] = \frac{4}{3} \times \frac{13}{6} = \frac{26}{9} \neq E[XY]$$

であることが分かる．

二つの確率変数 X と Y を同時に考えるのは，両者がどのような関係にあるかを知りたいからである．$T(x,y)$ が次の式で与えられるとき，$T(X,Y)$ の期待値を X と Y の**共分散**と呼び，$Cov(X,Y)$ という記号で記す．

$$T(x,y) = (x - \mu_X)(y - \mu_Y)$$

すなわち，

$$Cov(X,Y) = E[T(X,Y)] = E[(X - \mu_X)(Y - \mu_Y)] \quad (13.53)$$

である．共分散は二つの確率変数の関係に関する重要な情報を与えてくれる．

$$(X - \mu_X)(Y - \mu_Y) = \begin{cases} \geq 0 & X \geq \mu_X \text{ かつ } Y \geq \mu_Y \text{ のとき} \\ \geq 0 & X \leq \mu_X \text{ かつ } Y \leq \mu_Y \text{ のとき} \\ \leq 0 & X \geq \mu_X \text{ かつ } Y \leq \mu_Y \text{ のとき} \\ \leq 0 & X \leq \mu_X \text{ かつ } Y \geq \mu_Y \text{ のとき} \end{cases}$$

なので，上の二つの場合，すなわち X が期待値よりも大きい（小さい）とき，Y も期待値より大きい（小さい）という関係が頻繁に生じているとき，共分散は正の値をとり，X が期待値よりも大きい（小さい）とき，逆に Y は期待値より小さい（大きい）という関係が頻繁に生じると，共分散は負の値になる．

共分散を実際に計算するときは，次の公式を使うと便利なことが多い．

公式 13.2　共分散の計算の公式

$$\begin{aligned} Cov(X,Y) &= E[(X - \mu_X)(Y - \mu_Y)] \\ &= E[XY - \mu_X Y - \mu_Y X + \mu_X \mu_Y] \\ &= E[XY] - \mu_X E[Y] - \mu_Y E[X] + \mu_X \mu_Y \\ &= E[XY] - \mu_X \mu_Y \end{aligned} \quad (13.54)$$

二つの確率変数 X と Y の和や差の分散は，共分散を使って次のように表現できる（複合同順）．

$$
\begin{aligned}
V[X \pm Y] &= E\left[(X \pm Y - E[X \pm Y])^2\right] \\
&= E\left[\left((X - \mu_X) \pm (Y - \mu_Y)\right)^2\right] \quad ((13.52) \text{ 参照}) \\
&= E[(X - \mu_X)^2 + (Y - \mu_Y)^2 \pm 2(X - \mu_X)(Y - \mu_Y)] \\
&= E[(X - \mu_X)^2] + E[(Y - \mu_Y)^2] \pm 2E[(X - \mu_X)(Y - \mu_Y)] \\
&= V[X] + V[Y] \pm 2\mathrm{Cov}(X, Y)
\end{aligned}
$$
(13.55)

次のような一次変換を考えてみる. a, b, c, d はすべて定数として,

$$\tilde{X} = a + bX, \qquad \tilde{Y} = c + dY \tag{13.56}$$

このような一次変換によって，共分散はどう変化するだろうか. (13.25) より,

$$\mu_{\tilde{X}} = a + b\mu_X, \qquad \mu_{\tilde{Y}} = c + d\mu_Y$$

であるので，これを使うと

$$
\begin{aligned}
\mathrm{Cov}(\tilde{X}, \tilde{Y}) &= E[(\tilde{X} - \mu_{\tilde{X}})(\tilde{Y} - \mu_{\tilde{Y}})] = E[(a + bX - \mu_{\tilde{X}})(c + dY - \mu_{\tilde{Y}})] \\
&= E[b(X - \mu_X)d(Y - \mu_Y)] = bd\, E[(X - \mu_X)(Y - \mu_Y)] \\
&= bd\, \mathrm{Cov}(X, Y)
\end{aligned}
$$
(13.57)

となる. a や c の値は，まったく影響しないことに注意して欲しい．

一次変換 (13.56) を施すと，共分散は bd 倍になるわけだが，一次変換の影響を受けないものがあるとよい. これは，単位の変換，例えば cm を m に直したり，華氏を摂氏に直したりしたときに，値が変わらない方が便利だからである．そこで，最初に確率変数を標準化しておいてから，共分散を計算することにしてみる．X と Y を標準化したものを，それぞれ Z_1, Z_2 とする．すなわち,

$$Z_1 = \frac{X - \mu_X}{\sigma_X}, \quad Z_2 = \frac{Y - \mu_Y}{\sigma_Y}$$

とする．これらの共分散 $\mathrm{Cov}(Z_1, Z_2)$ を r_{XY} と書き，これを X と Y の**相関係数**と呼ぶことにする. (13.57) より，結局

$$r_{XY} = \mathrm{Cov}(Z_1, Z_2) = \frac{\mathrm{Cov}(X, Y)}{\sigma_X \sigma_Y}. \tag{13.58}$$

という定義になる．一次変換 (13.56)（ただし，$b \neq 0, d \neq 0$ としておく）によって得られる $\tilde{X}$ と $\tilde{Y}$ について，相関係数 $r_{\tilde{X}\tilde{Y}}$ を計算すると，(13.57) と (13.31) より，

$$r_{\tilde{X}\tilde{Y}} = \frac{Cov(\tilde{X}, \tilde{Y})}{\sigma_{\tilde{X}}\sigma_{\tilde{Y}}} = \frac{bd\,Cov(X,Y)}{|b|\sigma_X|d|\sigma_Y} = \frac{bd}{|bd|}\frac{Cov(X,Y)}{\sigma_X\sigma_Y}$$

$$= \begin{cases} r_{XY} & bd > 0 \text{ のとき}, \\ -r_{XY} & bd < 0 \text{ のとき}, \end{cases}$$

となる．結局，r_{XY} は，一次変換によって符号が変わるだけである．

相関係数 r_{XY} が正（負）のとき，X と Y は，「正（負）の相関」を持つという．さきに共分散についてみたように，**正の相関**があるときは，X が大きい（小さい）と Y も大きくなる（小さくなる）傾向があることになる．逆に**負の相関**の場合は，X が大きい（小さい）と Y は小さく（大きく）なる傾向がある．$r_{XY} = 0$ のとき，X と Y は，**無相関**であるという．

一般に，確率変数 X と Y に関して，次の**コーシー・シュバルツの不等式**が成立する．

$$E[|XY|] \leq \sqrt{E[X^2]}\sqrt{E[Y^2]}$$

また，絶対値に関して

$$|E[X]| \leq E[|X|]$$

という不等式が成立することも知られている．この二つの不等式より，

$$|Cov(X,Y)| = |E[(X-\mu_X)(Y-\mu_Y)]| \leq E[|(X-\mu_X)(Y-\mu_Y)|]$$

$$\leq \sqrt{E[(X-\mu_X)^2]}\sqrt{E[(Y-\mu_Y)^2]} = \sigma_X\sigma_Y$$

となる．これは，$|r_{XY}| \leq 1$，すなわち

$$-1 \leq r_{XY} \leq 1$$

を意味している．

例 13.14 例 13.12 の同時確率分布について，共分散 $Cov(X,Y)$ と相関係数 r_{XY} を求めてみる．(13.54) を使うと，例 13.13 の結果から，

$$Cov(X,Y) = E[XY] - \mu_X\mu_Y = \frac{11}{4} - \frac{4}{3} \times \frac{13}{6} = \frac{99-104}{36} = -\frac{5}{36}$$

また，定義 (13.58) から，

$$r_{XY} = \frac{Cov(X,Y)}{\sigma_X \sigma_Y} = \frac{-5/36}{\sqrt{2/9}\sqrt{23/36}}$$

$$= -\frac{5}{2\sqrt{46}} = -\frac{5\sqrt{46}}{92} \fallingdotseq -0.37$$

となる．

二つの確率変数を扱ったときにでてくる重要な概念が，**条件付き確率**である．今，離散型の確率変数 X と Y に関して，事象Aを「$X = x_i$」，事象Bを「$Y = y_j$」としよう．この時，(12.23) によって条件付き確率 $P(A|B)$ が定義されるが，これを $P(X = x_i | Y = y_j)$，あるいは，さらに省略して $P(x_i | y_j)$ と書くことにすると，

$$P(x_i | y_j) = \frac{P(X = x_i \text{かつ} Y = y_j)}{P(Y = y_j)} = \frac{P(x_i, y_j)}{P_Y(y_i)} \quad (13.59)$$

となる．さらに x_i の部分を x に置き換えたもの，すなわち

$$P(x | y_j) = \frac{P(x, y_j)}{P_Y(y_i)}$$

は，x の関数として，条件 (13.2) と (13.3) を満たしている．つまり，

$$0 \leq P(x | y_j) \leq 1, \quad \sum_x P(x | y_j) = 1$$

が成立する．これは，事象「$Y = y_j$」が事象「$Y = y_j$ かつ $X = x_i$」$(i = 1, \ldots, k)$ に分割されており，式

$$P_Y(y_j) = P(Y = y_j) = \sum_x P(x, y_j)$$

が成立することからすぐに証明される．条件 (13.2) と (13.3) を満たす x の関数は，X の確率分布を決める確率関数であるから，$P(x | y_j)$ によってある確率分布が X に導入されることになる．これを「条件 $Y = y_j$ のもとでの，X の確率分布」と呼ぶ．

次の様に条件付き確率分布が，条件の付かない確率と一致する場合を考えてみる．

$$P(x_i | y_j) = P_X(x_i) \quad (13.60)$$

これは，
$$P(y_j|x_i) = P_Y(y_j) \tag{13.61}$$
と，あるいは，
$$P(x_i, y_j) = P_X(x_i) P_Y(y_j) \tag{13.62}$$
と，同値である．これらの式のどれかが，すべての x_i と y_j に関して成立するときに，X と Y は**独立**とよばれる．

もし，X と Y は独立ならば，等式
$$E[XY] = E[X]E[Y]$$
が成立する．これは，(13.62) を使って，

$$\begin{aligned}
E[XY] &= \sum_x \sum_y xy P(x,y) = \sum_{i=1}^k \sum_{j=1}^l x_i y_j P(x_i, y_j) \\
&= \sum_{i=1}^k \sum_{j=1}^l x_i y_j P_X(x_i) P_Y(y_j) = \Bigl(\sum_{i=1}^k x_i P_X(x_i)\Bigr)\Bigl(\sum_{j=1}^l y_j P_Y(y_j)\Bigr) \\
&= E[X]E[Y]
\end{aligned}$$

と証明される．このことから，もし X と Y が独立であれば，(13.54) より
$$Cov[X,Y] = E[XY] - E[X]E[Y] = E[X]E[Y] - E[X]E[Y] = 0.$$

さらには，$r_{XY} = 0$ が分かる．すなわち，X と Y が独立であれば，X と Y は無相関となるが，必ずしも，逆は成立しないことが分かっている．また，(13.55) から，X と Y が独立であれば，
$$V[X \pm Y] = V[X] + V[Y] \tag{13.63}$$
となることも分かる．

「独立」の概念は，三つ以上の確率変数についても定義される．例えば，X, Y, Z がすべて離散型確率変数であるときに，それぞれの確率変数の任意の実現値 x, y, z に対して，
$$P(X=x, Y=y, Z=z) = P(X=x)P(Y=y)P(Z=z)$$

が成立するときに，X, Y, Z は独立であると定義する．

x の関数 $T(x)$ から作った確率変数 $T(X)$ を考える．「条件 $Y = y_j$ のもとでの，X の確率分布」に基づく $T(X)$ の期待値を $E[T(X)|y_j]$ と書くことにする．これを「条件 $Y = y_j$ のもとでの，$T(X)$ の期待値」と呼ぶ（**条件付き期待値**）．期待値の定義から，

$$E[T(X)|y_j] = \sum_x T(x) P(x|y_j) \tag{13.64}$$

となる．$E[T(X)|y_j]$ の y_j を y に置き換えてできる y の関数 $E[T(X)|y]$ を考えよう．この関数の y をさらに Y に置き換えた

$$E[T(X)|Y]$$

は，新しい確率変数となるが，これの期待値（X と Y の同時分布に基づく期待値でも，Y の周辺分布に基づく期待値でも同じ）をとるとどうなるだろうか．

$$\begin{aligned}
E\big[E[T(X)|Y]\big] &= \sum_y E[T(X)|y] P_Y(y) = \sum_{j=1}^{l} E[T(X)|y_j] P_Y(y_j) \\
&= \sum_{j=1}^{l} \Big(\sum_x T(x) P(x|y_j)\Big) P_Y(y_j) = \sum_x T(x) \Big(\sum_{j=1}^{l} P(x|y_j) P_Y(y_j)\Big) \\
&= \sum_x T(x) \Big(\sum_{j=1}^{l} \frac{P(x, y_j)}{P_Y(y_j)} P_Y(y_j)\Big) = \sum_x T(x) \Big(\sum_{j=1}^{l} P(x, y_j)\Big) \\
&= \sum_x T(x) P_X(x) \\
&= E[T(X)]
\end{aligned}$$

これは，条件付き期待値の条件の部分に関して期待値をとると，条件のない通常の期待値になるということを示している．このことを全確率の公式あるいは期待値の繰り返しの公式という．

> **例 13.15** 例 13.12 の同時確率分布に関して，$x_i = i$, $i = 1, 2$, $y_j = j$, $j = 1, 2, 3$ として，$P(x_i|y_j)$, $i = 1, 2$, $j = 1, 2, 3$, および $E[X|y_j], j = 1, 2, 3$ を求めてみる．
> (13.59) より，

$$P(x_1|y_1) = \frac{P(x_1,y_1)}{P_Y(y_1)} = \frac{1/12}{3/12} = \frac{1}{3}$$
$$P(x_2|y_1) = \frac{P(x_2,y_1)}{P_Y(y_1)} = \frac{2/12}{3/12} = \frac{2}{3}$$
$$P(x_1|y_2) = \frac{P(x_1,y_2)}{P_Y(y_2)} = \frac{3/12}{4/12} = \frac{3}{4}$$
$$P(x_2|y_2) = \frac{P(x_2,y_2)}{P_Y(y_2)} = \frac{1/12}{4/12} = \frac{1}{4}$$
$$P(x_1|y_3) = \frac{P(x_1,y_3)}{P_Y(y_3)} = \frac{4/12}{5/12} = \frac{4}{5}$$
$$P(x_2|y_3) = \frac{P(x_2,y_3)}{P_Y(y_3)} = \frac{1/12}{5/12} = \frac{1}{5}$$

$T(x) = x$ として，(13.64) より，

$$E[X|y_1] = \sum_{i=1}^{2} xP(x|y_1) = 1 \times \frac{1}{3} + 2 \times \frac{2}{3} = \frac{5}{3}$$
$$E[X|y_2] = \sum_{i=1}^{2} xP(x|y_2) = 1 \times \frac{3}{4} + 2 \times \frac{1}{4} = \frac{5}{4}$$
$$E[X|y_3] = \sum_{i=1}^{2} xP(x|y_3) = 1 \times \frac{4}{5} + 2 \times \frac{1}{5} = \frac{6}{5}.$$

連続型の確率変数に関しても，条件付き確率分布や条件付き期待値について同様の議論が展開できるが，ここではふれない．

➤ 第13章 練習問題

13.1 例 13.12 の同時確率分布に関して，$E\bigl[E[X|Y]\bigr] = E[X]$ を確認せよ．X と Y は独立であるかどうかもチェックせよ．

第14章

基本的な確率分布

　この章では，統計学においてよく使われる確率分布を紹介する[*1]．以下で扱う分布について共通な概念を，まとめておく．

　最初の三つの節で扱う分布，「二項分布」，「ポアソン分布」，「超幾何分布」はいずれも離散型の確率分布であり，確率関数 $P(x)$ によってその分布が決まるが，これらの分布はいずれも正確に言えば，「分布の集まり（**分布族**）」である．「二項分布」という一つの確率分布があるのではなく，いくつか（通常は無限個）の分布が集まってその集まりを「二項分布」と呼んでいるのである．それでは，その中の個々の分布をどうやって区別する（特定する）かというと，**母数**（**パラメーター**）と呼ばれるものがあり，それらを指定することで，一つの具体的な分布が決まるのである．母数の数は分布族によって異なるが，それを m として，母数を

$$\theta_1, \ldots, \theta_m$$

と表すことにすると，実は確率関数はこれらの $\theta_1, \cdots, \theta_m$ にも依存しているので，そのことを強調するときは，単に $P(x)$ と書かないで，

$$P(x; \theta_1, \ldots, \theta_m)$$

と書くことにする．ただし，個々の分布で，伝統的によく使われる母数の記号があるので，実際は θ でなく別の記号を使う．

　この章の後半では，連続型の確率分布として「一様分布」，「正規分布」を扱うが，上で述べたことが，これらの分布にもあてはまる．これらの分布も正確には分布族

[*1] これ以外にも，統計学では沢山の種類の分布が登場するが，当該分野の理論と絡めて理解した方が分かりやすいものは，ここでは扱っていない．

であり，個々の分布は母数によって特定される．連続型なので，分布は確率密度関数 $f(x)$ によって決まるが，こちらも母数の関数であることを強調するときは，

$$f(x; \theta_1, \ldots, \theta_m)$$

と書くことにする．

確率変数 X の確率分布が，母数によって特定されたある分布になるとき，「X は **… 分布に従う**」という言い方をする．さらに「X は … 分布に従う」ことを示すために，各分布を示す記号と「〜」を組み合わせて，$X \sim N(0,1)$ といった書き方をすることもある．この場合の $N(0,1)$ は後で学ぶ正規分布の一つを示す記号である．

➤ 14.1 二項分布

二項分布は次のような確率関数 $P(x)$ をもつ，離散型の確率変数である．

$$P(x) = P(x; n, p) = {}_n C_x p^x (1-p)^{n-x}, \quad x = 0, 1, \ldots, n \quad (14.1)$$

母数として n と p の二つがあるが，n は自然数であり，p は実数で次の範囲をとる．

$$0 \leq p \leq 1$$

確率変数 X の確率分布が，母数 n と p の二項分布であるとき，つまり，X が母数 n と p の二項分布に従うとき，

$$X \sim B(n, p)$$

と記す．B は二項分布の英語，Binomial Distribution の頭文字である．図 14.1 は，二つの二項分布 $B(4, 1/6)$ と $B(10, 1/2)$ の確率関数 $P(x)$ を示したものである．

この分布は，次のような変数 X を考えることで，自然に導かれる．4回サイコロを振ったときに，1の目が出た回数を X とし，$X=2$ となる確率 $P(X=2)$ を考えてみる．$X=2$ という事象 (A) は，◯ を1の目，× をそれ以外の目として，4回の結果を示すと，次の ${}_4 C_2 = 6$ 通りの事象 $A_1, \cdots, A_6$ に分割できる．

$$A_1 \quad \bigcirc \bigcirc \times \times$$

A_2 〇 × 〇 ×
A_3 〇 × × 〇
A_4 × 〇 〇 ×
A_5 × 〇 × 〇
A_6 × × 〇 〇

よって
$$P(X=2) = P(A) = P(A_1) + \cdots + P(A_6)$$
と書ける．ある回のサイコロの目が何であるかが，それ以前のサイコロの目とは事象として独立であると考えると，
$$P(A_1) = P(A_2) = \cdots = P(A_6) = \left(\frac{1}{6}\right)^2 \left(\frac{5}{6}\right)^2$$
である．これより，
$$P(X=2) = 6\left(\frac{1}{6}\right)^2 \left(\frac{5}{6}\right)^2 = \frac{25}{216}$$
となる．

この例を一般化して考える．ある行為（**試行**と呼ばれるが，「サイコロを振る」，

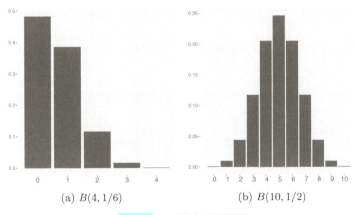

(a) $B(4, 1/6)$ (b) $B(10, 1/2)$

図 14.1　二項分布の確率関数

「調査・実験を行う」というような能動的な場合に限らず，単に「出来事を目撃する」というような受動的な場合もある）を n 回（上の例では $n=4$）行う．一回一回の試行である結果（上の例でいうと「1 の目が出る」）が生じる確率は p（上の例では $p=1/6$）であり，一回一回の試行の結果は，独立であるとする．この時，n 回中，ある結果が生じた回数を X とすると，X のとりうる回数は $x=0,1,\ldots,n$ であるが，$X=x$ となる確率は，上の例と同じ考え方で，(14.1) で与えられることが分かる．

確率関数 (14.1) は，(13.2) と (13.3) を満たしていることをチェックしよう．$P(x) \geq 0$ は自明であるが，それ以外は次の公式（**二項展開の公式**）から導かれる．

$$(a+b)^n = \sum_{i=0}^{n} {}_n\mathrm{C}_i a^i b^{n-i}$$

この式を使うと，

$$\sum_x P(x) = \sum_{x=0}^{n} {}_n\mathrm{C}_x p^x (1-p)^{n-x} = \bigl(p+(1-p)\bigr)^n = 1$$

となることが分かる．

$n=1$ の場合の二項分布 $B(1,p)$ を**ベルヌーイ分布**と呼ぶ．今，n 個の確率変数 Y_i, $i=1,\ldots,n$ が，独立で，共通の母数 p をもつベルヌーイ分布に従う，すなわち

$$Y_i \sim B(1,p), \quad i=1,\ldots,n$$

のとき，

$$\sum_{i=1}^{n} Y_i \sim B(n,p)$$

となる．これは，二項分布における試行一回一回の結果を示す確率変数（あることが生じれば 1 になり，生じなければ 0 になる）がベルヌーイ分布に従うこと，これらを足し合わせれば n 回中何回あることが生じたかを示す確率変数になることから，分かる．

二項分布の期待値と分散を求めてみよう．二項分布 $B(n,p)$ に従う X を，上で述べたように，ベルヌーイ分布 $B(1,p)$ に従う独立な Y_i, $i=1,\ldots,n$ の和として考えよう．

$$X = \sum_{i=1}^{n} Y_i.$$

まず，ベルヌーイ分布の期待値と分散を求めておこう．$Y \sim B(1, p)$ のとき，

$$P(Y = 1) = p, \qquad P(Y = 0) = 1 - p$$

なので，

$$\begin{aligned} E[Y] &= 1 \times p + 0 \times (1 - p) = p, \\ E[Y^2] &= 1^2 \times p + 0^2 \times (1 - p) = p \end{aligned} \tag{14.2}$$

となる．公式 (13.29) より，

$$V[Y] = E[Y^2] - (E[Y])^2 = p - p^2 = p(1 - p) \tag{14.3}$$

となる．この結果を利用すると，

$$E[X] = \sum_{i=1}^{n} E[Y_i] = \sum_{i=1}^{n} p = np$$

であり，Y_i, $i = 1, \ldots, n$ が独立であることから，公式 (13.63) を複数回使用して，

$$V[X] = \sum_{i=1}^{n} V[Y_i] = \sum_{i=1}^{n} p(1-p) = np(1-p)$$

となる．

二項分布の確率関数 $P(x)$ を求める際に，次の関係（漸化式）を使うと計算（アルゴリズム）が楽になることがある．

$$\begin{aligned} \frac{P(x+1)}{P(x)} &= \frac{{}_n C_{x+1}\, p^{x+1}(1-p)^{n-x-1}}{{}_n C_x\, p^x (1-p)^{n-x}} \\ &= \frac{\frac{n!}{(n-x-1)!(x+1)!}\, p^{x+1}(1-p)^{n-x-1}}{\frac{n!}{(n-x)!x!}\, p^x (1-p)^{n-x}} \\ &= \frac{(n-x)!}{(n-x-1)!} \frac{x!}{(x+1)!} \frac{p^{x+1}}{p^x} \frac{(1-p)^{n-x-1}}{(1-p)^{n-x}} \\ &= \frac{n-x}{x+1} \frac{p}{1-p} \end{aligned} \tag{14.4}$$

例 14.1 袋の中に，赤い玉 5 個，白い玉 10 個が入っている．袋の中を見ないで，玉を取り出して，色を確認したら元に戻す．これを 100 回繰り返す．赤い玉が選ばれた回数を X としたときに，$X = 5$ となる確率はいくらになるだろうか．

一回の試行（玉を取り出す行為）で常に，赤玉を取り出す確率は，

$$p = \frac{5}{5+10} = \frac{1}{3}$$

であり，それを 100 回繰り返す．よって $X \sim B(100, 1/3)$ となる．(14.1) より $P(5)$ を直接計算すると，

$$P(5) = {}_{100}C_5 \left(\frac{1}{3}\right)^5 \left(\frac{2}{3}\right)^{95} = \frac{100!}{5!\,95!} \frac{2^{95}}{3^{100}}$$
$$= \frac{100 \times 99 \times \cdots \times 96}{5 \times 4 \times \cdots \times 1} \frac{2^{95}}{3^{100}}$$

となる．一方，関係式 (14.4) を使うと，

$$\frac{P(5)}{P(4)} = \frac{96}{5}\frac{1}{2}, \quad \frac{P(4)}{P(3)} = \frac{97}{4}\frac{1}{2}$$
$$\frac{P(3)}{P(2)} = \frac{98}{3}\frac{1}{2}, \quad \frac{P(2)}{P(1)} = \frac{99}{2}\frac{1}{2}$$
$$\frac{P(1)}{P(0)} = \frac{100}{1}\frac{1}{2}$$

となるので，

$$P(5) = P(0) \frac{100 \times 99 \times \cdots \times 96}{5 \times 4 \times \cdots \times 1} \frac{1}{2^5}$$
$$= \left(\frac{2}{3}\right)^{100} \frac{100 \times 99 \times \cdots \times 96}{5 \times 4 \times \cdots \times 1} \frac{1}{2^5}$$
$$= \frac{100 \times 99 \times \cdots \times 96}{5 \times 4 \times \cdots \times 1} \frac{2^{95}}{3^{100}}.$$

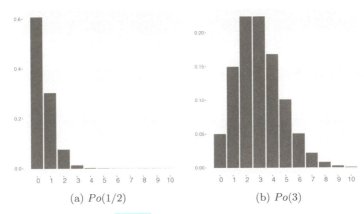

(a) $Po(1/2)$ (b) $Po(3)$

図 14.2 ポアソン分布の確率関数

14.2 ポアソン分布

ポアソン分布は，次のような確率関数 $P(x)$ をもつ，離散型の確率変数である．

$$P(x) = P(x;\lambda) = e^{-\lambda}\frac{\lambda^x}{x!}, \qquad x = 0, 1, 2, \ldots \quad (14.5)$$

e はネイピア数（オイラー数）と呼ばれる無理数で，$e = 2.718\cdots$ となる．母数として，正の実数 λ をもつ．実現値は，非負の整数全体なので，無限個あることになる．確率変数 X が，母数 λ のポアソン分布に従うとき，英語（元はフランス語）の Poisson Distribution の最初の二文字をとって

$$X \sim Po(\lambda)$$

と記すことにする．図 14.2 は，二つのポアソン分布 $Po(1/2)$ と $Po(3)$ の確率関数を示したものである．図 14.2(a) で $x \geq 6$ において，確率関数がゼロであるように見えるが，実際は非常に小さな正数であること，また両方の図で $x = 10$ までしか示していないが（ポアソン分布は二項分布と違い，とりうる値に上限がないので），これより大きな x についても，決して確率関数の値はゼロではないことに注意して欲しい（いくつかの λ について，確率関数の値が計算された「ポアソン分布表」が巻末にある）．ポアソン分布は，カウンティングデータ（出来事の数）に適用される代表的な確率分布である．ある地域における年間の死者数であったり，ある環境下で

飛来する粒子の数など，様々な分野の統計分析で使われている．ポアソン分布の確率関数 $P(x)$ が，(13.3) を満たすことは，指数関数の無限級数展開（テイラー展開）

$$e^\lambda = \sum_{k=0}^{\infty} \frac{\lambda^k}{k!}$$

によって，

$$\sum_x P(x) = \sum_{x=0}^{\infty} P(x) = e^{-\lambda} \sum_{x=0}^{\infty} \frac{\lambda^x}{x!} = e^{-\lambda} e^\lambda = 1$$

となり証明される．

$X \sim Po(\lambda)$ のとき，X の期待値と分散を求めてみる．

$$\begin{aligned}
E[X] &= \sum_x x P(x) = \sum_{x=0}^{\infty} x e^{-\lambda} \frac{\lambda^x}{x!} = e^{-\lambda} \sum_{x=0}^{\infty} x \frac{\lambda^x}{x!} \\
&= e^{-\lambda} \sum_{x=1}^{\infty} x \frac{\lambda^x}{x!} \quad (x = 0 \text{ の時は } x\lambda^x/x! = 0) \\
&= e^{-\lambda} \sum_{x=1}^{\infty} \frac{\lambda^x}{(x-1)!} \\
&= e^{-\lambda} \sum_{y=0}^{\infty} \frac{\lambda^{y+1}}{y!} \quad (y = x - 1 \text{ とおくと，} y = 0, 1, \ldots \text{ となる}) \\
&= \lambda \Big(e^{-\lambda} \sum_{y=0}^{\infty} \frac{\lambda^y}{y!} \Big) = \lambda \sum_{y=0}^{\infty} P(y) = \lambda. \quad (14.6)
\end{aligned}$$

次に $E[X(X-1)]$ を求めてみると，

$$\begin{aligned}
E[X(X-1)] &= \sum_x x(x-1) P(x) = \sum_{x=0}^{\infty} x(x-1) e^{-\lambda} \frac{\lambda^x}{x!} = e^{-\lambda} \sum_{x=0}^{\infty} x(x-1) \frac{\lambda^x}{x!} \\
&= e^{-\lambda} \sum_{x=2}^{\infty} x(x-1) \frac{\lambda^x}{x!} \quad (x = 0, 1 \text{ の時は } x(x-1)\lambda^x/x! = 0) \\
&= e^{-\lambda} \sum_{x=2}^{\infty} \frac{\lambda^x}{(x-2)!} \\
&= e^{-\lambda} \sum_{z=0}^{\infty} \frac{\lambda^{z+2}}{z!} \quad (z = x - 2 \text{ とおくと，} z = 0, 1, \ldots \text{ となる})
\end{aligned}$$

$$= \lambda^2 \Big(e^{-\lambda}\sum_{z=0}^{\infty}\frac{\lambda^z}{z!}\Big) = \lambda^2 \sum_{z=0}^{\infty} P(z) = \lambda^2 \tag{14.7}$$

従って，
$$E[X^2] = E[X(X-1)] + E[X] = \lambda^2 + \lambda$$

となり，(13.29) より，
$$V[X] = E[X^2] - (E[X])^2 = \lambda^2 + \lambda - \lambda^2 = \lambda$$

となる．

ポアソン分布は，二項分布の「近似」として用いることができる．「近似」の背後にある「分布の収束」については，14.6 節で詳しく述べるが，ここでは直観的に次のように述べておく．$X \sim B(n,p)$，$Y \sim Po(np)$ で，$P_X(x)$，$P_Y(y)$ は，それぞれ X,Y の確率関数とする．n が大きく，p が小さいときは，任意の $x = 0, \ldots, n$ について，
$$P_X(x) \fallingdotseq P_Y(x)$$

となる．つまり，n が大きく，p が小さいときは，二項分布 $B(n,p)$ の確率関数の値は，$\lambda = np$ で与えられるポアソン分布 $Po(\lambda)$ の確率関数の値に近くなる．

> **例 14.2** $X_1 \sim B(10, 0.1)$，$X_2 \sim B(100, 0.01)$，$Y \sim Po(1)$ の確率関数を $x = 0, 1, \ldots, 5$ の範囲で比較すると下表のようになる（小数点以下 7 桁目を四捨五入してある）．二つの二項分布は共に $\lambda = np = 1$ であるが，$n = 100$，$p = 0.01$ の場合の方が，n が大きく p が小さいという条件により適合しているので，$Po(1)$ による近似がよくなっているのが分かる．
>
> | x | 0 | 1 | 2 | 3 | 4 |
> |---|---|---|---|---|---|
> | $P_{X_1}(x)$ | 0.348678 | 0.387420 | 0.193710 | 0.057396 | 0.011160 |
> | $P_{X_2}(x)$ | 0.366032 | 0.369730 | 0.184865 | 0.060999 | 0.014942 |
> | $P_Y(x)$ | 0.367879 | 0.367879 | 0.183940 | 0.061313 | 0.015328 |

▶ 14.3 超幾何分布

超幾何分布は以下のような確率関数をもつ離散型の分布である．

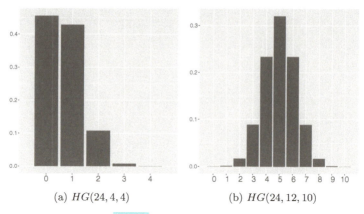

(a) $HG(24,4,4)$ (b) $HG(24,12,10)$

図14.3 超幾何分布の確率関数

$$P(x) = P(x; N, K, n) = \frac{{}_K C_x \, {}_{N-K} C_{n-x}}{{}_N C_n}$$
$$= \frac{K! \, (N-K)! \, (N-n)! \, n!}{(K-x)! \, x! \, (N-K-n+x)! \, (n-x)! \, N!}. \tag{14.8}$$

ただし，X の実現値の範囲は以下のとおりである．

$$\mathcal{X} = \mathcal{X}(N, K, n) = \{x | \max(0, n+K-N) \leq x \leq \min(n, K)\} \tag{14.9}$$

三つの母数はいずれも整数で，次の式をみたすものである．

$$N = 1, 2, \ldots, \quad 0 \leq K \leq N, \quad 1 \leq n \leq N \tag{14.10}$$

X が三つの母数 N, K, n で決まる超幾何分布に従うとき，英語の Hyper Geometric Distribution から二文字をとって，

$$X \sim HG(N, K, n)$$

と記すことにする．

超幾何分布は，つぎのような状況から自然に導かれる．袋の中に全部で N 個の玉が入っており，その中に赤い玉は K 個あるとしよう．袋の中を見ないようにして一遍に n 個の玉を取り出したときの赤い玉の個数を X にすると，この X の確率分布が，超幾何分布になる．これは，次のように考えればよい．N 個の玉から n 個

選ぶ選び方は, ${}_N\mathrm{C}_n$ 通りあり, これらはどれも同じ確率で生じると考えられるので, これら一つ一つの単位となる事象に $1/{}_N\mathrm{C}_n$ の確率を付与すればよい. 赤玉 K 個から x 個選ぶ選び方は ${}_K\mathrm{C}_x$ 通り, 赤玉でない $N-K$ 個から $n-x$ 個選ぶ選び方は ${}_{N-K}\mathrm{C}_{n-x}$ 通りあるので, この二つの掛け算した個数の事象の集まりからなる $X = x$ という事象に対する確率は,

$$\frac{{}_K\mathrm{C}_x \, {}_{N-K}\mathrm{C}_{n-x}}{{}_N\mathrm{C}_n}$$

となる. (14.8) の三番目の等式は, 各組合せ記号を (12.7) のように階乗記号で表現すれば得られる. X の実現値の範囲が (14.9) となることや, 母数の範囲が (14.10) となること, さらには確率関数の公理 (13.2), (13.3) が満たされることも, この袋の玉の例から自然に導かれる.

今考えた袋から玉を取り出す例では, 一遍に n 個の玉を取り出したが, 一回に1個ずつ取り出して, それを袋に戻さないで n 回繰り返したときに, 最終的に何回赤玉が選ばれたかを X にしても同じことである. このように玉を袋に戻さない場合を**非復元抽出**, 一方, 毎回袋に戻す場合を**復元抽出**という. 復元抽出する場合は, X の分布は, 二項分布になること, すなわち $p = K/N$ とすると,

$$X \sim B(n, p)$$

となることは, すぐ分かる. 図 14.3(a) は, $HG(24, 4, 4)$ の確率関数であるが, 復元抽出の場合にこれに対応する二項分布 $B(4, 1/6)$ の確率関数が図 14.1(a) になる. 図 14.3(b) は, $HG(24, 12, 10)$ の確率関数であるが, こちらに対応している $B(10, 1/2)$ の確率関数は図 14.1(b) である.

$HG(N, K, n)$ の確率関数は,

$$\frac{{}_n\mathrm{C}_x \, {}_{N-n}\mathrm{C}_{K-x}}{{}_N\mathrm{C}_K} \tag{14.11}$$

と表現することも可能である. 実際, 式 (14.11) は, 各組合せ記号を階乗記号で表現すると, 次のようになる.

$$\frac{n!\,(N-n)!K!(N-K)!}{(n-x)!\,x!\,(N-K-n+x)!(K-x)!\,N!}$$

これは, (14.8) の右辺に一致する. (14.11) は, 上で説明した玉の入った袋の例を次

のように解釈すると自然に導かれる．最初に n 個の玉を選んだ時点では，実はまだ玉に色は塗っておらず，選んだあとから「ランダムに」K 個の玉を赤玉にする．「選んだ玉のうち x 個が赤玉に選ばれる確率」は，最初に色が塗ってあった場合の $P(x)$ と同じはずである．総数 N 個のうち，赤玉にする K 個を選ぶ場合の数は ${}_N\mathrm{C}_K$ 通りである．「ランダムに」選んでいるので，この一つ一つの事象に同じ確率をあたえると，$1/{}_N\mathrm{C}_K$ の確率が付与される．基本的な事象のうち，選んだ玉の中の x 個が赤玉に選ばれる事象は，選んだ玉から x 個赤玉を選ぶ場合の数（${}_n\mathrm{C}_x$）と選ばれなかった玉から $K-x$ 個赤玉を選ぶ場合の数（${}_{N-n}\mathrm{C}_{K-x}$）を掛けた個数だけあるので，(14.11) が「選んだ玉のうち x 個が赤玉に選ばれる確率」になる．

$X \sim HG(N, K, n)$ の時，期待値 $E[X]$ を求めてみよう．$n=1$ のときは，袋の玉の例で分かる通り，$X \sim B(1, K/N)$ なので，(14.2) より，

$$E[X] = p(= K/N)$$

また，$K = 0$ の場合は，明らかに

$$E[X] = 0$$

となる．以下では，$n \geq 2$, $K \geq 1$ として考える．

$$\begin{aligned}
E[X] &= \sum_x x P(x) = \sum_{x \in \mathcal{X}(N,K,n)} x \frac{{}_K\mathrm{C}_x \, {}_{N-K}\mathrm{C}_{n-x}}{{}_N\mathrm{C}_n} \\
&= \frac{1}{{}_N\mathrm{C}_n} \sum_{x \in \mathcal{X}(N,K,n)} x \, {}_K\mathrm{C}_x \, {}_{N-K}\mathrm{C}_{n-x} \\
&= \frac{1}{{}_N\mathrm{C}_n} \sum_{x \in \mathcal{X}(N,K,n)} \frac{x \, K! \, (N-K)!}{(K-x)! \, x! \, (N-K-n+x)! \, (n-x)!} \\
&= \frac{1}{{}_N\mathrm{C}_n} \sum_{x \in \mathcal{X}'(N,K,n)} \frac{x \, K! \, (N-K)!}{(K-x)! \, x! \, (N-K-n+x)! \, (n-x)!}
\end{aligned}$$

ただし，$\mathcal{X}'(N,K,n) = \{x \mid \max(1, n+K-N) \leq x \leq \min(n, K)\}$

$$= \frac{(N-n)! \, n!}{N!} \sum_{x \in \mathcal{X}'(N,K,n)} \frac{K! \, (N-K)!}{(K-x)! \, (x-1)! \, (N-K-n+x)! \, (n-x)!} \tag{14.12}$$

ここで，$x' = x-1$, $K' = K-1$, $n' = n-1$, $N' = N-1$ とおく．このとき，

$$\begin{aligned}
\mathcal{X}'(N,K,n) &= \{x|\max(1, n'+1+K'-N') \le x \le \min(n'+1, K'+1)\} \\
&= \{x|\max(0, n'+K'-N')+1 \le x \le \min(n', K')+1\} \\
&= \{x|\max(0, n'+K'-N') \le x' \le \min(n', K')\}
\end{aligned}$$

であることから，

$$x \in \mathcal{X}'(N,K,n) \iff x' \in \mathcal{X}(N', K', n')$$

が分かる．また，

$$N' = 1, 2, \ldots, \qquad 0 \le K' \le N', \qquad 1 \le n' \le N'$$

も満たされていることに注意する．(14.12) の右辺はさらに以下のようになる．

$$\begin{aligned}
&\frac{(N'-n')!\,(n'+1)!}{(N'+1)!} \sum_{x' \in \mathcal{X}(N', K', n')} \frac{(K'+1)!\,(N'-K')!}{(K'-x')!\,x'!\,(N'-K'-n'+x')!\,(n'-x')!} \\
&= \frac{(K'+1)(n'+1)}{N'+1} \frac{(N'-n')!\,(n')!}{(N')!} \\
&\quad \times \sum_{x' \in \mathcal{X}(N', K', n')} \frac{(K')!\,(N'-K')!}{(K'-x')!\,x'!\,(N'-K'-n'+x')!\,(n'-x')!} \\
&= \frac{nK}{N} \sum_{x' \in \mathcal{X}(N', K', n')} \frac{{}_{K'}\mathrm{C}_{x'}\,{}_{N'-K'}\mathrm{C}_{n'-x'}}{{}_{N'}\mathrm{C}_{n'}} \\
&= \frac{nK}{N} \sum_{x' \in \mathcal{X}(N', K', n')} P(x'; N', K', n') \\
&= \frac{nK}{N} = np
\end{aligned}$$

結局 $n=1$ や $K=0$ の場合も含めて，

$$E[X] = np$$

であることが分かった．分散についても，ほぼ同様な手順で次の結果が得られる．

$$V[X] = np(1-p)\frac{N-n}{N-1}$$

先にも述べた通り，袋から玉を取り出す例では，復元抽出すると $X \sim B(n,p)$ な

ので，
$$E[X] = np, \qquad V[X] = np(1-p)$$
となる．よって，非復元抽出にした場合では，期待値は復元抽出した場合と同じだが，分散は復元抽出した場合の
$$C(N,n) = \frac{N-n}{N-1} \tag{14.13}$$
倍になっている．この $C(N,n)$ のことを**有限母集団修正**という．有限母集団修正は，次のような性質がある．

1. $C(N,n) \leq 1$ なので，復元抽出した場合に比べて分散は小さくなる．
2. $\lim_{N \to \infty} C(N,n) = 1$．母集団の大きさ N が非常に大きいときは，分散はほぼ復元抽出の場合と同じである．これは，母集団の大きさが大きいときは，玉を元に戻しても戻さなくても，ほぼ赤玉の割合は $p = K/N$ で一定であることから，理解できる．
3. $n = 1$ ならば，$C(N,n) = 1$ となる．玉を一回しか取り出さない場合は，玉を戻す戻さないは X の分布に無関係である．
4. $N = n$ のとき，超幾何分布の分散はゼロになる．全ての玉をとりだせば，その時は必ず $X = K$ なので，分散がゼロになる．

▶ 14.4 一様分布

一様分布は，連続型の確率分布で，次のような密度関数をもっている．
$$f(x) = f(x; a, b) = \begin{cases} \frac{1}{b-a} & a \leq x \leq b \\ 0 & \text{それ以外} \end{cases} \tag{14.14}$$
母数 a, b は，$a < b$ を満たす実数である．密度関数から明らかなように，X の取りうる範囲は，$a \leq x \leq b$ である．

X の確率分布が，母数 a, b で決まる一様分布のとき，英語の Uniform Distribution の頭文字をとって，
$$X \sim U(a, b)$$
と記すことにする．

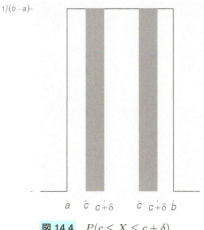

図 14.4 $P(c \leq X \leq c+\delta)$

一様分布の特徴は,$a \leq x \leq b$ の範囲では確率密度関数が一定値であること,すなわち,$X \sim U(a,b)$ のとき,$a \leq c \leq c+\delta \leq b$ を満たす任意の点 c と幅 δ について,

$$P(c \leq X \leq c+\delta) = \frac{\delta}{b-a}$$

となることである(図 14.4 を参照).同じ幅の区間ならばどこでも等しい確率になるので,「一様」分布と呼ばれる.$X \sim U(a,b)$ のとき,X の期待値と分散は次のようになる.

$$\begin{aligned}
E[X] &= \int_{-\infty}^{\infty} xf(x)\,dx = \frac{1}{b-a}\int_{a}^{b} x\,dx \\
&= \frac{1}{b-a}\Big[\frac{x^2}{2}\Big]_{a}^{b} = \frac{b^2-a^2}{2(b-a)} = \frac{a+b}{2} \\
E[X^2] &= \int_{-\infty}^{\infty} x^2 f(x)\,dx = \frac{1}{b-a}\int_{a}^{b} x^2\,dx \\
&= \frac{1}{b-a}\Big[\frac{x^3}{3}\Big]_{a}^{b} = \frac{b^3-a^3}{3(b-a)} = \frac{a^2+ab+b^2}{3} \\
V[X] &= E[X^2] - (E[X])^2 = \frac{4a^2+4ab+4b^2}{12} - \frac{3a^2+6ab+3b^2}{12} \\
&= \frac{a^2-2ab+b^2}{12} = \frac{(a-b)^2}{12}
\end{aligned}$$

14.5 正規分布

正規分布は，統計学の中でも最もよく使われる分布であり，ここから t 分布，χ^2 分布，F 分布等の分布が派生してくる（これらの分布については，統計学における「標本分布」の話のなかで，理解するのが良いだろう）．

まず，**正規分布**は連続型の分布で，その密度関数は

$$f(x;\mu,\sigma^2) = \frac{1}{\sqrt{2\pi\sigma^2}} e^{-\frac{(x-\mu)^2}{2\sigma^2}}$$

である．指数関数 e^x を $\exp(x)$ と書くことにすると，

$$f(x;\mu,\sigma^2) = \frac{1}{\sqrt{2\pi\sigma^2}} \exp\left(-\frac{(x-\mu)^2}{2\sigma^2}\right) \tag{14.15}$$

となり見やすいので，こちらの表現も良く使われる．密度関数を $-\infty$ から ∞ の間で積分すると 1 になるが，これについては「第 II 部 微分積分」例 11.6 を参照のこと．

密度関数の中に，μ と σ^2 という二つの母数が存在するが，以下の範囲をとる．

$$-\infty < \mu < \infty, \quad 0 < \sigma^2$$

確率変数 X が，特定の μ と σ^2 で指定された正規分布に従うとき，これを

$$X \sim N(\mu,\sigma^2)$$

と書く．N は正規分布の英語が，Normal Distribution であるところからきている．

二つの母数 μ と σ^2 を変化させるとどう密度関数が変化するかをみたのが，図 14.5 と図 14.6 である．前者では，$\sigma^2 = 1/4$ と固定して，μ を変化させた場合，後者では，$\mu = 0$ として，σ^2 を変化させた場合を見ている．図から分かるように，山の頂点の位置が，μ になっており，μ を動かすと密度関数は山型としての形は変えず平行移動している．一方，σ^2 を動かすと山としての形が変化している．σ^2 が大きいほど，山がなだらかな形になり，裾野が厚くなっているのが分かる．注意して欲しいのは，両方の図で，密度関数が端のところでゼロになるように見えるが，正規分布の密度関数は常に正の値をとっていることである．山の裾の部分は，どんどん低くなっていくが，決してゼロにはならないのである．

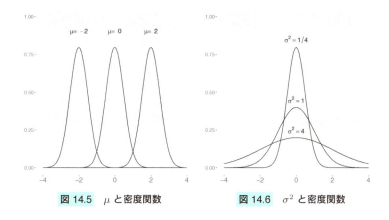

図 14.5 μ と密度関数　　図 14.6 σ^2 と密度関数

正規分布の期待値と分散の計算は省略するが，$X \sim N(\mu, \sigma^2)$ のとき，

$$E[X] = \mu, \qquad V[X] = \sigma^2 \tag{14.16}$$

となる．つまり，二つの母数 μ と σ^2 は，それぞれ期待値と分散を示していることになる．逆に言えば，期待値と分散を指定すると一つの正規分布が決まることになる．

正規分布には，いくつかの面白い性質があるが，ここでは，次の二つについてふれておく．まず，一次変換について述べる．$X \sim N(\mu, \sigma^2)$ で，

$$Y = a + bX$$

という一次変換をすると，

$$Y \sim N(a + b\mu, b^2\sigma^2) \tag{14.17}$$

となる．重要なのは，Y の分布が再び正規分布となる点である．通常は一次変換すると，元の分布族には属さない分布になってしまうが，正規分布の場合は，相変わらず正規分布という分布族に属している．一次変換をほどこすと，期待値や分散がどう変化するかについて以前考察した（(13.25) と (13.30)）が，正規分布の母数は期待値と分散なので，その変化が母数の変化に反映されていることが分かる．

次に，二つの確率変数 X と Y が独立で，それぞれ次のような正規分布に従っているとしよう．

$$X \sim N(\mu_X, \sigma_X^2), \qquad Y \sim N(\mu_Y, \sigma_Y^2)$$

このとき，X と Y の和・差の分布は次のようになる．

$$X + Y \sim N(\mu_X + \mu_Y, \sigma_X^2 + \sigma_Y^2)$$
$$X - Y \sim N(\mu_X - \mu_Y, \sigma_X^2 + \sigma_Y^2) \tag{14.18}$$

二つの独立な正規分布の和や差は，再び正規分布になる．差の分布で，分散の母数が元のそれの差ではなく，和になっていることに注意して欲しい．

　正規分布は分布族として無数のものがあるが，そのうち一つのものが正規分布を代表するものとして，細かな点まで分析されてきた．それは，$\mu = 0$ で $\sigma^2 = 1$ で特定される正規分布で，これを**標準正規分布**と呼ぶ．すなわち，標準正規分布は期待値がゼロで，分散が 1 の正規分布である．標準正規分布に関しては，区間に対応した確率が詳細に調べられて表になっている（付録の「標準正規分布表」を参照）．しかも，通常の正規分布は次のような標準化（(13.32) 参照）で標準正規分布に変換できる．$X \sim N(\mu, \sigma^2)$ のとき，

$$Z = \frac{X - \mu}{\sigma} = \frac{1}{\sigma}X - \frac{\mu}{\sigma} \tag{14.19}$$

とすると，$Z \sim N(0, 1)$ である．これを証明するには，正規分布に従う確率変数の一次変換は再び正規分布に従うことが分かっているので，$E[Z] = 0, \quad V[Z] = 1$ を証明すればよい．しかし，これは一次変換したときの期待値と分散の変化に関する公式 (13.25) と (13.30) からすぐ分かる．

例 14.3　ある 100 グラムの袋詰めのお菓子は，A を 30 グラム，B を 70 グラム混ぜた内容となっている．実際に機械で袋詰めする際には，A も B も少し余分に詰めるようにしているが，誤差もあるので，結局それぞれの重さ（グラム単位）を示す確率変数 A と B は，次のような正規分布に従っている．

$$A \sim N(31, 1/4), \quad B \sim N(71, 1/5).$$

ただし，A と B は独立である．この時，袋の内容物の重さが 100 グラムをくだってしまう可能性はどれくらいになるだろうか．

　内容物の重さを示す確率変数は $A + B$ であるが，この分布は，(14.18) より，

$$A+B \sim N(102, 9/20)$$

となる．$A+B \leq 100$ は，書き換えると次のようになる．

$$A+B \leq 100 \iff \frac{A+B-102}{\sqrt{9/20}} \leq -\frac{2}{\sqrt{9/20}}$$

$$\iff Z \leq -\frac{2}{\sqrt{9/20}} = -\frac{4\sqrt{5}}{3} \fallingdotseq -2.98$$

ここで，

$$Z = \frac{A+B-102}{\sqrt{9/20}}$$

は，確率変数 $A+B$ の標準化なので，Z の分布は標準正規分布となる．標準正規分布の密度関数は $x=0$ を中心として，左右対称なので，

$$P(Z \leq 0) = 0.5$$

である．よって，

$$P(Z \leq -2.98) + P(-2.98 \leq Z \leq 0) = P(Z \leq 0) = 0.5$$

より（図 14.7 参照）

$$P(Z \leq -2.98) = 0.5 - P(-2.98 \leq Z \leq 0)$$

標準正規分布の対称性から，

$$P(-2.98 \leq Z \leq 0) = P(0 \leq Z \leq 2.98)$$

だが，右辺の値は，標準正規分布表から，ほぼ 0.4986 と分かるので，結局

$$P(-2.98 \leq Z \leq 0) \fallingdotseq 0.4986$$

最終的に求める確率は，

$$P(A+B \leq 100) \fallingdotseq P(Z \leq -2.98) \fallingdotseq 0.5 - 0.4986 = 0.0014$$

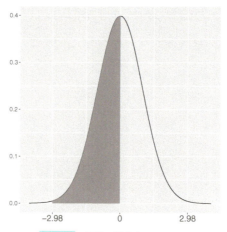

図 14.7 標準正規分布の密度関数

▶ 14.6 中心極限定理と分布の近似

すこし抽象的になるが，確率変数 X_i の無限の列があり，それぞれは分布 D_i に従うとする．

$$X_i \sim D_i, \qquad i = 1, 2, \ldots$$

一つ一つの分布 X_i の確率分布関数[*2]を

$$F_i(x) = P(X_i \leq x), \qquad i = 1, 2, \ldots$$

とする．分布 D に従う確率変数 X が存在して，その確率分布関数 $F(x) = P(X \leq x)$ のすべての連続点について，

$$\lim_{i \to \infty} F_i(x) = F(x) \tag{14.20}$$

が成立するとき，「確率変数 X_i, $i = 1, 2, \ldots$ は，確率変数 X に**分布収束**する」あるいは，「分布 D_i, $i = 1, 2, \ldots$ は D に収束する」という言い方をする．X が密度関数をもつ連続型の確率変数である場合は，$F(x)$ はすべての点で連続なので，結局，

$$-\infty \leq a < b \leq \infty$$

[*2] 前章 (13.10) で連続型の確率変数に関して，「確率分布関数」を定義したが，離散型確率変数 X に関しても $F(x) = P(X \leq x)$ として定義される．

であるような任意の点 a, b で，
$$\lim_{i \to \infty} P(a \leq X_i \leq b) = P(a \leq X \leq b)$$
が成立するときに，「確率変数 X_i, $i = 1, 2, \ldots$ は，確率変数 X に分布収束する」といってもよい．

このような分布収束は実際には，「分布の近似」として使われることが多い．つまり，n がある程度大きければ，X_i の分布を D として考えてもよい，別の言い方をすれば，X_i に関する確率についていろいろ考えるときに，X_i の代わりに，X で考えてもそれ程違いはないということである．具体的な例でいえば，i がある程度大きいときに，
$$P(a \leq X_i \leq b) \doteqdot P(a \leq X \leq b)$$
が成立するので，左辺を計算する代わりに，右辺の値を使うというのが近似の代表的な使い方である．

統計学では，ある共通の分布に従い，なおかつ独立であるような確率変数の列を考えることがよくある．こうした列を Y_i, $i = 1, 2, \ldots$ とする．これらの最初の n 個分から作った平均を X_n としよう．すなわち

$$X_n = \frac{1}{n} \sum_{i=1}^{n} Y_i, \qquad n = 1, 2, \ldots \tag{14.21}$$

$Y_i, i = 1, 2, \ldots$ の共通の分布の期待値を μ，分散を σ^2 とすると，この確率変数の期待値と分散はつぎのようになる．

$$E[X_n] = \frac{1}{n} \sum_{i=1}^{n} E[Y_i] = \frac{1}{n} \sum_{i=1}^{n} \mu = \mu$$
$$V[X_n] = \frac{1}{n^2} \sum_{i=1}^{n} V[Y_i] = \frac{1}{n^2} \sum_{i=1}^{n} \sigma^2 = \frac{\sigma^2}{n}$$

$Y_i, i = 1, 2, \ldots$ が独立であることから，(13.63) を使って，分散の最初の等式が導かれていることに注意して欲しい．X_n を基準化したものを Z_n とする．すなわち，

$$Z_n = \frac{X_n - \mu}{\sqrt{\sigma^2/n}} = \sqrt{n} \left(\frac{X_n - \mu}{\sigma} \right), \qquad n = 1, 2, \ldots$$

こうして出来上がった確率変数の列 Z_n について，**中心極限定理**と呼ばれる次のよ

うな定理が成り立つことが知られている．

定理 14.1　中心極限定理

$Z_n, n = 1, 2, \ldots$ の分布は，標準正規分布 $N(0, 1)$ に分布収束する．

この定理を分布の近似として使う場合には，Z を標準正規分布に従う確率変数として，
$$P(a \leq Z_n \leq b) \doteqdot P(a \leq Z \leq b)$$
となり，右辺は前節で紹介した「標準正規分布表」から求めることができる．

この定理は統計学で最もよく使われる定理の一つであるが，二点注意しておく．一つ目は Y_i の共通の分布に関して特に何も指定していない点である．すなわち，この分布が何であっても，有限の値の期待値と分散さえ存在すれば（多くの分布で，期待値と分散は有限の値になるが，分布によってはこれらが無限大になってしまうことがある），Z_n の分布は標準正規分布に収束するという意味で大変便利な定理である．もう一つは，どの程度 n が大きければ，近似として使えるかという点については，この定理はふれていない点である．分布が収束するといっても，実はその「速さ」は Y_i の共通の分布によって大きく違うので，あるときは小さな n でも良い近似ができる一方，実用的な近似になるためには非常に大きな n が必要になることもある．

この定理の応用として，正規分布による二項分布の近似を考える．$Y_i, i = 1, 2, \ldots$ がどれも共通のベルヌーイ分布 $B(1, p)$ に従い，独立であるとする．ベルヌーイ分布の期待値と分散は $\mu = p, \sigma^2 = p(1-p)$ である．このとき，(14.21) で X_n を定義し，それを標準化した Z_n は，中心極限定理より，n がある程度大きいとき，標準正規分布に従う．よって，次のような近似が可能になる．

$$\begin{aligned}
&P(a \leq nX_n \leq b) \\
&= P\left(\frac{a}{n} \leq X_n \leq \frac{b}{n}\right) \\
&= P\left(\frac{a/\sqrt{n} - \sqrt{n}p}{\sqrt{p(1-p)}} \leq \frac{\sqrt{n}(X_n - p)}{\sqrt{p(1-p)}} \leq \frac{b/\sqrt{n} - \sqrt{n}p}{\sqrt{p(1-p)}}\right) \\
&= P\left(\frac{a/\sqrt{n} - \sqrt{n}p}{\sqrt{p(1-p)}} \leq Z_n \leq \frac{b/\sqrt{n} - \sqrt{n}p}{\sqrt{p(1-p)}}\right)
\end{aligned}$$

$$\doteqdot P\Big(\frac{a/\sqrt{n}-\sqrt{n}p}{\sqrt{p(1-p)}} \leq Z \leq \frac{b/\sqrt{n}-\sqrt{n}p}{\sqrt{p(1-p)}}\Big) \quad \text{ただし,} \ Z \sim N(0,1)$$
(14.22)

ここで,

$$nX_n = \sum_{i=1}^{n} Y_i \sim B(n,\ p)$$

であるので，二項分布に従う確率変数が区間 $[a,b]$ に入る確率は，(14.22) の右辺の確率で近似できることになる．ただし，二項分布のような離散型の分布を，正規分布のような連続型の分布で近似するときは，±0.5 の補正を行うとさらに近似が良くなることが知られている（**連続補正**）．すなわち，a,b を非負の整数とするとき，

$$P(a \leq nX_n \leq b) \tag{14.23}$$
$$\doteqdot P\Big(\frac{(a-0.5)/\sqrt{n}-\sqrt{n}p}{\sqrt{p(1-p)}} \leq Z \leq \frac{(b+0.5)/\sqrt{n}-\sqrt{n}p}{\sqrt{p(1-p)}}\Big)$$

と近似する方が良いことになる．

例 14.4 二項分布の正規分布による近似を実際の数値例で見てみよう．$p=0.1$ のときに，n を $20, 40, 60, 80, 100$ と変化させて，その際に二項分布 $B(n,p)$ に従う確率変数 X がその期待値 np に一致する確率を，それぞれ (14.23) の左辺（真の値）と右辺（近似値）で求めて表にしたものが次の表である（$a=b=np$ としている）．

n	20	40	60	80	100
真の値	0.285180	0.205887	0.169286	0.147120	0.131865
近似値	0.290612	0.207853	0.170362	0.147821	0.132368

n が大きくなるにつれて，近似値がかなり高い精度で真の値に近くなっているのが分かる．

▶ 第14章 練習問題

14.1 確率関数 $P(x)$ が最大になる x のことを**モード**と呼ぶ．$B(4, 1/6)$ と $B(10, 1/2)$ のモードを求めよ．

付録

付表 1　標準正規分布表

$$\frac{1}{\sqrt{2\pi}} \int_0^x e^{-t^2/2} \, dt$$

x	0.00	0.01	0.02	0.03	0.04	0.05	0.06	0.07	0.08	0.09
0.0	.0000	.0040	.0080	.0120	.0160	.0199	.0239	.0279	.0319	.0359
0.1	.0398	.0438	.0478	.0517	.0557	.0596	.0636	.0675	.0714	.0753
0.2	.0793	.0832	.0871	.0910	.0948	.0987	.1026	.1064	.1103	.1141
0.3	.1179	.1217	.1255	.1293	.1331	.1368	.1406	.1443	.1480	.1517
0.4	.1554	.1591	.1628	.1664	.1700	.1736	.1772	.1808	.1844	.1879
0.5	.1915	.1950	.1985	.2019	.2054	.2088	.2123	.2157	.2190	.2224
0.6	.2257	.2291	.2324	.2357	.2389	.2422	.2454	.2486	.2517	.2549
0.7	.2580	.2611	.2642	.2673	.2704	.2734	.2764	.2794	.2823	.2852
0.8	.2881	.2910	.2939	.2967	.2995	.3023	.3051	.3078	.3106	.3133
0.9	.3159	.3186	.3212	.3238	.3264	.3289	.3315	.3340	.3365	.3389
1.0	.3413	.3438	.3461	.3485	.3508	.3531	.3554	.3577	.3599	.3621
1.1	.3643	.3665	.3686	.3708	.3729	.3749	.3770	.3790	.3810	.3830
1.2	.3849	.3869	.3888	.3907	.3925	.3944	.3962	.3980	.3997	.4015
1.3	.4032	.4049	.4066	.4082	.4099	.4115	.4131	.4147	.4162	.4177
1.4	.4192	.4207	.4222	.4236	.4251	.4265	.4279	.4292	.4306	.4319
1.5	.4332	.4345	.4357	.4370	.4382	.4394	.4406	.4418	.4429	.4441
1.6	.4452	.4463	.4474	.4484	.4495	.4505	.4515	.4525	.4535	.4545
1.7	.4554	.4564	.4573	.4582	.4591	.4599	.4608	.4616	.4625	.4633
1.8	.4641	.4649	.4656	.4664	.4671	.4678	.4686	.4693	.4699	.4706
1.9	.4713	.4719	.4726	.4732	.4738	.4744	.4750	.4756	.4761	.4767
2.0	.4772	.4778	.4783	.4788	.4793	.4798	.4803	.4808	.4812	.4817
2.1	.4821	.4826	.4830	.4834	.4838	.4842	.4846	.4850	.4854	.4857
2.2	.4861	.4864	.4868	.4871	.4875	.4878	.4881	.4884	.4887	.4890
2.3	.4893	.4896	.4898	.4901	.4904	.4906	.4909	.4911	.4913	.4916
2.4	.4918	.4920	.4922	.4925	.4927	.4929	.4931	.4932	.4934	.4936
2.5	.4938	.4940	.4941	.4943	.4945	.4946	.4948	.4949	.4951	.4952
2.6	.4953	.4955	.4956	.4957	.4959	.4960	.4961	.4962	.4963	.4964
2.7	.4965	.4966	.4967	.4968	.4969	.4970	.4971	.4972	.4973	.4974
2.8	.4974	.4975	.4976	.4977	.4977	.4978	.4979	.4979	.4980	.4981
2.9	.4981	.4982	.4982	.4983	.4984	.4984	.4985	.4985	.4986	.4986
3.0	.4987	.4987	.4987	.4988	.4988	.4989	.4989	.4989	.4990	.4990
3.1	.4990	.4991	.4991	.4991	.4992	.4992	.4992	.4992	.4993	.4993

付表 2　ポアソン分布表

$$Po(\lambda) = e^{-\lambda}\frac{\lambda^x}{x!}$$

x \ λ	0.1	0.2	0.3	0.4	0.5	0.6	0.7	0.8	0.9	1.0	1.5	2.0	2.5	3.0
0	.905	.819	.741	.670	.607	.549	.497	.449	.407	.368	.223	.135	.082	.050
1	.090	.164	.222	.268	.303	.329	.348	.359	.366	.368	.335	.271	.205	.149
2	.005	.016	.033	.054	.076	.099	.122	.144	.165	.184	.251	.271	.257	.224
3	—	.001	.003	.007	.013	.020	.028	.038	.049	.061	.126	.180	.214	.224
4	—	—	—	.001	.002	.003	.005	.008	.011	.015	.047	.090	.134	.168
5	—	—	—	—	—	—	.001	.001	.002	.003	.014	.036	.067	.101
6	—	—	—	—	—	—	—	—	—	.001	.004	.012	.028	.050
7	—	—	—	—	—	—	—	—	—	—	.001	.003	.010	.022
8	—	—	—	—	—	—	—	—	—	—	—	.001	.003	.008
9	—	—	—	—	—	—	—	—	—	—	—	—	.001	.003
10	—	—	—	—	—	—	—	—	—	—	—	—	—	.001

x \ λ	3.5	4.0	4.5	5.0	5.5	6.0	6.5	7.0	7.5	8.0	8.5	9.0	9.5	10.0
0	.030	.018	.011	.007	.004	.002	.002	.001	.001	—	—	—	—	—
1	.106	.073	.050	.034	.022	.015	.010	.006	.004	.003	.002	.001	.001	—
2	.185	.147	.112	.084	.062	.045	.032	.022	.016	.011	.007	.005	.003	.002
3	.216	.195	.169	.140	.113	.089	.069	.052	.039	.029	.021	.015	.011	.008
4	.189	.195	.190	.175	.156	.134	.112	.091	.073	.057	.044	.034	.025	.019
5	.132	.156	.171	.175	.171	.161	.145	.128	.109	.092	.075	.061	.048	.038
6	.077	.104	.128	.146	.157	.161	.157	.149	.137	.122	.107	.091	.076	.063
7	.039	.060	.082	.104	.123	.138	.146	.149	.146	.140	.129	.117	.104	.090
8	.017	.030	.046	.065	.085	.103	.119	.130	.137	.140	.138	.132	.123	.113
9	.007	.013	.023	.036	.052	.069	.086	.101	.114	.124	.130	.132	.130	.125
10	.002	.005	.010	.018	.029	.041	.056	.071	.086	.099	.110	.119	.124	.125
11	.001	.002	.004	.008	.014	.023	.033	.045	.059	.072	.085	.097	.107	.114
12	—	.001	.002	.003	.007	.011	.018	.026	.037	.048	.060	.073	.084	.095
13	—	—	.001	.001	.003	.005	.009	.014	.021	.030	.040	.050	.062	.073
14	—	—	—	—	.001	.002	.004	.007	.011	.017	.024	.032	.042	.052
15	—	—	—	—	—	.001	.002	.003	.006	.009	.014	.019	.027	.035
16	—	—	—	—	—	—	.001	.001	.003	.005	.007	.011	.016	.022
17	—	—	—	—	—	—	—	.001	.001	.002	.004	.006	.009	.013
18	—	—	—	—	—	—	—	—	—	.001	.002	.003	.005	.007
19	—	—	—	—	—	—	—	—	—	—	.001	.001	.002	.004
20	—	—	—	—	—	—	—	—	—	—	—	.001	.001	.002
21	—	—	—	—	—	—	—	—	—	—	—	—	—	.001

索 引

欧字

LU 分解, 88
n 次元ベクトル空間, 42
n 次（正規）直交行列, 56
n 次単位行列, 21
QR 分解, 89

和字
あ行

値, 51
一次従属, 44, 45
一次独立, 44, 45
一次変換, 242
一様分布, 276
上三角行列, 26
写す, 51

か行

カーネル, 54
階級, 63
階乗, 200
回転, 55
核, 54
確率関数, 228
確率分布, 227, 233
確率分布関数, 234
確率変数, 227
確率密度関数, 233
基準化, 245

期待値, 238, 253, 260
基底, 45, 46
基本行列, 35
基本ベクトル, 21
逆行列, 22
逆元, 42
逆写像, 52
共分散, 255
行ベクトル, 9
行列, 6, 7
行列式, 69
行列の基本変形, 36
極限, 108
極小値, 135, 168
極大値, 135, 168
空事象, 213
空集合, 4, 205
結合則, 17
元, 4
原始関数, 145
高階導関数, 138
交換則, 18
広義重積分, 190
広義積分, 158
合成関数の微分, 128
公理, 206
コーシー・シュバルツの不等式, 257
弧度法, 104
固有値, 77, 78
固有値分解, 84
固有ベクトル, 77, 78
固有方程式, 78, 79

さ行

最小 2 乗推定, 92

最良近似性, 61
差集合, 5
三角関数, 104
始域, 51
次元, 45, 46
試行, 265
事象, 207, 212
指数, 100
指数関数, 101
下三角行列, 26
実現値, 228
射影, 57, 59, 60
射影行列, 61, 62
写像, 51
終域, 51
集合, 3, 205
重積分, 181
収束, 108
周辺分布, 250
順列, 200
条件付き確率, 215, 258
条件付き期待値, 260
商の微分, 125
スカラー, 6
スペクトル分解, 84
正規直交基底, 32, 48
（正規）直交行列, 55
正規直交系, 48
正規分布, 278
正射影, 60
生成する, 46
正則, 22
正則行列, 22
正定値行列, 28
正の相関, 257

成分, 6
積事象, 212
積集合, 4, 205, 206
積の微分, 125
積率, 245
零元, 42
線形回帰モデル, 91
線形写像, 53
線形性, 53
線形代数学, 11
線形変換, 53
全射, 51, 52
全体事象, 213
全体集合, 206
全単射, 52
尖度, 246
像, 51
相関係数, 256
増減表, 137

た行

対角行列, 23
対称行列, 26
代数学, 11
対数関数, 103
互いに疎, 205, 213
縦線領域, 185
縦ベクトル, ☞ ベクトル
単位行列, 21
単射, 51, 52
誕生日問題, 203
単調減少関数, 102
単調増加関数, 102
値域, 51
置換行列, 27

置換積分, 155
逐次積分, 183
中心化作用素行列, 20
中心極限定理, 283, 284
超幾何分布, 271
重複度, 80
直和, 48
直和分解, 58
直交, 15
直交行列, 56
直交射影, 32, 60
直交射影行列, 62
直交直和, 58
直交直和分解, 58
直交変換, 55, 56
直交補空間, 58
定義域, 51
定積分, 147
テイラー展開, 142
転置, 9, 10
導関数, 118
同時確率関数, 249
同時確率分布, 249, 252
同時確率密度関数, 252
特異, 22
特異値, 89
特異値分解, 89, 90
独立, 259
トレース, 33

な行

内積, 14
二項展開, 266
二項分布, 264
二次形式, 28

ニュートン・ラフソン法, 171
ネイピア数, 113
ノルム, 28, 29, 33

は行

はさみうちの原理, 114
パラメーター, ☞ 母数
張られる, 46
半正定値行列, 28
非正則, 22
非復元抽出, 273
微分, 118
標準化, 245
標準正規分布, 280, 286
標準偏差, 243
復元抽出, 273
負定値行列, 28
負の相関, 257
部分事象, 213
部分集合, 4
部分積分, 153
部分ベクトル空間, 43
フロベニウスノルム, 32, 33
分割, 205
分散, 242, 253
分配則, 18
分布収束, 282
分布族, 263
分布に従う, 264
平均, 238
ベイズの定理, 219
ベクトル, 6
ベクトル空間, 42
ベクトル微分, 176
ヘシアン, 169

ヘッセ行列, 169
ベルヌーイ分布, 266
変化の割合, 117
変換, 51, 55
変曲点, 140
偏導関数, 163
偏微分, 163
ポアソン分布, 269, 287
母数, 263

ま行

マクローリン展開, 142
密度関数, ☞ 確率密度関数
無相関, 257
モード, 285
モーメント, ☞ 積率

や行

ヤコビ行列, 192
ヤコビ行列式, 192
有限母集団修正, 276
有理式, 100

余因子, 73
余因子展開（行列式の）, 74
要素, 4, 205
横線領域, 185
余事象, 211, 212

ら行

ラグランジュの未定乗数法, 172
ランク, 63
リーマン和, 152
離散型確率変数, 231
列ベクトル, 9
連続, 109
連続型確率変数, 231
連続関数, 109
連続補正, 285

わ行

歪度, 246
和事象, 212
和集合, 4, 205

著者紹介

椎名　洋　博士（経済学）
1992 年　東京大学大学院経済学研究科博士課程単位取得退学
現　在　滋賀大学データサイエンス学部 教授

姫野哲人　博士（理学）
2007 年　広島大学大学院理学研究科博士課程後期修了
現　在　滋賀大学データサイエンス学部 准教授

保科架風　博士（理学）
2014 年　中央大学大学院理工学研究科博士課程単位取得退学
現　在　青山学院大学経営学部 准教授

編者紹介

清水昌平　博士（工学）
2006 年　大阪大学大学院基礎工学研究科博士後期課程修了
現　在　滋賀大学データサイエンス学部 教授

NDC007　303p　21cm

データサイエンス入門シリーズ
データサイエンスのための数学

2019 年 8 月 29 日　第 1 刷発行
2025 年 1 月 9 日　第 11 刷発行

著　者　椎名　洋・姫野哲人・保科架風
編　者　清水昌平
発行者　篠木和久
発行所　株式会社　講談社
　　　　〒112-8001　東京都文京区音羽 2-12-21
　　　　　販売　(03)5395-5817
　　　　　業務　(03)5395-3615
編　集　株式会社　講談社サイエンティフィク
　　　　代表　堀越俊一
　　　　〒162-0825　東京都新宿区神楽坂 2-14　ノービィビル
　　　　　編集　(03)3235-3701

本文デ-タ制作　藤原印刷株式会社
印刷・製本　株式会社ＫＰＳプロダクツ

落丁本・乱丁本は、購入書店名を明記のうえ、講談社業務宛にお送りください。送料小社負担にてお取替えします。なお、この本の内容についてのお問い合わせは、講談社サイエンティフィク宛にお願いいたします。定価はカバーに表示してあります。

©Yo Shiina, Tetsuto Himeno, Ibuki Hoshina, and Shohei Shimizu, 2019

本書のコピー、スキャン、デジタル化等の無断複製は著作権法上での例外を除き禁じられています。本書を代行業者等の第三者に依頼してスキャンやデジタル化することはたとえ個人や家庭内の利用でも著作権法違反です。

JCOPY　〈(社)出版者著作権管理機構 委託出版物〉
複写される場合は、その都度事前に (社) 出版者著作権管理機構 (電話 03-5244-5088, FAX 03-5244-5089, e-mail: info@jcopy.or.jp) の許諾を得てください。

Printed in Japan

ISBN 978-4-06-516998-8